中等职业教育改革发展示范校创新系列教材

总 主 编：董家彪
副总主编：杨　结　张国荣

茶艺与调酒

第3版

主　编　徐　明
副主编　许丹莉　孙继刚
主　审　胡小苏

北京·旅游教育出版社

图书在版编目（CIP）数据

茶艺与调酒 / 徐明主编. -- 3版. -- 北京 : 旅游教育出版社, 2021.10

中等职业教育改革发展示范校创新系列教材

ISBN 978-7-5637-4310-0

Ⅰ. ①茶… Ⅱ. ①徐… Ⅲ. ①茶艺－中等专业学校－教材②酒－调制技术－中等专业学校－教材 Ⅳ. ①TS971.21②TS972.19

中国版本图书馆CIP数据核字(2021)第201177号

中等职业教育改革发展示范校创新系列教材

茶艺与调酒

第 3 版

徐明　主编

责任编辑	巨瑛梅
出版单位	旅游教育出版社
地　　址	北京市朝阳区定福庄南里 1 号
邮　　编	100024
发行电话	（010）65778403　65728372　65767462（传真）
本社网址	www.tepcb.com
E - mail	tepfx@163.com
排版单位	北京旅教文化传播有限公司
印刷单位	三河市灵山芝兰印刷有限公司
经销单位	新华书店
开　　本	710 毫米 ×1000 毫米　1/16
印　　张	14
字　　数	278 千字
版　　次	2021 年 10 月第 3 版
印　　次	2021 年 10 月第 1 次印刷
定　　价	36.00 元

（图书如有装订差错请与发行部联系）

编委会

总　序

在现代教育中，中等职业学校承担实现“两个转变”的重大社会责任：一是将受家庭、社会呵护的不谙世事的稚气少年转变成灵魂高尚、个性完善的独立的人；二是将原本依赖于父母的孩子转变为有较好的文化基础、较好的专业技能并凭借它服务于社会、有独立承担社会义务的自立的职业者。要完成上述使命，除好的老师、好的设备外，一套适应学生成长的好的系列教材是至关重要的。

什么样的教材才算好的教材呢？我的理解有三点：一是体现中职教育培养目标。中职教育是国民教育序列的一部分。教育伴随着人的一生，一个人获取终身学习能力的大小，往往取决于中学阶段的基础是否坚实。我们要防止一种偏向：以狭隘的岗位技能观念代替对学生的文化培养与人文关怀。素质与技能的关系就好比是水箱里的水与阀门的关系。只有水箱里储满了水，打开阀门水才会源源不断地流出。因此，教材要体现开发学生心智、培养学生学习能力、提升学生综合素质的理念。二是鲜明的职业特色。学生从初中毕业进入中职，对未来从事的职业认识还是懵懂和盲从的。要让学生对职业从认知到认同，从接受到享受到贯通，从生手到熟手到能手，教材作为学习的载体应该充分体现。三是符合职业教育教学规律。理实一体化、做中学、学中做，模块化教学、项目教学、情景教学、顶岗实践等，教材应适应这些现代职教理念和教学方式。

基于此，我们成立了由教育专家、企业专家和教学实践专家组成的编撰委员会。该委员会在指导高星级饭店运营与管理、旅游服务与管理、旅游外语、中餐烹饪与营养膳食等创建全国示范专业中，按照新的行业标准与发展趋势，依据旅游职业教育教学规律，共同制定了新的人才培养方案和课程标准，并在此基础上协同编撰这套系列创新教材。该系列教材力争在教学方式与教学内容方面有重大创新，突出以学生为本，以职业标准为源，教、学、做密切结合的全新教材观，真正体现工学结合、校企深度合作的职教新理念、新方法。

在教材编撰过程中，我们参考了大量文献、专著，均在书后加以标注，同时我们得到了旅游教育出版社、南沙大酒店总经理杨结、岭南印象园副总经理王娟以及广东省职教学会教学工作委员会主任余德禄教授等旅游企业专家、行业专家的大力支持。在此一并表示感谢！

2016年10月30日于广州

第 3 版前言

我国的旅游业自改革开放后得到迅速发展，对人才的需求量不断上升，旅游教育事业也随之蓬勃发展起来，各地职业院校纷纷开办了旅游酒店服务专业，“茶艺”“调酒”等课程已成为各大旅游院校学生的必修课之一。

本书强调理论与实践相结合的“工作任务驱动法”的教学模式改革，以培养学生的创造精神和动手实操能力为目标，力图改变传统教材重知识轻技能、重理论轻实践的弊端，突出以学生为本，以职业标准为本，教、学、做密切结合的全新教材观。

2017 年的第 2 版，部分数据已过时，部分内容过于繁杂，有些表述已不符合国家政策，所以，对本教材进行修订迫在眉睫。

第 3 版修订主要做了以下工作：

（1）增补了白茶名品、袋泡茶的冲泡技艺、酒龄等内容；

（2）更正了第 2 版的错误及疏漏，并替换了大部分图片等；

（3）新增了调酒、茶艺实操视频（供读者扫码学习）。

本书可作为旅游中等职业学校的专业教材和高等旅游职业院校（系）的辅助教材，也可作为旅游从业人员的岗位培训用书或自学用书。

本书由广东省旅游职业技术学校高级调酒师、高级讲师徐明任主编；广东省旅游职业技术学校许丹莉老师，广州百思特调酒师培训学校校长、世界职业技能大赛（餐厅服务）专家组组长与裁判长（广东）、调酒高级技师孙继刚任副主编；广东省电子商务技师学院的胡小苏老师担任主审；广东省旅游职业技术学校的郑慧婷、张凤琴、杨晓娜、宁芳、陈萌等老师也参与了编写工作。

本教材的调酒、茶艺实操视频分别由孙继刚、胡小苏两位老师提供。广州恒福茶文化股份有限公司人力资源总监、高级茶艺师徐结先生也提供了部分图片及资料。另外，书中还参考了大量的文献资料和网上资料，在此对原作者表示衷心的感谢。

由于编者水平有限，错误在所难免，恳请广大读者批评指正。

编者

2021年8月

目　录

茶艺篇

调酒篇

茶艺篇

模块一　茶艺师的基本技能

项目一　茶与茶叶的认知

项目学习目标

1. 掌握茶的起源与发展；
2. 熟悉茶叶的分类与制作；
3. 掌握茶叶的贮存方法；
4. 熟悉中国名茶及产茶区。

任务场景

小丽是某旅游学校旅游服务与管理专业的学生，将于下个月毕业。省内某著名茶园来招聘茶艺师兼定点导游，招聘条件中，要求学生掌握一些“茶与茶叶”的知识，小丽记得以前学过这方面的课程，但还不够深入，她该怎么做呢？

任务一　掌握茶的起源与发展

问题一　茶起源于何处？

茶原为中国南方的嘉木。茶叶作为一种著名的保健饮品，它是古代中国南方人民对中国饮食文化的贡献，也是中国人民对世界饮食文化的贡献。

据我国茶学界的考证，中国很早就开始茶树的种植和茶叶的采制。据《华阳国志》记载，大约在公元前1000多年前后，四川巴蜀之地就已经普遍地人工栽培种植茶树，这是人类栽培茶树最早的文字记载。据可查的大量实物证据和文史资料显示，世界其他国家的饮茶习惯和茶树种植都传自中国。

茶在社会各阶层被广泛普及品饮，大致还是在唐代陆羽的《茶经》传世以后。所以，宋代有诗云，“自从陆羽生人间，人间相学事春茶”。

问题二　我国茶的发展经历了哪些阶段？

我国茶的发展经历了以下五个阶段：

（一）野生药用阶段

茶的利用始作药料。远在公元前 2700 年前后，茶被神农所发现，并用为药料，自此之后，茶逐渐推广为药用。

（二）少量种植供寺僧、贵族饮用阶段

饮茶的习惯，最早应当起源于川蜀之地，后逐渐向各地传播，至西汉末年，茶已成为寺僧、皇室和贵族的高级饮料，到三国之时，宫廷饮茶更为普及。

（三）大量发展阶段

从晋到隋，饮茶逐渐普及开来，成为民间饮品。不过，一直到南北朝前期，饮茶风气在地域上仍存在着一定的差距，南方饮茶较北方为盛，但随着南北文化的逐渐融合，饮茶风气也渐渐由南向北推广开来，但茶风的大盛却是在大唐帝国建立以后。

宋人饮茶继承了唐人饮茶方式，但比唐人更为讲究，制作也更为精细，而尤为精细的是宫廷团茶（饼茶）的制作。宋代饮茶虽以饼茶为主，但同时也有一些有名的散茶，如日铸茶、双井茶和径山茶，散茶尤为文人所喜爱。

明代在唐宋散茶的基础上加以发展扩大，使之成为盛行明、清两代并且流传至今的主要茶类。明代炒青法所制的散茶大都是绿茶，兼有部分花茶。

清代除了名目繁多的绿茶、花茶之外，又出现了乌龙茶、红茶、黑茶和白茶等茶类，从而奠定了我国茶叶结构的基本种类。

（四）衰落阶段

尽管我国古代劳动人民对茶叶有不少的宝贵经验，并为世界各国发展茶叶生产做出贡献，但由于新中国成立前腐败政治的统治，茶叶科学技术和经验得不到总结、发扬和利用，茶叶生产在外国侵略者的排挤和操纵下，日趋衰败。

（五）新中国成立后我国茶叶生产大发展阶段

新中国成立后，我国茶叶生产获得了恢复和发展。1950—1970 年，这 20 年基本上以垦复、发展、努力扩大种植面积为主，这期间茶园面积平均年增加 7.3%，而茶叶产量平均年增加 5.9%。1970 年后，重点转向改善茶园结构，提高茶园单产，完善制茶工艺。进入 20 世纪 90 年代后，名优茶生产异军突起，种类繁多，不但恢复生产了许多历史上的名茶，还创制了种类繁多的新名茶。

茶叶生产和饮用已经历了几千年的历史过程，人们对茶叶的需求也出现新的要求。这是因为，在社会发展中，一旦人们对衣、食、住、行的要求得到了满足，就特别注重保健和文化生活方面的需求。茶，这种天然保健饮料必将越来越受到人们的青睐。与此同时，由于它含有大量的对人体起着一定保健作用的成分，更会吸引大量消费者去饮用它。茶叶已成为人们生活中不可缺少的伴侣。

中国古代重要茶事进程录

◆原始社会

传说茶叶被人类发现是在公元前28世纪的神农时代，《神农百草经》有“神农尝百草，日遇七十二毒，得茶而解之”之说，当为茶叶药用之始。

◆西周

据《华阳国志》载：约公元前1000年周武王伐纣时，巴蜀一带已用所产的茶叶作为“纳贡”珍品，是茶作为贡品的最早记述。

◆东周

据《晏子春秋》记载，春秋时期婴相齐景公时（前547—前490），“食脱粟之饭，炙三弋五卵，茗茶而已”。表明茶叶已作为菜肴汤料，供人食用。

◆西汉（前206—25）

据《僮约》记载，公元前59年，已有“烹茶尽具”“武阳买茶”，这表明四川一带茶叶已作为商品出现，是茶叶进行商贸的最早记载。

◆东汉（25—220）

东汉末年，医学家华佗《食论》中提出“苦荼久食，益意思”，这是茶叶药理功效的一次记述。

◆三国（220—280）

史书《三国志》述吴国君主孙皓（孙权的后代）有“密赐茶荼以代酒”，是“以茶代酒”最早的记载。

◆隋（581—618）

茶的饮用逐渐开始普及。隋文帝患病，遇俗人告以烹茗草服之，果然见效。于是人们竞相采之，并逐渐由药用演变成社交饮料，但主要还是在社会的上层。

◆唐（618—907）

唐代是茶作为饮料扩大普及的时期，并从社会的上层走向全民。

唐代宗大历五年（770年），开始在顾渚山（今浙江长兴）建贡茶院，每年清明前兴师动众督制“顾渚紫笋”饼茶，进贡朝廷。

唐德宗建中元年（780年），纳赵赞议，开始征收茶税。

8世纪后，陆羽《茶经》问世。

唐顺宗永贞元年（805年），日本僧人最澄大师从中国带茶籽茶树回国，是茶叶传入日本最早的记载。

唐僖宗乾符元年（874年），出现专用的茶具。

◆宋（960—1279）

宋太宗太平兴国元年（976年），开始在建安（今福建建瓯）设官焙，专造北苑贡茶，从此龙凤团茶有了很大发展。

宋徽宗赵佶在大观元年（1107 年），亲著《大观茶开》一书，以帝王之尊，倡导茶学，弘扬茶文化。

◆明（1368—1644）

明太祖朱元璋洪武六年（1373 年），设茶司马，专门司茶贸易事。

明太祖朱元璋于洪武二十四年（1391 年）9 月，发布诏令，废团茶，兴叶茶，从此贡茶由团饼茶改为芽茶（散叶茶）。

1610 年，荷兰人自澳门贩茶，并转运入欧。1616 年，中国茶叶远销丹麦。1618 年，明朝派钦差大臣入俄，并向俄皇馈赠茶叶。

◆清（1644—1911）

1657 年，中国茶叶在法国市场销售。

康熙八年（1669 年），英属东印度公司开始直接从万丹运华茶入英。康熙二十八年（1689 年），福建厦门出口茶叶 150 担，开中国内地茶叶直接销往英国市场之先河。1690 年，中国茶叶获得美国波士顿出售特许执照。光绪三十一年（1905 年），中国首次组织茶叶考察团赴印度、锡兰（今斯里兰卡）考察茶叶产制，并购得部分制茶机械，宣传茶叶机械制作技术和方法。1896 年，福州市成立机械制茶公司，是中国最早的机械制茶业。

任务二　熟悉茶叶的分类与制作

问题一　影响茶叶品质的关键工艺有哪些？

茶叶之所以会分成那么多种类，并不是因为茶树树种的关系，不是说这棵茶树叫乌龙茶树，制造出来的茶就是乌龙茶；这一棵茶树叫红茶树，制造出来的就是红茶。茶叶的不同是因为制造工艺的不同，你喜欢把它制成红茶，就采用红茶制造工艺；喜欢制成绿茶，就采用绿茶制造工艺。在茶叶制造方法上，以红茶为例，影响茶叶品质最主要的因素是发酵、揉捻以及焙火。

（一）发酵

从茶树上摘下来的嫩叶称为“茶青”，也就是鲜叶。茶青摘下来之后，首先要让它失掉一些水分，称为“萎凋”（如图 1-1 所示），然后就是发酵（如图 1-2 所示）。茶青的发酵并不是用触酶来发酵，而是叶子的“渥红”作用，民间习惯说“发酵”，即经过萎凋的茶青，其本身所含的成分和空气接触发生氧化反应，茶叶从原来的碧绿色逐渐变红。发酵程度越高颜色越红。茶青“渥红”的过程，是影响茶叶品质的关键。

鲜叶经过静置到一定的时间而炒定干燥的茶叶，称为部分发酵茶，或者有人说的“半发酵茶”。这类茶叶是最复杂的，因为静置时间的长短不同，而有不同程度的变化。发酵从 10% 至 70% 都有。总的来说，呈现的颜色是青蛙皮的颜色，因此称为“青茶”。

图 1–1　萎凋

图 1–2　发酵

发酵也影响茶叶的香气，因发酵程度不同，香气种类也不同。不发酵的绿茶是菜香，是天然新鲜的香气；全发酵的红茶，则是麦芽糖香。半发酵的乌龙茶，它的发酵可以分为轻发酵（如包种茶）、中发酵（如冻顶茶、铁观音茶）和重发酵（如白毫乌龙茶）。因此，乌龙茶类的香气可从花香、果香到熟果香都有。当茶青发酵到人们需要的程度，接着用高温把茶青炒熟或煮蒸熟，以便停止茶青继续发酵，这个过程叫“杀青”（如图 1–3 所示）。

（二）揉捻

茶青经过杀青之后就进入揉捻（如图 1–4 所示）环节。揉捻一是为了把叶细胞揉破，使得茶所含的成分在冲泡时容易溶入茶汤中，二是为了较容易揉出所需要的茶叶形状。干茶的外形有条索形、半球形、全球形和碎片状几种。一般来说，干茶的外形越是紧结就越耐泡，并且在冲泡的时候，为了使茶香完全溶出，应该用温度高一点的水冲泡。

图 1–3　杀青

图 1–4　揉捻

揉捻成形之后就要干燥（如图 1–5 所示）。干燥的目的是，将茶叶的形状固定，同时有利于保存。经过这些步骤制造出来的茶叶就是初制茶叶了，也称为“毛茶”。

（三）焙火

初制完成后为了让茶叶成为更高级的商品，要拣去茶梗，然后再烘焙（如图 1–6 所示）成为精制茶。焙火是茶叶制成之后用火慢慢地烘焙，使得茶叶从清香转为浓香。形成茶叶特性的要素，除了发酵之外就是焙火。焙火和发酵对于茶叶所产生的结果不同：发酵影响茶汤颜色的深浅，焙火则关系到茶汤颜色的明亮度。焙火越重，茶汤颜色变得越暗，茶的风味也因此变得更老沉。

图 1-5　干燥

图 1-6　烘焙

因茶叶焙火的轻重不同，有生茶、熟茶之分。焙火轻的茶，或未经焙火的茶在感觉上比较清凉，俗称为生茶。焙火较重的茶在感觉上比较温暖，俗称熟茶。焙火影响到茶叶的品质特性，焙火越重，则咖啡碱与单宁酸（多酚类）挥发得越多，刺激性也就越少。所以喝茶睡不着觉的人，可以喝焙火较重、发酵较多的熟茶。

❓问题二　茶叶是如何分类的？其制作方法有哪些？

茶叶种类繁多，令人眼花缭乱。在制茶工业上，一般以制造方法来分类，而普通的消费者并不容易了解制造茶叶的方法。因此，通常以干茶的颜色，或茶汤的颜色、形状、特质来区分茶的类别。目前，茶叶的品种可按以下几种情况分类。

（一）按茶叶的加工方式及发酵程度分类

可分为不发酵茶类、半发酵茶类及全发酵茶类，其制造流程分别如下：

1. 不发酵茶类

龙井：茶青→炒青（如图 1-7 所示）→揉捻→炒揉→干燥。

图 1-7　炒青

眉茶、珠茶：茶青→炒青→揉捻→滚桶初干→滚桶整形→再干。

煎茶：茶青→蒸青→初揉→揉捻→中揉→精揉→干燥。

2. 半发酵茶类

（1）白茶类：茶青→室内摊青萎凋→烘青→轻揉→焙干。

（2）文山型包种茶：茶青→日光萎凋（热风萎凋）→室内萎凋及搅拌（进行部分发酵，发酵程度 8%~25%）→炒青→揉捻→干燥。

（3）乌龙茶：茶青→日光萎凋（热风萎凋）→室内萎凋及搅拌（进行部分发酵，发酵程度 8%~25%）→炒青→初干→热团揉→再干。

（4）膨风茶、白毫乌龙：茶青→日光萎凋（热风萎凋）→室内萎凋及搅拌（进行部分发酵，发酵程度 50%~60%）→炒青→回干→揉捻→干燥。

3. 全发酵茶类

（1）切青红茶：茶青→室内萎凋→切青→揉捻→补足发酵→干燥。

（2）工夫红茶：茶青→室内萎凋→揉捻→解块→补足发酵→干燥。

（3）碎红茶：茶青→室内萎凋→揉捻→揉碎→补足发酵→干燥。

（4）分级红茶：茶青→室内萎凋→揉捻→筛分→再揉→补足发酵→干燥。

（二）按茶叶的颜色、品质、特点分类

1. 绿茶类

绿茶是我国分布最广、品种最多、消费量最大的茶类。绿茶是不发酵茶（发酵度为 0），外形绿、汤水绿、叶底绿，经过杀青、揉捻、干燥等工艺制成的。保持绿色特征，可供饮用的茶，均称为绿茶。其特点分别如下：

- 颜色：碧绿、翠绿或黄绿，久置或与热空气接触易变色。
- 原料：嫩芽、嫩叶，不适合久置。
- 香味：清新的绿豆香，味清淡微苦。
- 性质：富含叶绿素、维生素 C。茶性较寒凉，咖啡碱、茶碱含量较多，较易刺激神经。

绿茶可分为以下四类：

（1）炒青绿茶。经过杀青、揉捻后，以炒滚方式为主干燥的绿茶称为炒青绿茶。炒青绿茶又可分为细嫩炒青（如龙井、碧螺春、南京雨花茶、安化松针等）、长炒青（如珍眉、秀眉、贡熙等）、圆炒青（如平水珠茶等）。

（2）烘青绿茶。用烘笼进行烘干的。烘青毛茶经再加工精制后，大部分作熏制花茶的茶坯，香气一般不及炒青高，少数烘青名茶品质特优。以其外形亦可分为条形茶、尖形茶、片形茶、针形茶等。条形烘青，主要产茶区都有生产；尖形、片形茶，主要产于安徽、浙江等省市。

（3）晒青绿茶。用日光进行晒干的。主要分布在湖南、湖北、广东、广西、四川、云南、贵州等省区。晒青绿茶以云南大叶种的品质最好，称为“滇青”；其他如川青、黔青、桂青、鄂青等品质各有千秋，但不及滇青。

（4）蒸青绿茶。以蒸汽杀青是我国古代的杀青方法，唐朝时传至日本，相沿至今；而我国则自明代起即改为锅炒杀青。蒸青是利用蒸汽来破坏鲜叶中酶的活性，形成干茶色泽深绿、茶汤浅绿和茶底青绿的“三绿”品质特征，但香气较闷带青气，涩味也较重，不及锅炒杀青绿茶那样鲜爽。由于对外贸易的需要，我国从20世纪80年代中期以来，也生产少量蒸青绿茶。主要品种有恩施玉露，产于湖北恩施；中国煎茶，产于浙江、福建和安徽三省。

2. 红茶类

红茶类属全发酵茶（发酵度：100%）。红茶是通过萎凋、揉捻、充分发酵、干燥等基本工艺程序生产的茶叶。通常是碎片状，但条形的红茶也不少。因为它的颜色是深红色，泡出来的茶汤又呈朱红色，所以叫“红茶”。英文却把它称作“Black Tea”，意思是黑茶——确实外国人喝的红茶颜色较深，呈暗红色。其特点分别如下：

- 颜色：暗红色。
- 原料：大叶、中叶、小叶都有，一般是切青、碎形和条形。
- 香味：麦芽糖香，一种焦糖香，滋味浓厚略带涩味。
- 性质：温和。不含叶绿素、维生素C。因咖啡碱、茶碱较少，兴奋神经效能较低。

红茶分为以下三类：

（1）小种红茶。世界红茶的始祖，有正山小种和外山小种之分。正山小种产于福建省武夷山市桐木关一带，生长在桐木关高海拔山区；福建政和、坦洋、古田、沙县及江西铅山等地所产的仿照正山品质的小种红茶，统称“外山小种”或“人工小种”。小种红茶汤色艳红亮丽，有松烟香，味甘醇似桂圆汤。

（2）工夫红茶。我国特有的红茶品种，也是我国传统出口商品。其特点是做工精细，茶叶条索紧细美观，色泽乌润，汤色浓红，香气高爽。工夫红茶产于福建、湖北、江西、湖南、广东、安徽、云南、四川等地，主要种类有：祁门工夫、滇红工夫、宁红工夫、宜红工夫、川红工夫、闽红工夫、湖红工夫等。按品种又可分为大叶工夫和小叶工夫两个品种：大叶工夫茶是以乔木或半乔木茶树鲜叶为原料制成的工夫茶，小叶工夫茶是以灌木型小叶种茶树鲜叶为原料制成的工夫茶。

（3）红碎茶。一种国际规格的商品茶，其制作方法源于印度。经过萎凋、揉捻后，用机器切碎，然后经发酵、烘干而制成的红茶称为红碎茶。为了便于饮用，常把一杯量的红碎茶装在专用滤纸袋中，加工成“袋泡茶”。我国红碎茶生产较晚，始于20世纪50年代后期，产区主要是云南、广东、海南、广西、四川、贵州等地。近年来，红碎茶产量不断增加，质量也不断提高。

3. 青茶类

青茶类属半发酵茶（发酵度：10%~70%）。青茶俗称乌龙茶（如图1-8所示），是经过炒青、揉捻、干燥、包揉、初干等工艺程序制成的茶叶。这种茶种类繁多，呈深绿色或青褐色，泡出来的茶汤则是蜜绿色或蜜黄色。其特点分别如下：

- 颜色：青绿、暗绿。
- 原料：两叶一芽，枝叶连理，大都是对口叶，芽叶已成熟。

图 1-8 乌龙茶

• 香味：花香果味，从清新的花香、果香到熟果香都有，滋味醇厚回甘，略带微苦亦能回甘，是最能吸引人的茶叶。

• 性质：温凉。略具叶绿素、维生素 C，茶碱、咖啡碱约有 3%。

青茶按其产地可分为以下四类：

（1）闽北乌龙茶。产于福建北部武夷山一带的乌龙茶都属于闽北乌龙茶。武夷山主要品种有驰名中外的茶王“大红袍”和肉桂、水仙等。

（2）闽南乌龙茶。产于福建南部安溪、华安、永春、平和等地的乌龙茶统称为闽南乌龙茶。最有名的是安溪铁观音，产量占全国乌龙茶产量的 1/4。

（3）广东乌龙茶。以产于潮州地区的凤凰单丛、凤凰水仙、石古坪乌龙、岭头单丛等最为有名。

（4）台湾乌龙茶。分为三类：①包种茶，产于台北市和桃园县。包种发酵程度 8%~10%。色泽较绿，汤色黄亮，滋味和口感接近绿茶，但有乌龙茶特有的香和韵。②冻顶乌龙、高山乌龙，发酵程度 15%~25%。③椪风茶（也称膨风茶），发酵程度 50%~60%。“椪风”是台湾俚语，意为“吹牛”，因为这种茶的价钱高到令人难以置信，故名“椪风”茶。其代表品种是东方美人，又名白毫乌龙。

4. 白茶类

白茶类属部分发酵茶（发酵度：10%）。白茶（如图 1-9 所示）是经过萎凋、晒干或烘干等工艺程序制成的茶叶。因白茶是采自茶树的嫩芽制成，细嫩的芽叶上面盖满了细小的白毫，白茶的名称就因此而来。其汤色清淡，滋味鲜醇爽口，茶汤呈象牙色。其特点分别如下：

• 颜色：色白隐绿，干茶外表满披白色茸毛。

• 原料：福建大白茶种的壮芽或嫩芽制造，大多是针形或长片形。

• 香味：汤色浅淡，味清鲜爽口、甘醇，香气弱。

• 性质：寒凉，有退热祛暑作用。

图 1-9 白茶

白茶依照原料的不同分为白芽茶和白叶茶两类。

（1）白芽茶。完全选用大白茶肥壮的芽头制成。以福建福鼎“北路白毫银针”与福建政和“南路白毫银针”最为有名。

（2）白叶茶。采摘一芽二三叶或用单片叶，按白茶生产工艺制成的白茶统称为“白叶茶”。品种有白牡丹、贡眉、寿眉等，产地福建松溪河建阳等地，台湾地区也有生产。

5. 黄茶类

黄茶类属部分发酵茶（发酵度：10%）。制造工艺似绿茶，在制茶的过程中有渥堆焖黄这道独特的工艺程序。焖黄工艺分为湿坯焖黄和干坯焖黄。焖黄时间短的15~30分钟，长的则需5~7天。工艺流程以蒙顶黄芽为例：鲜叶→杀青→初包（焖黄）→复锅→复包（焖黄）→三炒→摊方→四炒→烘焙。其特点分别如下：

- 颜色：黄叶黄汤。
- 原料：带有茸毛的芽头、芽或芽叶制成。
- 香味：香气清纯，滋味甜爽。
- 性质：凉性，因产量少，是珍贵的茶叶。

黄茶依据原料芽叶的嫩度和大小可分为以下三类：

（1）黄芽茶。原料细嫩，采摘单芽或一芽一叶加工而成。代表品种有湖南岳阳市的“君山银针”，四川雅安的“蒙顶黄芽”以及安徽霍山的“霍山黄芽”。

（2）黄小茶。采摘细嫩芽叶加工而成的黄茶。代表品种有湖南岳阳的“北港毛尖”和浙江温州的“平阳黄汤”等。

（3）黄大茶。采摘一芽二三叶甚至一芽四五叶为原料加工而成的黄茶。代表品种有安徽“霍山大黄茶”以及“广东大叶青”等。

图1-10 六堡茶

6. 黑茶类

黑茶属后发酵茶（随时间的不同，其发酵程度会变化）。黑茶是通过杀青、揉捻、渥堆发酵、干燥等工艺程序生产的茶。因其渥堆发酵的时间较长，成品色泽呈油黑色或黑褐色，故名黑茶。这类茶古代以销往俄罗斯或我国边疆地区为主；现代大部分内销，少部分销往海外。因此，习惯上把黑茶制成的紧压茶称为边销茶。其特点分别如下：

- 颜色：青褐色，汤色橙黄或褐色。虽是黑茶，但泡出来的茶汤未必是黑色。
- 原料：花色、品种丰富，大叶种等茶树的粗老梗叶或鲜叶经后发酵制成。
- 香味：具陈香，滋味醇厚回甘。
- 性质：温和。可存放较久，耐泡耐煮。

黑茶按其产地可分为湖南黑茶、湖北老青茶、四川边茶、广西黑茶（六堡茶，如图1-10所示）。

7. 花茶类

花茶是将茶叶加花窨烘而成的茶叶（发酵度视茶类而别，大陆以绿茶窨花多，台湾地区以青茶窨花，目前红茶窨花越来越多）。花茶又名“窨花茶”“香片”等。这种茶富有花香，以窨的花种命名，如茉莉花茶、牡丹绣球、桂花乌龙茶、玫瑰红茶等。饮之既有茶味，又有花的芬芳，是一种再加工茶叶。其特点分别如下：

• 颜色：视茶类而别，但都会有少许花瓣存在。

• 原料：以茶叶加花窨焙而成，茉莉花、玫瑰、桂花、黄枝花、兰花等，都可加入各类茶中窨成花茶。

• 香味：浓郁花香和茶味。

• 性质：凉温都有，因富花的特质，饮用花茶另有花的风味。

花茶又分为以下三种：

（1）熏花花茶。它是用茶叶和香花进行拼和窨制，使茶叶吸收花香而制成的香茶。

（2）工艺花茶。要经过杀青兼轻揉、初烘理条、选芽装筒、造型美化、定型烘焙、足干贮藏等工艺程序才能制成。

（3）花果茶。一般选用红茶、绿茶或普洱茶与花草科学配伍而成。

8. 紧压茶类

紧压茶以红茶、绿茶、青茶、黑茶的毛茶为原料，经加工、蒸压成型而成。因此，紧压茶属于再加工茶类。其外形色泽褐红，内质汤色红浓明亮，香气独特陈香，滋味醇厚回甘，叶底褐红。

中国目前生产的紧压茶，主要有花砖、普洱方茶、竹筒茶、米砖、沱茶、黑砖、茯砖、青砖、康砖、金尖塔、方包茶、六堡茶、湘尖、紧茶、圆茶和饼茶（如图 1-11 所示）等。它们的特点分别如下：

• 颜色：大都是暗色，视何种茶类为原料而有所不同。泡出来的茶汤颜色也属于深色。

• 原料：各种茶类的毛茶都可为原料。

• 香味：沉稳、厚重。

• 性质：现代紧压茶与古代的团茶、饼茶在原料上有所不同。古代是采摘茶树鲜叶经蒸青、磨碎、压模成型后干燥制成。现代紧压茶是以毛茶再加工，蒸压成型而成。

图 1-11　饼茶

9. 粉茶和抹茶类

粉茶以不发酵茶为主，有青茶粉茶、红茶粉茶、花果茶粉茶等，是用茶叶磨成粉末而成的。抹茶是覆盖栽培的碾茶磨成极其细微的粉末而成的。它们的特点分别如下：

• 颜色：绿抹茶翠绿，青茶粉茶黄绿，红茶粉茶褐色。

• 原料：抹茶是一种特殊茶，以绿茶为主。制造抹茶的原料是一种专门的日本碾茶，利用石磨磨成万分之一厘米以下，可悬浮在热水中而不沉淀。

• 香味：海苔青味，或菜香味。

• 性质：营养成分较丰富，含叶绿素、维生素 C 较多，性较寒。

10. 添加味茶和非茶之茶

因制茶技术的发展以及市场的需要，以茶叶再加工的茶，或将茶叶添加其他材料产生新的口味的茶，称为添加味茶。例如，液态茶、茶叶配上草药的草药茶、八宝茶。有的根本是没有茶叶的非茶之茶，如杜仲茶、冬瓜茶、绞股蓝茶、刺五加茶、玄米茶等。此类茶大都是因为疗效而为人们所饮用，因此，也称为“保健茶”。

11. 配置茶

有丰富经验的茶师，用不同种类的茶叶进行拼配，一般都在茶艺馆进行。例如，安溪铁观音与武夷肉桂拼配，称为“双珍合璧”，香气独特。

（三）按茶叶的季节分类

1. 春茶

春茶，是指当年 3 月下旬到 5 月中旬之间采制的茶叶。春季温度适中，雨量充沛，再加上茶树经过了半年冬季的休养生息，使得春季茶芽肥硕，色泽翠绿，叶质柔软，且含有丰富的维生素，特别是氨基酸。春茶滋味鲜活，香气宜人，富有保健作用。

2. 夏茶

夏茶，是指 5 月初至 7 月初采制的茶叶。夏季天气炎热，茶树新梢芽叶生长迅速，使得能溶解茶汤的水浸出物相对减少，特别是氨基酸及全含氮量的减少，使得茶汤滋味、香气多不如春茶强烈。由于带苦涩味的花青素、咖啡因、茶多酚含量比春茶多，夏茶不但芽叶色泽较深，而且滋味较为苦涩。

3. 秋茶

秋茶就是 8 月中旬以后采制的茶叶。秋季气候条件介于春夏之间，茶树经春夏季生长，新梢芽内含物质相对减少，叶片大小不一，叶底发脆，叶色发黄，滋味和香气显得比较平和。

4. 冬茶

冬茶大约在 10 月下旬开始采制。冬茶是在秋茶采完后，气候逐渐转冷后生长的。因冬天茶梢芽生长缓慢，内含的物质浓度增加，所以滋味醇厚，茶气浓烈。

（四）按茶叶的生长环境分类

1. 平地茶

平地茶芽叶较小，叶底坚薄，叶面平展，叶色黄绿欠光润。加工后的茶叶，条索较细瘦，骨身轻，香气低，滋味淡。

2. 高山茶

由于高山环境适合茶树喜温、喜湿、耐阴的习性，所以有高山出好茶的说法。与平地茶相比，高山茶芽叶肥硕，颜色绿，茸毛多。加工后的茶叶，条索紧结、肥硕，白毫显露，香气浓郁且耐冲泡。

任务三 掌握茶叶的储存方法

茶叶是一种干制品，保存期限长，但随着时间的推移，茶叶的形、色、香、味会产生较大的变化。品质很好的茶叶，如不善加以保藏，就会很快变质，颜色发暗，香气散失，味道不良，甚至发霉而不能饮用。为防止茶叶吸收潮气和异味，减少光线和温度的影响，避免挤压破碎而损坏茶叶美观的外形，就必须采取妥善的保藏方法。

问题一 影响茶叶品质的因素有哪些?

1. 温度

温度越高，茶叶外观色泽越容易变褐色，低温冷藏（冻）可有效减缓茶叶变褐及陈化的速度。

2. 水分

茶叶中水分含量超过 5% 时，会使茶叶品质加速劣变，并促进茶叶中残留酵素氧化，使茶叶色泽变质。

3. 氧气

引起茶叶劣变的各种物质之氧化作用，均与氧气的存在有关。

4. 光线

光线照射对茶叶会产生不良的影响：光照会加速茶叶中各种化学反应的进行，叶绿素经光线照射易褪色。

问题二 茶叶的储存方法有哪些?

（一）塑料袋、铝箔袋储存法

最好选有封口、装食品用的塑料袋。材料厚实一点、密度高的较好，不要用有味道或再制的塑料袋。装入茶后，袋中空气应尽量挤出，如能用第二个塑料袋反向套上则更佳。以透明塑料袋装茶后，不宜照射阳光。以铝箔袋装茶原理与塑料袋类同。另外，将买回来的茶分袋包装，密封后装置于冰箱内，然后分批冲泡，以减少茶叶开封后与空气接触的机会，延缓品质劣变的进程。

（二）金属罐储存法

可选用铁罐、不锈钢罐或质地密实的锡罐。如果是新买的罐子，或原先存放过其他物品留有味道的罐子，可先用少许茶末置于罐内，盖上盖子，上下左右摇晃轻擦罐壁后倒弃，以去除异味。市面上有贩售两层盖子的不锈钢茶罐，简便而实用，如能配合以清洁无味之塑料袋装茶后，再置入罐内盖上盖子，以胶带粘封盖口则更佳。装有茶叶的金属罐，应置于阴凉处，不要放在阳光直射、有异味、潮湿、有热源的地方，如此，铁罐才不易生锈，亦可减缓茶叶陈化、劣变的速度。另外，锡罐材料致密，对防潮、防氧化、阻光、防异味有很好的效果。

（三）低温储存法

低温储存法，是指将茶叶储存的环境保持在5℃以下，也就是使用冷藏库（或冷冻库）保存茶叶。使用此法应注意以下几点：

（1）储存期6个月以内者，冷藏温度以维持0~5℃最经济有效；储藏期超过半年者，以冷冻（-18~-10℃）较佳。

（2）储茶以专用冷藏库最好，如必须与其他食物共冷藏，则茶叶应妥善包装，完全密封以免吸附异味。

（3）冷藏库内空气循环良好，以达到冷却效果。

（4）一次购买大量茶叶时，应先予小包（罐）分装，再放入冷藏库中；每次取出所需冲泡量，不宜将同一包茶反复冷冻、解冻。

（5）由冷藏库内取出茶叶时，应先让茶罐内茶叶温度回升至与室温相近，才可取出茶叶。急于打开茶罐，茶叶容易凝结水汽而增加含水量，使未泡完的茶叶加速劣变。

❓问题三　储存茶叶还应注意的事项有哪些？

（1）茶叶罐的选择亦需讲究，千万不可将用作其他用途的铁罐或磁瓮拿来装茶叶，亦不可使用易受光线照射的玻璃瓶，以免影响茶叶的品质。铁制的茶叶罐（最好有内、外双重盖），密封度佳，适宜用作贮藏茶叶，但最宜使用密封性佳、不透气、不透光的锡罐。

（2）如果购买的茶叶量多，可将平日饮用的小部分放置于小罐中，剩下来的装在另一个罐中。如果放置陈年茶叶，更可用胶带将盖口封住，以达到百分之百密封，但要定期每年烘焙一次。

（3）从罐中取茶时，切勿以手抓茶，以免手汗臭或其他不良气味被茶吸附。最好用茶匙取茶，或以家庭使用的一般铁匙取茶亦可，然后此匙不可用作其他用途。

（4）切勿将茶罐放于厨房或潮湿的地方，也不要和衣物等放在一起，最好是放在阴暗干爽的地方。如果能谨慎储藏茶叶，即使放上几年也不会坏，陈年茶的特殊风味可增添茶趣的享受。

（5）如果购买多类茶种，最好分别以不同的茶叶罐装置，并贴纸条于罐外，清楚地写明茶名、购买日期、焙火程度、焙制季节等。

问题四　如何看待茶叶的保质期?

茶叶是一种饮品，当然有保质期。过了保质期或者存放不适当，茶叶同样会霉变的，霉变的茶叶不能再饮用。通常，密封包装的茶叶保质期是12个月至24个月不等，在茶叶的包装袋上会标明的。散装茶叶保质期就更短，在购买时，应尽量选当年的新茶。

茶叶的保质期与茶的品种有关，不同的茶保质期也不一样。像云南的普洱茶，少数民族的砖茶，陈化的反而好一些，保质期可达10~20年；又如武夷岩茶，隔年陈茶反而香气馥郁、滋味醇厚；湖南的黑茶、湖北的茯砖茶、广西的六堡茶等，只要存放得当，不仅不会变质，甚至能提升茶叶品质。

一般的茶，还是新鲜的比较好。如绿茶，保质期在常温下一般为1年左右。不过，影响茶叶品质的因素主要有温度、光线、湿度。如果存放方法得当，降低或消除影响因素，则茶叶可长时间保质。

判断茶叶是否过期，主要有以下几方面：看它是不是发霉，或出现陈味；绿茶是不是变红，汤色变褐、变暗；滋味的浓度、收敛性和鲜爽度是不是下降。此外，看它包装上的保质期。如果是散装茶叶，超过18个月最好不要再冲饮。一般人认为，散装茶能很清楚地看清茶的外形，可以就此判断茶的好坏，所以大都喜欢购买散装茶。实际上，散装茶在销售的过程中就在不断地变质，因为露放在空气中，一是吸潮，二是吸异味，这样就导致茶叶无形之中会发生质变，使其丧失原茶风味。与散装茶相比，包装茶的优点较多。比如，不易受到污染，不易变质，而且规范的产品包装上有明确的等级、生产日期、厂名、厂址、生产标准等内容，消费者一旦发现质量问题便于投诉。所以，今后我们将更多地倡导消费者挑选带包装的茶叶。

任务四　熟悉中国名茶及产茶区

问题一　我国著名的产茶区有哪些？各有哪些特点?

我国是茶叶的故乡，加之人口众多，幅员辽阔，因此茶叶的生产和消费居世界之首。我国地跨六个气候带，地理区域东起台湾基隆，南沿海南琼崖，西至藏南察隅河谷，北达山东半岛，绝大部分地区均可生产茶叶。全国大致可分为四大茶区，包括江南茶区、江北茶区、华南茶区、西南茶区。全国茶叶产区的分布，主要集中在江南地区，尤以浙江和湖南产量最多，其次为四川和安徽。甘肃、西藏和山东是新发展的茶区，年产量还不太多。

我国四大著名的产茶区及其特点分别如下：

（一）江南茶区

江南茶区位于中国长江中、下游南部，包括浙江、湖南、江西等省和皖南、苏南、鄂南等地，为中国茶叶主要产区，年产量大约占全国总产量的2/3。生产的主要茶类有绿茶、红茶、黑茶、花茶以及品质各异的特种名茶，诸如西湖龙井、黄山毛峰、洞庭碧螺春、君山银针、庐山云雾等。

茶园主要分布在丘陵地带，少数在海拔较高的山区。这些地区气候四季分明，年平均气温为 15~18℃，冬季气温一般在 -8℃。年降水量 1400~1600 毫米，春夏季雨水最多，占全年降水量的 60%~80%，秋季干旱。茶区土壤主要为红壤，部分为黄壤或棕壤，少数为冲积壤。

（二）江北茶区

江北茶区位于长江中、下游北岸，包括河南、陕西、甘肃、山东等省和皖北、苏北、鄂北等地。江北茶区主要生产绿茶。

茶区年平均气温为 15~16℃，冬季绝对最低气温一般为 -10℃左右。年降水量较少，为 700~1000 毫米，且分布不匀，常使茶树受旱。茶区土壤多属黄棕壤或棕壤，是中国南北土壤的过渡类型。但少数山区有良好的微域气候，故茶的质量亦不亚于其他茶区，如六安瓜片、信阳毛尖等。

（三）华南茶区

华南茶区位于中国南部，包括广东、广西、福建、台湾、海南等省（区），为中国最适宜茶树生长的地区。茶区有乔木、小乔木、灌木等各种类型的茶树品种，茶资源极为丰富。生产红茶、乌龙茶、花茶、白茶和六堡茶等，所产大叶种红碎茶，茶汤浓度较大。

（四）西南茶区

西南茶区位于中国西南部，包括云南、贵州、四川三省以及西藏东南部，是中国最古老的茶区。茶树品种资源丰富，生产红茶、绿茶、沱茶、紧压茶和普洱茶等，是中国发展大叶种红碎茶的主要基地之一。

❓问题二　我国著名的茶叶品种有哪些?

（一）绿茶名品

1. 西湖龙井

为我国的名茶，产于浙江杭州西湖的狮峰、龙井、五云山、虎跑一带，历史上曾分为“狮、龙、云、虎”四个品类，其中多认为产于狮峰的品质最佳。龙井素以“色绿、香郁、味醇、形美”四绝著称于世。形光扁平直，色翠略黄似糙米色，滋味甘鲜醇和，香气幽雅清高，汤色碧绿黄莹，叶底细嫩成朵。

2. 庐山云雾

产于江西庐山。庐山云雾茶，古称“闻林茶”，从明代起始称“庐山云雾”。

号称“匡庐奇秀甲天下”的庐山，北临长江，南傍鄱阳湖，气候温和，山水秀美十分适宜茶树生长。庐山不仅具有理想的生长环境以及优良的茶树品种，还具有精湛的采制技术。在清明前后，随海拔增高，鲜叶开采期相应延迟到“五一”前后，以一芽一叶为标准。

庐山云雾茶芽壮叶肥，白毫显露，色泽翠绿，幽香如兰，滋味深厚、鲜爽甘醇，耐冲泡，汤色明亮，饮后回味香绵。高级的云雾茶条索秀丽，嫩绿多毫，香高味浓，经久耐泡，为绿茶之精品。

3. 黄山毛峰

产于安徽黄山，主要分布在桃花峰的云谷寺、松谷庵、吊桥庵、慈光阁及半寺周围。这里山高林密，日照短，云雾多，自然条件十分优越。茶树得云雾之滋润，无寒暑之侵袭，蕴成良好的品质。黄山毛峰（如图 1-12 所示）采制十分精细。制成的毛峰茶外形细扁微曲，状如雀舌，香如白兰，味醇回甘。

4. 六安瓜片

为历史名茶，属绿茶类。创制于清末，是六安茶后起之秀。产于安徽六安市裕安区、金安区、金寨县，主产区位于齐头山、独山一带。齐头山地域产品因质量超群，故有“齐山名片”之称。

六安瓜片（如图 1-13 所示）工艺独特，形成了独特风格。外形：单片顺直匀整，叶边背卷舒展，不带芽、梗，形似瓜子；干茶色泽翠绿，起霜有润。内质：汤色清澈，香气高长，滋味鲜醇回甘，叶底黄绿匀亮。优质的齐山名片具有花香野韵，为片茶之珍品。

图 1-12　黄山毛峰

图 1-13　六安瓜片

5. 太平猴魁

属绿茶类，为历史名茶，创制于清末。产于安徽黄山市黄山区（原太平县）新明、龙门、三口一带。主产区位于新明乡三门村的猴坑、猴岗、颜家。太平猴魁外形两叶抱芽，扁平挺直，自然舒展，白毫隐伏，有“猴魁两头尖，不散不翘不卷边”之称。叶色苍绿匀润，叶脉绿中稳红（俗称“红丝线”）；兰香高爽，滋味醇厚回甘，有独特的猴韵；汤色清绿明澈；叶底嫩绿匀亮，芽叶成朵肥壮。

6. 都匀毛尖

又名“白毛尖”“细毛尖”“鱼钩茶”“雀舌茶”，是贵州三大名茶之一，中国十大名茶之一。产于贵州都匀市，主要产地在团山、哨脚、大槽一带。成品都匀毛尖色泽翠绿，外形匀整，白毫显露，条索卷曲，香气清嫩，滋味鲜浓，回味甘甜，汤色清澈，叶底明亮，芽头肥壮。

7. 信阳毛尖

产于河南信阳，是我国著名的内销绿茶，以原料细嫩、制工精巧、形美、香高、味长而闻名。成品条索细圆紧直，色泽翠绿，白毫显露；汤色清绿明亮，香气鲜高，滋味鲜醇；叶底芽壮、嫩绿匀整。

8. 洞庭碧螺春

产于江苏苏州太湖之滨的洞庭山。碧螺春茶叶是春季从茶树采摘下的细嫩芽头炒制而成的；高级的碧螺春，每千克干茶需要茶芽 13.6 万 ~15 万个。外形条索紧结，白毫显露，色泽银绿，翠碧诱人，卷曲成螺，故名“碧螺春”。汤色清澈明亮；浓郁甘醇，鲜爽生津，回味绵长；叶底嫩绿显翠。

9. 蒙顶甘露

产于地跨四川省名山、雅安两县的蒙山，因主要产于山顶，故而得名。蒙顶甘露茶形状纤细，叶整芽全，身披银毫，叶嫩芽壮；色泽嫩绿油润；汤色黄碧，清澈明亮；香馨高爽，味醇甘鲜，沏二遍时，越发鲜醇。蒙山茶自唐入贡，久负盛名，又称“仙茶”“贡茶”，古往今来均为我国名茶珍品。

10. 婺源绿茶

产于江西省婺源县，这里“绿丛遍山野，户户有香茶”，是中国著名的绿茶产区。婺源绿茶叶质柔软，持嫩性好，芽肥叶厚，有效成分高，宜制优质绿茶。条索紧细纤秀，锋毫显露，色泽翠绿光润；香气清高持久，有兰花之香；滋味醇厚鲜爽，汤色碧绿澄明。

（二）红茶名品

1. 祁红

祁红，是祁门红茶的简称，产于安徽省祁门县，为工夫红茶中的珍品。1915 年曾在巴拿马国际博览会上荣获金奖。祁红以高香著称，具有独特的清鲜持久的香味，被国内外茶师称为砂糖香或苹果香，并蕴藏有兰花香，国际市场上称为“祁门香”。英国人最喜爱祁红，全国上下都以能品尝到祁红为口福。

2. 川红

川红工夫，简称川红，产于四川省宜宾等地，是20世纪50年代开始生产的工夫红茶。川红工夫茶是我国工夫红茶主要品种之一，亦属红茶珍品之一。川红工夫外形条索肥壮圆紧、显金毫、色泽乌黑油润，内质香气清鲜带橘糖香、滋味醇厚鲜爽、汤色浓亮、叶底厚软红匀。川红珍品——“早白尖”，更是以早、嫩、快、好的突出特点及优良的品质，博得国内外茶界人士的好评。

3. 滇红

滇红工夫，简称滇红，产于云南西双版纳的景洪、普文等地。滇红工夫茶，属大叶种类型的工夫茶，是我国工夫红茶的新葩。以外形肥硕紧实、金毫显露和香高味浓的品质独树一帜，而著称于世。滇茶分工夫茶和碎茶两种。滇红工夫外形条索紧结、肥硕雄壮，干茶色泽乌润、金毫特显；内质汤色艳亮，香气鲜郁高长，滋味浓厚鲜爽，富有刺激性，叶底红匀嫩亮。

4. 湖红

湖红工夫，简称湖红，主要产于湖南省安化、桃源、涟源、邵阳、平江、浏阳、长沙等县市，而湘西石门、慈利、桑植、张家界等县市所产的工夫茶谓之“湘红”，归入“湖红工夫”范畴。湖红工夫以安化工夫为代表，外形条索紧结尚肥实，香气高，滋味醇厚，汤色浓，叶底红稍暗。平江工夫香高，但欠匀净；浏阳的大围山一带所产香高味厚（靠近江西修水，归入宁红工夫）；安化、桃源工夫外形条索紧细，毫较多，锋苗好，但叶肉较薄，香气较低；涟源工夫系新发展的茶，条索紧细，香味较淡。

5. 闽红

闽红工夫，简称闽红，是政和工夫、坦洋工夫和白琳工夫的统称，均系福建工夫红茶特产。三种工夫茶产地不同、品种不同、品质风格不同，但各自拥有自己的消费爱好者，盛兴百年而不衰。

（1）政和工夫。产于闽北，以政和县为主，松溪以及浙江的庆元地区所产红毛茶，亦集中在政和县加工。政和工夫按品种分为大茶、小茶两种。大茶系采用政和大白条制成，是闽红三大工夫茶的上品。外形条索紧结、肥壮多毫、色泽乌润，内质汤色红浓、香气高而鲜甜、滋味浓厚、叶底肥壮尚红。小茶系用小叶种制成，条索紧细，香似祁红，但欠持久，汤稍浅，味醇和，叶底红匀。政和工夫以大茶为主体，扬其毫多味浓之优点，又适当拼以高香之小茶，因此，高级政和工夫体态匀称，毫心显露，香味俱佳。

（2）坦洋工夫。分布较广，主产福安、拓荣、寿宁、周宁、霞浦及屏南北部等地。源于福安境内白云山麓的坦洋村。外形细长匀整、带白毫、色泽乌黑有光，内质香味清鲜甜和、汤鲜艳呈金黄色、叶底红匀光滑。其中坦洋、寿宁、周宁山区所产工夫茶，香味醇厚，条索较为肥壮；东南临海的霞浦一带所产工夫茶，色鲜亮，条形秀丽。

（3）白琳工夫。产于福鼎太姥山白琳、湖林一带。白琳工夫茶系小叶种红茶。当地种植的小叶种红茶具有茸毛多、萌芽早、产量高的特点。一般的白琳工夫，外形条索细长弯曲，茸毫多呈颗粒绒球状，色泽黄黑；内质汤色浅亮，香气鲜纯有毫香，味清鲜甜和，叶底鲜红带黄。

6. 宁红

宁红工夫，简称宁红，是我国最早的工夫红茶珍品之一。产于江西省修水县，修水在元代称宁州，故此得名。宁红茶素以条索秀丽，金毫显露，锋苗挺拔，色泽红艳，香味持久而闻名中外。宁红茶的成品共分 8 个等级，其中特级宁红以紧细多毫，锋苗毕露，乌黑油润，鲜嫩浓郁，鲜醇爽口，柔嫩多芽，汤色红艳著称于世。

7. 英德红碎茶

英德红碎茶产于广东，以浓、强、鲜而著称。秋季生产，含有自然花香。色泽乌润，颗粒均匀结实，香气高锐，茶汤红亮，滋味浓烈。饮后甘美怡神，清心爽口，适合清饮；

而加上牛奶、白糖后，色、香、味也俱佳。英德红碎茶在我国港澳地区和东南亚地区很受欢迎。

8. 云南红碎茶

云南红碎茶的原料芽叶肥壮，叶底柔软，持嫩性好，是我国著名的红茶良种。香气高锐浓郁，汤色红艳明亮，滋味浓厚强烈；加牛奶后，呈姜黄色，味浓爽，富有刺激性。云南红碎茶品质优异，在国际市场上享有较高盛誉。

9. 正山小种

正山小种属条形小种红茶，产于福建省崇安县星村镇桐木关村。因集中于星村加工，故又称“星村小种”。正山小种茶历史悠久，品质别具风格：香气高锐，微带橙木香，滋味强烈而爽口；加入牛奶后，芳香不减，形成的奶茶犹如琼浆玉脂，惹人喜爱。

（三）黄茶名品

1. 君山银针

君山银针产于湖南岳阳洞庭湖中的君山，黄茶中的珍品。其成品茶芽头茁壮，长短大小均匀，茶芽内面呈金黄色，外层白毫显露完整，而且包裹坚实，茶芽外形很像一根根银针，故得其名。君山茶历史悠久，唐代就已生产、出名。

该品种全由芽头制成，茶身布满毫毛，色泽鲜亮，香气高爽，汤色橙黄，滋味甘醇。虽久置而其味不变。冲泡时可从明亮的杏黄色茶汤中看到三起三落，雀舌含珠，具有很高的欣赏价值。其采制要求很高，比如采摘茶叶的时间只能在清明节前后 7~10 天内，还规定了 9 种情况下不能采摘，即雨天、风霜天、虫伤、细瘦、弯曲、空心、茶芽开口、茶芽发紫、不合尺寸等。

2. 蒙顶黄芽

蒙顶黄芽是四川省雅安市蒙顶山又一名茶，属于芽形黄茶之一。该茶自唐始至明清皆为贡品。蒙顶黄芽采摘于春分时节，以每年清明节前采下的鳞片开展的圆肥单芽为原料。鲜叶采摘标准为一芽一叶初展，每斤鲜叶有 8000~10 000 个芽头。黄芽外形芽叶整齐、形状扁直、芽匀整多毫、色泽金黄，内质香气清醇、汤色黄亮、滋味甘醇、叶底嫩匀。

（四）白茶名品

白茶主要产于福建的福鼎、政和、建阳、松溪等地，是福建特有的茶类之一。白茶因茶树品种、原料（鲜叶）采摘的标准不同，可分为白毫银针、白牡丹、贡眉、寿眉等。

1. 白毫银针

白毫银针，简称“银针”，又叫“白毫”，因其白毫密披、色白如银、外形似针而得名。白毫银针是采用单芽为原料加工而成的。其香气清新，汤色淡黄，滋味鲜爽，是白茶中的极品，素有茶中“美女”“茶王”之美称。

2. 白牡丹

白牡丹因其绿叶夹银白色毫心，形似花朵，冲泡后绿叶托着嫩芽，宛如蓓蕾初放，故得美名。白牡丹是采自大白茶树或水仙种的短小芽叶新梢的一芽一二叶制成的。其汤色杏黄或橙黄，叶底浅青灰色，香气清，味鲜醇，是白茶中的上乘佳品。

（五）花茶名品

1. 苏州茉莉花茶

苏州茉莉花茶为我国茉莉花茶中的佳品。约于清代雍正年间开始发展，距今已有近300年的产销历史。据史料记载，苏州在宋代时已栽种茉莉花，并以它作为制茶的原料。1860年时，苏州茉莉花茶已盛销于东北、华北一带。

苏州茉莉花茶以所用茶坯、配花量、窨次、产花季节的不同而浓淡不同，其香气依花期有别，头花所窨者香气较淡，优花窨者香气最浓。苏州茉莉花茶主要茶坯为烘青，还有以龙井、碧螺春、毛峰窨制的高级花茶。与同类花茶相比属清香类型，香气清芬鲜灵，茶味醇和含香，汤色黄绿澄明。

2. 福建茉莉花茶

（1）福州茉莉花茶。选用上等绿茶为原料，配窨天然茉莉鲜花精制而成，产品芬芳浓郁，又称香片。福州茉莉花茶，以烘青茶坯窨制者分，则有特级、1至7级8个品目。特种茉莉花茶的品目有：东风、灵芝、银毫、凤眉、秀眉、雀舌毫、明前绿等上品。福州茉莉花茶为浓香型茶，花香浓烈而鲜灵持久；茶汤醇厚显香，汤色黄绿明亮；耐泡，高档茶虽经三次冲泡，仍香味较浓。

（2）天山银毫。福建宁德茶厂生产，选用高级天山烘青绿茶与“三三伏”优质茉莉，按传统工艺窨制而成。茶形紧秀匀齐，白毫显露，色泽嫩绿，水色透明，香气鲜灵浓厚，叶底肥嫩柔软。

3. 珠兰花茶

珠兰花茶主要产于福建福州、安徽歙县等地，以清香幽雅、香气持久的珠兰和米兰为原料，选用高级黄山毛峰、徽州烘青等优质绿茶作茶坯，混合窨制而成。其中，尤以香气浓烈而持久的福州珠兰花茶为佳。另外，珠兰黄山芽为珠兰花茶的珍品，其外形条索紧细，锋苗挺秀，内毫显露，色泽深绿油润，花秆整枝成串；一经冲泡，茶叶徐徐沉入杯底，花如珠帘，水中悬挂，妙趣横生；细细品啜，既有兰花特有的幽雅芳香，又兼高档绿茶鲜爽甘美的滋味。普通的珠兰花茶，外形条索紧细匀整，色泽墨绿油润，花粒黄中透绿，香气清醇隽永，滋味鲜爽回甘，汤色淡黄透明，叶底黄绿细嫩。

4. 玫瑰花茶

我国目前生产的玫瑰花茶主要有玫瑰红茶、玫瑰绿茶、九曲红玫瑰茶等花色品种。广东、上海、福建人有嗜饮玫瑰红茶的习惯。著名的玫瑰花茶有广东玫瑰红茶、杭州九曲红玫瑰茶等。

5. 桂花茶

桂花茶以广西桂林、湖北咸宁、四川成都、重庆等地产制最为著名。广西桂林的桂花烘青、福建安溪的桂花乌龙、四川北碚的桂花红茶，均以桂花的馥郁芬芳衬托茶的醇厚滋味而别具一格，成为茶中之珍品，深受国内外消费者的青睐。

6. 代代花茶

代代花茶是我国花茶家族中的一枝新秀，因其香高味醇的品质和代代花开胃通气的药理作用，而深受国内消费者的欢迎，被誉为“花茶小姐”。代代亦称回青橙，芸香科，柑橘属，常绿灌木。代代花花瓣厚实，芳香油在较高的温度条件下才容易散发，因此常加温热窨，以有利于香气的挥发和茶坯吸香。用手将茶花拌和后，送上烘干机加温，出烘后立即围囤窨制。代代花茶一般用中档茶窨制而成。

（六）乌龙茶名品

1. 安溪铁观音

安溪铁观音产于福建安溪。铁观音的制作工艺十分复杂，制成的茶叶条索紧结，色泽乌润砂绿。好的铁观音，在制作过程中因咖啡碱随水分蒸发还会凝成一层白霜；冲泡后，有天然的兰花香，滋味醇浓。用小巧的工夫茶具品饮，先闻香，后尝味，顿觉满口生香，回味无穷。近年来，人们发现乌龙茶有健身美容的功效后，铁观音更风靡日本和东南亚。

2. 冻顶乌龙

冻顶乌龙茶，被誉为台湾“茶中之圣”。产于台湾省南投鹿谷乡。它的鲜叶采自青心乌龙品种的茶树上，故名冻顶乌龙——冻顶为山名，乌龙为品种名。但按其发酵程度，属于轻度半发酵茶，制法则与包种茶相似，应归属于包种茶类。

文山包种和冻顶乌龙，系为姊妹茶。冻顶茶品质优异，在台湾地区茶市场上居于领先地位。其上选品外观色泽呈鲜艳的墨绿，并带有青蛙皮般的灰白点；条索紧结弯曲，干茶具有强烈的芳香；冲泡后，汤色略呈柳橙黄色，有明显清香，近似桂花香；汤味醇厚甘润，喉韵回甘强；叶底边缘有红边，叶中部呈淡绿色。

3. 武夷岩茶

武夷岩茶，习惯通称乌龙茶，产于闽北“秀甲东南”的名山武夷。茶树生长在岩缝之中，岩岩有茶，茶以岩名，岩以茶显，故名岩茶。武夷岩茶具有绿茶之清香，红茶之甘醇，是中国乌龙茶中之极品。武夷岩茶属半发酵茶，制作方法介于绿茶与红茶之间。其主要品种有大红袍、水仙、白鸡冠、铁罗汉、半天妖、水金龟、白瑞香、肉桂（如图 1-14 所示）等。

武夷产茶历史悠久，唐代已栽制茶叶，宋代列为皇家贡品，元代在武夷山九曲溪畔设立御茶园专门采制贡茶，明末清初创制了乌龙茶。

图 1-14　肉桂

武夷岩茶品质独特，它未经窨花，茶汤却有浓郁的鲜花香，饮时甘馨可口，回味无穷。18 世纪传入欧洲后，备受当地民众的喜爱，曾有“百病之药”的美誉。武夷岩茶是我国历代名茶中的上品，历经沧桑而不衰，迄今在国内外市场仍属佼佼者。

（1）大红袍。武夷岩茶中品质最优异者，素有“岩茶王”之称。

大红袍外形条索壮结重实、色泽油润，内质香郁、味醇香甘、汤色清橙红、叶底绿叶红边。大红袍的营养价值和药用价值都很高。除了具备红绿茶的作用外，它所含的糖类及各种矿物质较多，耐冲泡，能促进人体健康。

（2）水仙茶。主要分为武夷水仙和闽北水仙两种。

武夷水仙条索肥壮紧结，叶端折皱扭曲，如蜻蜓头；不带梗，不断碎；色泽油润，香气浓郁清长，岩韵显；味醇厚，具有爽口回甘的特征；叶底呈绿叶红镶边；汤色浓艳清澈，呈橙黄色。

闽北水仙条索壮结重实，叶端扭曲，色泽油润，香气浓郁带有兰花清香，滋味醇厚鲜爽有回甘味，汤色清澈、呈橙红，叶底红边鲜艳。

4. 广东乌龙茶

广东乌龙茶主要产于广东潮汕地区，主要代表有原产于潮州市凤凰山的凤凰单丛（枞）茶［因单株（丛）采收制作而得名］等。为历史名茶，始创于明代。

凤凰单丛茶品质极佳，素有“形美、色翠、香郁、味甘”四绝。其外形挺直，肥硕，油润。幽雅清高的自然花香，浓郁、甘醇、爽口、回甘的味道，橙黄、清澈、明亮的汤色，青蒂、绿腹、红镶边的叶底，极耐泡的底力，构成凤凰单丛特有的色、香、味内质特点。

（七）紧压茶名品

1. 云南普洱茶

普洱茶是在云南大叶茶基础上培育出的一个新茶种。普洱茶亦称滇青茶，原运销集散地在普洱，故此而得名。距今已有 1700 多年的历史。

普洱茶的产区，气候温暖，雨量充足，湿度较大，土层深厚，有机质含量丰富。茶树分为乔木或乔木形态的高大茶树。芽叶极其肥壮而茸毫茂密，具有良好的持嫩性，芽叶品质优异。

在古代，普洱茶是作为药用的。其香气高锐持久，带有云南大叶茶种特性的独特香型，滋味浓强富于刺激性；耐泡，经五六次冲泡仍持有香味；汤橙黄浓厚；芽壮叶厚，叶色黄绿间带有红斑红茎叶；条形粗壮结实，白毫密布。

2. 云南沱茶

云南沱茶是紧压茶中最好的一种，是以晒青毛茶作原料加工而成的。沱茶为碗臼型，色泽暗绿露毫，香气清正，滋味浓厚甘和，汤色黄明，叶底嫩匀。

3. 湖南茯砖茶

茯砖茶是西北边疆各族群众不可缺少的必需品。它具有外形齐整如砖，“金花”盛开，色泽黑褐，汤色红浓，味道醇厚，香气持久等特点。经中外科学家们分析鉴定，茯砖茶中呈金黄色颗粒的冠突曲霉，具有极强的分解油腻、消食、调节人体脂肪代谢的功能，特别适于饮食结构中以奶肉类为主食的人们饮用。

茯砖茶约在 1860 年前后问世，早期称“湖茶”；因在伏天加工，故又称“伏茶”；因原料送到泾阳筑制，又称“泾阳砖”。现在茯砖茶集中在湖南益阳和临湘两个茶厂加工压制，产品名称改为湖南益阳茯砖。茯砖茶在泡饮时，要求汤红不浊，香清不粗，味厚不

涩，口劲强，耐冲泡。

4. 湖北青砖茶

湖北青砖茶产于湖北咸宁，又名洞茶。青砖茶为长方砖形，块重 2 千克。色泽青褐，香气纯正，滋味浓厚，汤色红黄明亮，叶底暗褐粗老。该茶饮用时需将茶砖破碎，放进特制的水壶中加水煎煮。茶汁浓香可口，具有清心提神、生津止渴、暖人御寒、化滞利胃、杀菌收敛、治疗腹泻等多种功效。陈砖茶效果更好。

5. 黑砖茶

黑砖茶原产于湖南安化白沙溪，1939 年前后开始生产。因砖面压有“湖南省砖茶厂压制”八个字，又称“八字砖”。主销甘肃、宁夏、青海、新疆等省区，以兰州为集散地。

黑砖茶的外形为长方砖形，每片砖净重 2 千克。砖面端正，四角平整，模纹（商标字样）清晰。砖面色泽黑褐，内质香气纯正，滋味浓厚微涩，汤色红黄微暗，叶底老嫩尚匀。

6. 康砖茶

康砖茶产于四川雅安，为每块 500 克重的砖形紧压茶。外形色泽棕褐，香气平和，滋味醇和，水色红亮，叶底暗褐粗老。主销川西和西藏，以康定、拉萨为中心，并转销西藏边远地区。

7. 花砖茶

花砖茶产于湖南安化，正面有花纹。每片花砖净重 2 千克。砖面色泽黑褐，内质香气纯正，滋味浓厚微涩，汤色红黄，叶底老嫩匀称。该茶销售以太原为中心，并转销晋东北及内蒙古自治区等地。

8. 米砖茶

米砖茶产于湖北省赵李桥茶厂，是以红茶的片末茶为原料蒸压而成的一种红砖茶。由于茶面及里茶均用茶末，故称米砖。该茶色泽乌润，砖形四角平整，表面光滑，内质香味醇和，汤色深红，叶底均匀色红暗。砖面压有“中茶”字样和“火车头”的标记，重量为 1 千克。

场景回顾

茶园开发成景区景点是旅游业必然的发展趋势，游客摘茶、制茶、品茶已是必备的项目。小丽要成为茶园的茶艺师兼景区的导游，应掌握茶叶的分类与制作、茶叶的贮存方法，了解中国名茶及产茶区等相关知识。

项目小结

世界饮茶的历史源于中国，茶叶的种植也源自中国。作为中国人，了解茶叶的基本知识，等于了解了我国的一部分历史。学习茶叶的相关知识，可以提高自己的生活品位，同时在生活和工作中用好茶叶的知识，也是一个现代人的社交礼仪所必需的。

一、填空题

1. 发酵是茶青和空气接触发生氧化反应，它与一般东西的发酵不同，其实是叶子的“__________”作用。

2. 茶叶按生长环境分类可分为 __________、__________。

3. 洞庭碧螺春产于 __________。

4. 温度越高，茶叶外观色泽越容易变 __________，低温冷藏（冻）可有效减缓茶叶变褐及陈化。

5. 西湖龙井是我国的名茶，产于浙江杭州西湖的 __________、__________、__________、__________ 一带，历史上曾分为“狮、龙、云、虎”四个品类，其中多认为以产于 __________ 的品质为最佳。

二、单项选择题

1. 根据史料记载和实地调查，多数学者已经确认茶树的原产地是（　　）。

A. 印度　　B. 斯里兰卡　　C. 日本　　D. 中国

2. 从发酵程度看，红茶属于（　　）。

A. 不发酵茶　　B. 半发酵茶　　C. 全发酵茶　　D. 后发酵茶

3. 君山银针属于（　　）。

A. 绿茶　　B. 红茶　　C. 黄茶　　D. 白茶

4. 下列中国十大名茶中属于绿茶的是（　　）。

A. 西湖龙井　　B. 君山银针　　C. 安溪铁观音　　D. 凤凰水仙

三、简答题

1. 我国茶史的发展经历了哪五个阶段？

2. 影响茶叶品质的关键工艺有哪些？

3. 分别列举我国著名绿茶、红茶、乌龙茶各 10 种，并简述各自的特点。

项目二　茶的饮用及其品质的鉴别

项目学习目标

1. 茶的功效及科学饮用；
2. 茶叶选购与品质的鉴别知识。

任务场景

某天早上，某五星级酒店中餐厅，王先生一家五口来喝“早茶”，餐厅服务员小徐被安排过去服务。小徐根据餐厅服务程序按惯例问候客人要喝什么茶，但王先生要小徐看着安排。小徐了解到本桌客人有王先生夫妇、其父母及其女儿，从王先生家人的口音判断，王先生本人是北方人，他爱人是地道的广州人，王先生的女儿在英国读书，刚回国……

小徐该怎么做呢？

任务一　熟悉茶的功效及科学饮用方法

?问题一　茶叶有哪些保健功能?

茶叶中丰富的营养素和多种药用成分，是茶叶保健和防病作用的基础。

（一）抗衰老

茶叶有益于人体健康，有抗衰延老之作用。现代研究证实，茶叶中含有人体所必需的化学成分，确实含有对某些疾病具有疗效的物质。每天饮茶摄入量虽少，但经常补充这些物质，对人体能起到营养和保健作用。故称茶为天然保健饮料名副其实。

茶叶中微量元素锰、锌、硒，维生素C、P、E及茶多酚类物质，能清除氧自由基，抑制脂质过氧化，因而经常饮茶确有一定的延年益寿之功效。茶叶中的单宁酸物质，能维持细胞正常代谢，抑制细胞突变和癌细胞分化，因而饮茶有一定的抗癌作用。茶叶中的脂多糖能防辐射损害，改善造血功能和保护血管；能增强微血管韧性，防止破裂；降低血脂，防止动脉粥样硬化。

（二）清胃消食助消化

茶叶有加强胃肠蠕动、促进消化液分泌、增进食欲的功能，并可治疗胃肠疾病和中毒性消化不良、消化性溃疡等疾病。

茶叶中芳香油、生物碱具有兴奋中枢神经系统和植物神经系统的作用。它们可以刺激胃液分泌，松弛胃肠道平滑肌，对含蛋白质丰富的动物类食品有良好的消化效果。

（三）生津止渴解暑热

饮茶能解渴是众所周知的常识。实验证实，饮热茶 9 分钟后，皮肤温度下降 1~2℃，并伴有凉快、清爽和干燥的感觉，而饮冷茶后皮肤温度下降不明显。饮茶的解渴作用与茶的多种成分有关。茶汤补给水分以维持机体的正常代谢，且其中含有清凉、解热、生津等有效成分。饮茶时可刺激口腔黏膜，促进唾液分泌产生津液；芳香类物质挥发时又可带走部分热量，使口腔感觉清新凉爽。茶叶可以控制体温调节中枢，达到调节体温的目的。茶叶的这种作用是茶多酚、咖啡碱、多种芳香物质和维生素 C 等成分综合作用的结果。茶叶有清火之功。有些人容易“上火”，发生大便干结、困难，甚至导致肛门裂口，痛苦异常，于是就食用蜂蜜或香蕉等食品，以减轻症状，但此法只能解决一时之苦；而根除火源的好办法是，坚持每天饮茶，茶叶“苦而寒”，极具降火清热的功能。

（四）强骨防龋除口臭

实验研究和流行病学调查均证实，茶有固齿强骨、预防龋齿的作用。茶叶中含有较丰富的氟，氟在保护骨骼和牙齿的健康方面有非常重要的作用。产生龋齿的主要原因是，牙齿的钙质较差，氟离子与牙齿的钙质有很强的亲和力，它们结合之后，可以补充钙质，使牙齿抗龋齿能力明显增强。茶本身是一种碱性物质，因此能抑制钙质的减少，起到保护牙齿的作用。

（五）振奋精神除疲劳

当人们疲劳困倦时，喝一杯清茶，立即会感到精神振奋，睡意全消。这是茶叶中所含的生物碱类物质（咖啡碱、茶碱、可可碱）作用的结果，主要是咖啡碱。实验证实，喝 5 杯红茶或 7 杯绿茶相当于服用 0.5 克的咖啡因，可提高基础代谢率 10%。茶咖啡碱与多酚类物质结合，使茶具有咖啡碱的一切药效且没有副作用。故饮茶能消除疲劳，振奋精神，增强运动能力，提高工作效率。

（六）保肾清肝并消肿

茶可保肾清肝、利尿消肿，这是因为茶能增加肾脏血流量，提高肾小球滤过率，增强肾脏的排泄功能。乌龙茶中咖啡因含量少，利尿作用明显。茶的利尿作用是咖啡碱、茶碱和可可碱的功能所致，其中茶碱的作用最强，咖啡碱次之，而可可碱的利尿作用持续时间最长。

（七）降脂减肥保健美

首先，咖啡碱能兴奋神经中枢系统，影响全身的生理机能，促进胃液的分泌和食物的消化。其次，茶汤中的肌醇、叶酸、泛酸等维生素物质以及蛋氨酸、半胱氨酸、卵磷脂、胆碱等多种化合物，都有调节脂肪代谢的功能。此外，茶汤中还含有一些芳香族化合物，它们能够溶解油脂，帮助消化肉类和油类等食物。如乌龙茶，目前在东南亚和日本很受欢迎，被誉为"苗条茶""美貌和健康的妙药"。因为乌龙茶有很强的分解脂肪的功能，长期饮用不仅能降低胆固醇，而且能使人减肥健美。中医书籍也称茶叶有去腻减肥、消脂转瘦、轻身换骨等功能。

（八）防辐射及减轻视觉疲劳

茶叶中含有多种维生素和一些微量元素，甚至比许多水果中的含量还多，对人体健康有许多好处。茶中的维生素 A 有利于恢复和防止视力衰退；维生素 B_2 对眼睑、眼睛的结膜和角膜有保护作用，缺了它，常会引起流泪、视力模糊；维生素 C 是眼睛晶状体中的重要营养成分，不足时会使晶状体受损，变得混浊；维生素 D 可直接参与眼视网膜的杆状细胞内视紫质的合成，以维持视觉的正常。微量元素锌则是维生素 A 在人体内运转的必需物质；如果人体内维生素 D 或者锌不足，会减弱眼睛的暗适应力和辨色能力。另外，茶中还含有 β-胡萝卜素、钼、钙、脂多糖、茶多酚类物质，它们也有减轻视觉疲劳和防辐射的效用。

其实，屏幕射线对人体的损害还不仅仅是视力，对神经、免疫力、心血管系统等都有不利影响，只是表现得不似视力那么直接罢了。

（九）美容

茶叶含有丰富的化学成分，是天然的健美饮料，经常饮用一些茶水，有助于保持皮肤光洁白嫩，推迟面部皱纹的出现和减少皱纹。

用茶水洗脸、洗澡，可减少皮肤病的发生，而且可以使皮肤光泽、滑润、柔软。用纱布蘸茶水敷在眼部黑圈处，每日 1~2 次，每次 20~30 分钟，可以消除黑眼圈。用茶水连渣洗手洗脚，可以防治皲裂，并能防治湿疹、止痒、减轻汗脚的脚臭。用茶水洗头，可以使头发乌黑柔软、光泽美观；用茶水刷眉，可使眉毛变得浓密光亮；用茶漱口，可以消除口臭，有利于保护牙齿，防治口腔疾病。

茶叶中所含的营养成分甚多，经常饮茶的人，皮肤显得滋润好看。

将红茶叶和红糖各两汤匙加水煲煎，加面粉调匀敷面；15 分钟后，再用湿毛巾擦净脸部。每日涂敷一次，一个月后即可使容颜滋润白皙。

具有减肥功能的两种茶叶

饮茶不是一件纯粹休闲的事情，关键看你喝什么样的茶。一边随意聊天，一边轻松地减肥，是不是有点异想天开？最近日本的一系列实验结果表明，有一些茶可有效防止肥胖。茶中含有大量的食物纤维，而食物纤维不能被消化，停留在腹中的时间长了，就会有饱饱的感觉。更重要的是，茶叶还能燃烧脂肪。这一作用的关键在于维生素 B_1。茶中富含的维生素 B_1，是将身体中的糖分充分燃烧并转化为热能的必要物质。

（1）黑茶，可抑制小腹脂肪堆积。一说起肥胖，人们马上会想到腹部脂肪，而黑茶对抑制腹部脂肪的增加有明显的效果。黑茶由黑曲菌发酵制成，顾名思义，是黑色的。黑茶在发酵过程中会产生一种普诺尔成分，从而起到了防止脂肪堆积的作用。想用黑茶来减肥，最好是喝刚泡好的浓茶。另外，应保持一天喝 1.5 升，在饭前饭后各饮一杯，长期坚持下去。

（2）乌龙茶，可燃烧体内脂肪。乌龙茶是半发酵茶，几乎不含维生素 C，却富含铁、钙等矿物质，含有促进消化酶和分解脂肪的成分。饭前、饭后喝一杯乌龙茶，可促进脂肪的分解，使其不被身体吸收就直接排出体外，防止因脂肪摄取过多而引发的肥胖。

问题二　如何做到科学饮茶？

每个人的身体情况不同，如不同的年龄、性别、身体素质等，同时，茶叶也是多种多样，所含的成分有差别。因此，我们应根据具体情况选择茶叶，并注意饮用的量和时间，以取得最理想的保健效果。

（一）饮茶要适量

饮茶虽有诸多好处，但物极必反。如果饮茶过量，特别是过量饮浓茶，则适得其反，有害健康。故茶必须适量。明代许次纾在《茶疏》中说：“茶宜常饮，不宜多饮。常饮则心肺清凉，烦郁顿释；多饮则微伤脾肾，或泄或寒……”可见，喝茶过多，特别是暴饮浓茶，对身体健康有害无益。

茶含有较多的生物碱，一次饮茶太多将使中枢神经过于兴奋，心跳加快，增加心、肾负担，晚上还会影响睡眠；过高浓度的咖啡碱和多酚类等物质，对肠胃产生强烈刺激，会抑制胃液分泌、影响消化功能。所以，饮茶的数量和强度是合理饮茶所要考虑的重要内容。

根据人体对茶叶中药效成分和营养成分的合理需求来判断，并考虑到人体对水分的需求，成年人每天饮茶的量以每天泡饮干茶 5~15 克为宜。这些茶的用水总量可控制在 500~1000 毫升。这只是对普通人每天用茶总量的建议，具体还须考虑人的年龄、饮茶习惯、所处生活环境和本人健康状况等。如运动量大、消耗多、进食量大的人，或是以肉类为主食的，每天饮茶可高达 20 克左右。长期在缺少蔬菜、瓜果的海岛、高山、边疆等地区的人，饮茶数量也可多一些，以弥补维生素等的不足。而那些身体虚弱，有神经衰弱、缺铁性贫血、心动过速等疾病的人，一般应少饮甚至不饮茶。至于用茶来治疗某种疾病的，则应根据医生建议合理饮茶。饮茶的数量还须考虑到茶类的不同，因为不同茶类的有效成分含量差异很大，合理的饮茶数量要根据有效成分的总量来计算才更精确。

（二）避免饮茶温度过高

茶沏好后，在什么温度下饮用为好？这个问题非常重要，但又常被人们所忽视。合理的饮茶首先要求避免烫饮，即不要在水温过高的情况下饮用。因为水温太高，不但烫伤口腔、咽喉及食道黏膜，而且长期的高温刺激还是导致口腔和食道肿瘤的一个诱因。在早期饮茶与癌症发生率关系的流行病学调查中发现，有些地区的食道癌发生率与饮茶有一定的相关性，后来进一步的研究证明，这是长期饮烫茶的结果。由此可见，饮茶温度过高，是极其有害的。相反，对于冷饮，要视身体情况而定。对于老人及脾胃虚寒者，应当忌冷茶。因为茶叶本身性偏寒，加上冷饮其寒性得以加强，脾胃虚寒者不宜饮凉茶；但对于阳气旺盛、脾胃强健的年轻人而言，在暑天以消暑降温为目的时，饮凉茶也是可以的。

（三）选择合适的时间饮茶

饮茶的利与弊在很大程度上取决于饮茶的时间。时间掌握得当，有利于健康；掌握不当，则可能适得其反。一般而言，饭后不宜马上饮茶，而应该把饮茶时间安排在饭后一小时左右；饭前半小时以内也不要饮茶，以免茶叶中的酚类化合物与食物营养成分发生不良反应。临睡前也不宜喝茶，因为茶叶中的咖啡碱使人兴奋，影响入眠；另外，因饮茶摄入过多水分，引起夜间多尿，也会影响睡眠。

饮茶时间要视具体情况具体分析。一般来说，以解渴为目的的饮茶，渴了就饮，不必刻意。若在进食过多肥腻食物后，马上饮茶也是可以的，因为这样可以促进脂肪代谢，解除酒毒，消除胀饱不适等。有口臭和爱吃辛辣食品的人，与人交谈前先喝一杯茶，可以消除口臭。清早起床洗漱后喝上一杯茶（不宜太浓），可以帮助洗涤肠胃，对健康也是有好处的，但这种饮法不适合肠胃有病或体质虚弱者。

（四）特殊人群的饮茶

对于身体条件特殊或有某些疾病的人，饮茶更需要谨慎。

1. 老人饮茶应注意的事项

老年人适量饮茶有益于健康；但由于生理的变化，老年人易患某些疾病，应注意控制饮茶的量。患有骨质疏松症和关节炎、骨质增生者，不宜大量饮茶，尤其是粗老茶及砖茶等含氟较高的茶类，过量饮用会影响骨代谢。心脏病患者及高血压病人，不宜饮浓茶。另外，由于老人肾脏浓缩功能降低，尿量明显增加，故不宜睡前饮茶。

2. 孕妇、儿童饮茶应注意的事项

孕妇、儿童一般都不宜喝浓茶，因浓茶中过量的咖啡因会使孕妇心动过速，对胎儿也会带来过分的刺激，儿童也是如此。因此，一般主张孕妇、儿童宜饮淡茶并温饮，并且尽量在白天饮用。通过饮些淡茶，可以补充一些维生素和钾、锌等矿物质营养成分。儿童适量饮茶，可加强胃肠蠕动，帮助消化；饮茶有清热降火之功效，避免儿童大便干结造成肛裂。另外，儿童饮茶或用茶水漱口，还可以预防龋齿。注意：用于漱口的茶水可以浓一些。

3. 女性饮茶应注意的事项

大家都知道，饮茶的好处很多，但是在女性的某些特殊时期随意饮茶，或许并不相宜。

（1）行经期。经血中含有比较高的血红蛋白、血浆蛋白和血色素，所以女性在经期或是经期过后不妨多吃含铁比较丰富的食品。而茶叶中含有 30% 以上的鞣酸，在肠道中较易同食物中的铁离子结合产生沉淀，妨碍肠黏膜对铁的吸收和利用，不能起到补血的作用。

（2）怀孕期。茶叶中含有较丰富的咖啡碱，饮茶将加剧孕妇的心跳速度，增加孕妇的心、肾负担，增加排尿而诱发妊娠中毒，更不利于胎儿的健康发育。

（3）临产期。这期间饮茶，会因咖啡碱的作用而引起心悸、失眠，导致体质下降，还可能导致分娩时产妇精神疲惫，造成难产。

（4）哺乳期。茶中的鞣酸被胃黏膜吸收并进入血液循环后，会产生收敛的作用，从而抑制乳腺的分泌，造成乳汁的分泌障碍。此外，由于咖啡碱的兴奋作用，母亲不能得到充分的睡眠；而乳汁中的咖啡碱进入婴儿体内，会使婴儿发生肠痉挛，无故啼哭。

（5）更年期。45 岁以后，女性开始进入更年期。在此期间饮用浓茶，除感情容易冲动以外，有时还会出现乏力、头晕、失眠、心悸、痛经、月经失调等现象，还有可能诱发其他疾病。

既然女性在上述特殊时期不宜饮茶，不妨改用浓茶水漱口，会有意想不到的效果。经期用茶水漱口，女性会感到口腔内清爽舒适、口臭消失，使其“不方便”的日子拥有一个好心情；怀孕期孕妇容易缺钙，此时用茶水漱口可以较有效地预防龋齿，还可以使原有病变的牙齿停止恶化；临产期用茶水漱口，可以增加食欲，白天精力旺盛、夜晚提高睡眠质量；哺乳期使用茶水漱口，可以预防牙龈出血，同时杀灭口腔中的细菌，保持口腔的清洁，提高乳汁的质量；更年期会有不同程度的牙齿松动，牙周产生许多厌氧菌，目前没有特效药杀灭这种病菌，可是用茶水漱口则可以防治牙周炎。

茶的药用实例

• 糖茶：绿茶、白糖适量，开水冲泡，片刻饮之。有和胃补中益气之功，还可治疗妇女月经不调。

• 菊花茶：绿茶、白菊花（干）适量，开水冲泡，待凉饮之。有清肝明目之功，还可治风热头痛、目赤肿痛和高血压等症。

• 山楂茶：山楂适量，捣碎，加水煎煮，再加入茶叶适量，长期饮用，有降脂、减肥的功效，对高血压、冠心病及肥胖症也有一定疗效。

• 松萝茶：是我国著名的药用茶。《本经逢源》记述：“徽州松萝，专于化食。”有消积滞、祛油腻、清火、下气、降痰之功效，久饮还可治顽疮及坏血症。

• 醋茶：将茶泡好后，去掉茶叶，按茶水和醋 5 ∶ 2 的比例配制。每日饮用 2~3 次，可治暑天腹泻、痢疾，并有解酒的作用。

• 盐茶：茶叶里放点食盐，用开水冲泡后饮之。有明目消炎、降火化痰之功效，同时可治牙痛、感冒咳嗽、目赤肿痛等症。夏天常饮，还可防中暑。

• 姜茶：茶叶少许，生姜几片去皮水煎，饭后饮服。可发汗解表，温肺止咳，对流感、伤寒、咳嗽等疗效明显。

• 柿茶：柿饼适量煮烂，加入冰糖，茶叶适量，再煮沸，配成茶水饮之。有理气化痰、益肠健胃的功效，最适于肺结核患者饮用。

• 奶茶：先用牛奶和白糖煮沸，然后按1份牛奶、2份茶汁配好，再用开水冲服。有减肥健脾、提神明目之功效。

• 蜂蜜茶：茶叶适量放入小布袋内，将之放入茶杯冲入开水，再加入适量蜂蜜。饮此茶有止渴养血、润肺益肾之功能，并能治便秘、脾胃不和、咽炎等症。

• 莲茶：湘莲30克，先用温水浸泡5小时后沥干，加红糖30克，水适量，同煮至烂，饮用时加入茶汁。有健脾益肾之功。肾炎、水肿患者宜天天服用。

• 枣茶：茶叶5克，开水冲泡3分钟后，加10粒红枣捣烂的枣泥。有健脾补虚作用，尤其适用于小儿夜尿、不思饮食。

• 金银花茶：茶叶2克，金银花1克，开水冲泡后饮服。可清热解毒，防暑止渴，对暑天发热、疖痛、肠炎有疗效。

任务二　熟悉茶叶的选购与品质鉴别方法

问题一　如何选购茶叶？

购买茶叶，最好到信誉良好的茶叶专卖店，因为那里种类齐全、销量大、货品新鲜，还可以当场试饮之后再购买。最重要的一点是，相同价位的茶叶，要多喝几种作比较，再选出您最喜爱的口味。

如果到超级市场购买茶叶，就要选择信誉较好的厂商的产品，而且产品包装上要有详细的说明，标有制造日期，出产的公司、地址、电话等资料。

购买茶叶时，要找到适合自己口味的茶，不一定是以价格的多少来评定它的好坏。因为茶叶是嗜好性的作物，适合个人口味的茶就是好茶。不过，在选择茶叶的过程中需要注意以下几点。

（一）品种

茶叶的品种并不是茶树树种所决定的，一种茶树采下来的叶子原则上可以制成各种茶叶，如乌龙茶树采下来的叶子可以做绿茶、包种茶、铁观音茶、红茶等。但是，什么茶树的叶子最适合做出什么茶叶，有它的适制性。例如，铁观音茶树采摘下来的叶子做成铁观音茶，就叫作“正丛铁观音”，这种茶叶在市场上价钱就较高，其他茶树种采下来的叶子所做的“铁观音茶”，价钱就卖得低。因此，在选择茶叶时，就得先选择要买哪种茶叶，不需要考虑树种的问题，这是一个前提。

（二）环境

环境，是指茶叶的生长环境。不同环境生长的茶叶，其品质不同。一般来说，茶树是好酸性的植物，喜好在年平均温度20℃左右的气温下生长；生长在终年有云雾笼罩、排水良好地方的茶树，能够长出较好品质的茶叶；海拔高的山区比海拔较低的地区要好；其他诸如空气、雨水等较不受污染的地方，也是茶树生长的好环境。

（三）栽培

茶树的栽培除了要有好环境外，还要考虑茶园的管理以及栽培的技术、使用的肥料等因素的影响。一般来说，在施用有机肥料的茶树上采摘下的茶叶较理想。

（四）制作

制茶的技术直接影响茶叶的品质，因为茶叶是依制作方法的不同而区别种类的。各类茶叶的制作详见前文“熟悉茶叶的分类与制作”。缺乏经验及技术不佳的茶师所制作出来的茶叶，价钱往往较便宜。所以，选择制茶师是很重要的。

（五）采摘时间

一般的茶一年可采4~6次，每年的3~11月是采收的季节，一年四季皆产茶。一般说来，春茶的香气最佳，价格也最贵；冬茶的滋味好，价格其次；秋茶香气、滋味又其次，价格再其次；夏茶较差，但高级乌龙茶则必须在夏季采摘制作。采摘的季节不同，茶叶的价格就不同，一般茶区，其他季节的价格只有春茶的1/4。

（六）采摘

以目前的茶园环境来说，采茶分人工采摘和机械采摘两种。人工采摘量比机械采摘量低，成本高，价格也较昂贵；但人工采茶较有选择性，叶片较完整。机械采摘的茶叶成本较低；但是茶叶无选择性，茶梗、老叶、嫩叶混合在一起。因此，采摘方式不同，成本也不同。

问题二　怎样鉴别茶叶的品质？

（一）新茶与陈茶的鉴别

俗话说，“饮茶要新，饮酒要陈”。大部分品种的茶，新茶总是比陈茶品质好。因为茶叶在存放过程中，受环境中的温度、湿度、光照及其他气味的影响，其中的内含物质如酸类、醇类及维生素类，容易发生缓慢的氧化或缩合，从而使茶叶的有效成分含量减少或增加，茶叶的色、香、味、形失去原有的品质特色。

鉴别新茶与陈茶，可以从这几个方面来判断：

（1）香气。新茶气味清香、浓郁；陈茶香气低浊，甚至有霉味或无味。

（2）色泽。新茶看起来都较有光泽、清澈，而陈茶均较晦暗。例如，绿茶新茶青翠嫩绿，陈茶则黄绿、枯灰；红茶新茶乌润，而陈茶灰褐。

（3）滋味。新茶滋味醇厚、鲜爽，陈茶滋味淡而不爽。

新茶比陈茶好，这是指一般而言的，并非一定如此。例如，适时贮藏，对龙井茶而言，不但色味俱佳，而且还具香胜之美。又如乌龙茶，只要保存得当，即使是隔年陈茶，同样具有香气馥郁、滋味醇厚的特点。不过，在众多的茶类品种中，对较多的茶叶品类而言，还是“以新为贵”。

总之，新茶都给人以色鲜、香高、味醇的感觉。而贮藏1年以上的陈茶，纵然保管良好，也难免会有色暗、香沉、味淡之感。

（二）真茶与假茶的鉴别

一般可用感官审评的方法鉴别真茶与假茶。就是通过眼看、鼻闻、手摸、口尝的方法，综合判断出是真茶还是假茶。

鉴别真假茶时，通常先用双手捧起一把干茶，放在鼻端，深深吸一下茶叶气味，凡具有茶香者，为真茶；凡具有青腥味，或夹杂其他气味者即为假茶。同时，还可结合茶叶色泽来鉴别。用手抓一把茶叶放在白纸或白盘子中间，摊开茶叶，精心观察，倘若绿茶深绿，红茶乌润，乌龙茶乌绿，且每种茶的色泽基本均匀一致，当为真茶；若茶叶颜色杂乱，很不协调，或与茶的本色不相一致，即有假茶之嫌。

如果通过闻香观色还不能做出判断，那么，还可取适量茶叶，放入玻璃杯或白色瓷碗中，冲上热水，进行开汤审评，进一步从汤的香气、汤色、滋味上加以鉴别，特别是可以从已展开的叶片上来加以辨别。

（1）真茶的叶片边缘锯齿，上半部密，下半部稀而疏，近叶柄处平滑无锯齿；假茶叶片则多数叶缘四周布满锯齿，或者无锯齿。

（2）真茶主脉明显，叶背叶脉突起，侧脉7~10对，每对侧脉延伸至叶缘1/3处向上弯曲呈弧形，与上方侧脉相连，构成封闭形的网状系统，这是真茶的重要特征之一；而假茶叶片侧脉多呈羽毛状，直达叶片边缘。

（3）真茶叶片背面的茸毛，在放大镜下可以观察到它的上半部与下半部是呈45~90度角弯曲的；假茶叶片背面无茸毛，或与叶面垂直生长。

（4）真茶叶片在茎上呈螺旋状互生；假茶叶片在茎上通常是对生，或几片叶簇状着生。

根据以上几方面，真茶与假茶是可以鉴别出来的，但真假原料混合加工的假茶，鉴别难度就较大。

（三）春茶、夏茶与秋茶的鉴别

春茶、夏茶和秋茶的品质特征，可以从两方面去了解。

1. 干看

干看（如图2-1所示）主要从干茶的色、香、形上加以判断。凡绿茶色泽绿润，红茶色泽乌润，茶叶肥壮重实，或有较多白毫，且红茶、绿茶条索紧结，珠茶颗粒圆紧，香气馥郁，是春茶的品质特征；凡绿茶色泽灰暗，红茶色泽红润，茶叶轻飘松宽，嫩梗宽长，且红茶、绿茶条索松散，珠茶颗粒松泡，香气稍带粗老，是夏茶的品质特征；凡绿茶色泽黄绿，红茶色泽暗红，茶叶大小不一，叶张轻薄瘦小，香气较为平和，是秋茶的标志。

在购茶时，还可结合偶尔夹杂在茶叶中的茶花、茶果来判断是何季茶。如果发现茶叶中夹有茶树幼果，其大小近似绿豆时，那么，可以判断为春茶；若茶果接近豌豆大小，那么，可以判断为夏茶；若茶果直径已超过 0.6 厘米，那么，可以判断为秋茶。不过，秋茶由于鲜茶果的直径已达到 1 厘米左右，一般很少会有夹杂。7 月下旬至 8 月为茶树花蕾期，而 9~11 月为茶树开花期，所以发现茶叶中杂有干茶树花蕾或干茶树花朵，当为秋茶了。不过，茶叶在加工过程中，通过筛分、拣剔，很少会有茶树花、果夹杂。因此，在判断季节茶时，要综合分析。

图 2–1　干看：霍山黄芽

2. 湿看

湿看（如图 2–2 所示）就是对茶叶进行开汤审评，做进一步判断。凡茶叶冲泡后下沉快，香气浓烈持久，滋味醇，绿茶汤色绿中显黄，红茶汤色艳、金圈突出，茶叶叶底柔软厚实，正常芽叶多者，为春茶；凡茶叶冲泡后，下沉较慢，香气稍低，绿茶滋味欠厚稍涩、汤色青绿、叶底中夹杂铜绿色芽叶，红茶滋味较欠爽、汤色红暗、叶底较红亮，茶叶叶底薄而较硬，对夹叶较多者，为夏茶；凡茶叶冲泡后香气不高，滋味平淡，叶底夹有铜绿色芽叶，叶张大小不一，对夹叶多者，为秋茶。

图 2–2　湿看：霍山黄芽

（四）花茶与拌花茶的鉴别

我国的花茶生产，历史久远。据唐代陆羽《茶经》记载，唐代煮茶时就有加茱萸、葱、姜、枣、橘皮等同烹的做法。北宋蔡襄的《茶录》、熊蕃的《宣和北苑贡茶录》中，也写到在贡茶中有掺“龙脑”以增加其香气的做法。这些虽还不能称为花茶，但可以说是花茶生产的原型。一般认为，花茶正式开始生产始于南宋，对此，施岳的《步月吟茉莉》和赵希鹄的《调燮类编》中都有记载。明代开始，花茶生产有所发展。清代咸丰年间（1851—1861），福建的福州已成为花茶的窨制中心。1939 年起，江苏的苏州发展成为另一花茶制造中心。随着当代国内外对花茶需求量的剧增，花茶生产发展更快。目前，我国的花茶产区遍及福建、江苏、浙江、湖南、安徽、广东、四川、江西、台湾、广西、云南等省区。此外，湖北、河南、山东、贵州等省，亦有少量生产。这些花茶，主销我国长江以北各省（区），尤以北京、天津两大城市销量最大。日本、美国以及西欧一些国家的人们，也喜欢我国的花茶。他们认为，“在中国的花茶里，可以闻到春天的气味”。

花茶既具有茶叶的爽口浓醇之味，又具鲜花的纯清雅香之气。所以，自古以来，茶人对花茶就有“茶引花香，以益茶味”之说。饮花茶，使人有一种两全其美、沁人肺腑之感。

1. 花茶不是拌花茶

窨制花茶的原料，一是茶坯，二是香花。茶叶疏松多细孔，具有毛细管的作用，容易吸收空气中的水汽和气体。此外，茶叶含有的高分子棕榈酸和萜烯类化合物，也具有吸收异味的特点。花茶窨制就是利用茶叶吸香和鲜花吐香两个特性，一吸一吐，使茶味花味合二为一，这就是窨制花茶的基本原理。

花茶经窨制后，要进行提花，就是用少量鲜花复窨一次，然后将已经失去花香的花干，通过筛分剔除，尤其是高级花茶更是如此，只有少数香花的片、末偶尔残留于花茶之中。只有在一些低级花茶中，有时为了增色，才人为地夹杂少量花秆，用于提高花茶的香气。所以，对成品花茶而言，它并非是由香花和茶叶两部分构成的，只是茶叶吸收了鲜花中的香气而已。

与花茶相区别的是拌花茶，就是在未经窨制和提花的低级茶叶中，拌上一些已经过窨制、筛分出来的花秆，充作花茶。这种茶，由于香花已经失去香味，茶叶已无香可吸，拌上些花秆，只是造成人们的一种错觉而已。所以，从科学角度而言，只有窨花茶才能称作花茶，拌花茶实则是一种假冒花茶。

2. 如何区分花茶与拌花茶

区分花茶与拌花茶，通常用感官审评的办法进行。审评时，只要用双手捧上一把茶，用力吸一下茶叶的气味，就可以做出判断。凡有浓郁花香者，为花茶；茶叶中虽有花秆，但只有茶味，却无花香者，乃是拌花茶。倘若将茶叶用开水冲泡，只要一闻一饮，判断有无花香存在，更易做出判断。但也有少数假花茶，将茉莉花香型的一类香精喷于茶叶表面，再放上一些窨制过的花干，这就增加了识别的困难。不过，这种花茶的香气只能维持 1~2 个月，以后就消失殆尽。即使在香气有效期内，凡有一定饮花茶习惯的人，一般也可凭对香气的感觉将其区别出来。用天然鲜花窨制的花茶香气纯清，而喷香精的花茶则有闷浊之感。

3. 花茶质量的鉴定

花茶质量的高低，固然与茶叶质量高低密切相关，但香气也是评判花茶质量好坏的主要指标。审评花茶香气时，通常多用温嗅，重复2~3次进行。花茶经冲泡后，每嗅一次为使花香气得到诱发，都得加盖用力抖动一下审评杯。花茶香气达到浓、鲜、清、纯者，就属正宗上品。如茉莉花茶的清鲜芬芳，珠兰花茶的浓纯清雅，代代花茶的浓厚净爽，玉兰花茶的浓烈甘美等，都是正宗上等花茶的香气特征。倘若花茶有闷浊之感，自然称不上上等花茶了。一般来说，上等窨花茶，头泡香气扑鼻，二泡香气醇正，三泡仍留余香。上述所有这些，拌花茶是无法达到的，最多在头泡时尚能闻到一些低沉的香气，或者是根本闻不到香气。

（五）高山茶与平地茶的鉴别

几乎所有的茶人都知道，高山出好茶。与平地茶相比，高山茶的香气特别高，滋味特别浓。

1. 高山为何出好茶

古往今来，我国的历代贡茶、传统名茶以及当代新创制的名茶，大多出自高山。高山为什么出好茶呢？明代陈襄古诗曰“雾芽吸尽香龙脂”，说高山茶的品质之所以好，是因为在云雾中吸收了“龙脂”的缘故。所以，我国的许多名茶，以山名加云雾命名的特别多。如江西的庐山云雾茶，浙江的华顶云雾茶，湖北的熊洞云雾茶，安徽的高峰云雾茶，江苏的花果山云雾茶，湖南的南岳云雾茶等。其实，高山之所以出好茶，是优越的茶树生态环境造就的。高山出好茶的奥妙，就在于那里优越的生态条件，正好满足了茶树的生长需要，这主要表现在以下三方面：

（1）高山的云雾对改善茶叶有利。茶树生长在高山多雾的环境中，一是由于光线受到雾珠的影响，使得红、橙、黄、绿、蓝、靛、紫七种可见光的红黄光得到加强，从而使茶树芽叶中的氨基酸、叶绿素和水分含量明显增加；二是由于高山森林茂盛，茶树接受光照时间短、强度低、漫射光多，这样有利于茶叶中含氮化合物，诸如叶绿素和氨基酸含量的增加；三是由于高山有葱郁的林木、茫茫的云海，空气和土壤的湿度得以提高，从而使茶树芽叶光合作用形成的糖类化合物缩合困难，纤维素不易形成，茶树新梢可在较长时期内保持鲜嫩而不易粗老。总之，高山多雾对茶叶的色泽、香气、滋味、嫩度的提高，特别是对绿茶品质的改善，十分有利。

（2）高山的土壤对改善茶叶有利。高山植被繁茂，枯枝落叶多，地面形成了一层厚厚的覆盖物，这样不但土壤质地疏松、结构良好，而且土壤有机质含量丰富，茶树所需的各种营养成分齐全，从生长在这种土壤的茶树上采摘下来的新梢，有效成分特别丰富，加工而成的茶叶，当然是香高味浓。

（3）高山的气温对改善茶叶有利。一般来说，海拔每升高100米，气温大致降低0.5℃，而温度决定着茶树中酶的活性。现代科学分析表明，茶树新梢中茶多酚和儿茶素的含量随着海拔的升高和气温的降低而减少，从而使茶叶的浓涩味减轻；而茶叶中氨基酸和芳香物质的含量却随着海拔升高和气温降低而增加，这就为茶叶滋味的鲜爽甘醇提供了物质基础。茶叶中的芳香物质在加工过程中会发生复杂的化学变化，产生某些鲜花的芬芳香气，如苯乙醇能形成玫瑰香，茉莉酮能形成茉莉香，沉香醇能形成玉兰香，苯丙醇能形成水仙香等。许多高山茶之所以具有某些特殊的香气，其道理就在于此。

可见，高山出好茶，乃是由于高山的气候与土壤综合作用的结果。如果在制作时工艺精湛，那就更会锦上添花。当然，只要气候温和、雨量充沛、云雾较多，以及土壤肥沃、土质良好，即使不是高山，但具备了高山生态环境的地方，同样会生产出品质优良的茶叶。

值得说明的是，所谓高山出好茶，是与平地相比而言的，并非是山越高，茶越好。对主要高山名茶产地的调查表明，这些茶山大都集中在海拔 200~600 米。海拔超过 800 米以上，由于气温偏低，往往茶树生长受阻，且易受白星病危害，用这种茶树新梢制出来的茶叶，饮起来涩口，味感较差。

2. 高山茶与平地茶的比较

高山茶与平地茶相比，由于生态环境有别，不仅茶叶形态不一，而且茶叶内质也不相同。相比而言两者的品质特征有如下区别。

高山茶新梢肥壮，色泽翠绿，茸毛多，节间长，鲜嫩度好。由高山茶加工而成的茶叶，往往具有特殊的花香，而且香气高，滋味浓，耐冲泡，条索肥硕、紧结，白毫显露。而平地茶的新梢短小，叶底硬薄，叶张平展，叶色黄绿少光。由平地茶加工而成的茶叶，香气稍低，滋味较淡，条索细瘦，身骨较轻。在上述众多的品质中，差异最明显的是香气和滋味两项。平常茶人所说的某茶“具有高山茶的特征”，就是指茶叶具有高香、浓味的特性。

场景回顾

作为一名餐厅服务员，小徐应该学习茶的知识。喝茶必须讲究方法，懂得科学饮茶。要根据不同的体质、年龄以及工作性质、生活环境等条件，选择不同种类的茶叶，采用不同方式饮用。

从体质方面看，身体健康的成年人，饮用红、绿茶均可；老年人则以饮红茶为宜，可间接饮一杯绿茶或花茶，但茶汤不要太浓。对于妇女、儿童来说，一般以淡绿茶为宜。从身体情况来看，少女经期前后，性情烦躁，饮用花茶可疏肝解郁、理气调经；更年期的女性，也以喝花茶为宜。患有胃病或十二指肠溃疡的病人，以喝红茶为好，不宜多喝浓绿茶。有习惯性便秘的，应喝淡红茶。睡眠不好的人，平时应饮淡茶，且注意睡前不能饮茶。对于心动过缓或窦房传导阻滞的冠心病人，可多喝点红、绿茶，以利于提高心率。患有前列腺肥大的人，宜喝花茶。手术后的病人，宜喝高级绿茶，以利于伤口愈合。从工作性质来看，体力劳动者、军人、地质勘探者、经常接触放射线和有毒物质的人员，应喝些浓绿茶；脑力劳动者也应喝点高级绿茶，以助神思。

小徐应进一步观察及询问客人的情况，做出正确的判断并给客人合理安排茶叶的品种。

项目小结

本项目详细分析了茶的功效及如何科学饮用知识，同时又介绍了茶叶选购与品质的鉴别知识。人类的健康与饮食有很大的关系，茶叶作为世界三大饮料之一，对人们的生活有着千丝万缕的影响。学习和掌握茶叶的营养成分，可以用科学的方法去使用茶叶并学会鉴别茶叶的优劣等，从而提升生活的品质。

思考与练习题

一、填空题

1.__________中咖啡因含量少，利尿作用明显。

2. 选择茶叶的过程中需要注意的因素有：__________、__________、__________、__________、__________、__________。

二、单项选择题

1. 茶叶中芳香油、生物碱具有兴奋中枢神经系统和植物神经系统的作用，它们可以刺激胃液分泌，松弛胃肠道平滑肌，因此可以（　　）。

A. 生津止渴解暑热　　B. 清胃消食助消化

C. 振奋精神除疲劳　　D. 降脂减肥保健美

2. 具有较强的分解脂肪功能的茶叶是（　　）。

A. 绿茶　　B. 红茶　　C. 乌龙茶　　D. 普洱茶

三、简答题

1. 茶叶有哪些保健功能?

2. 怎样选购茶叶?

3. 怎样鉴别春茶、夏茶、秋茶和冬茶?

模块二　茶叶的冲泡技艺

项目三　茶叶的冲泡技艺

项目学习目标

1. 熟悉泡茶的器具；
2. 掌握茶具选用知识、泡茶的水的选择和一般程序。

任务场景

阿萍在上茶艺课时听老师介绍，从事茶艺师的职业将越来越有前途，但茶艺师光掌握茶和茶叶的知识是不够的，还应学会各类茶叶的冲泡方法及具备茶艺表演的综合能力，对此，阿萍没有信心，她应该怎么办呢？

任务一　熟悉泡茶的器具

问题一　茶具的种类及产地分别有哪些？

喝茶自然要用茶具，而且从茶艺欣赏的角度来说，美的茶具比美的茶更为重要。

茶具种类繁多，造型千姿百态，已成为家家户户案头或茶几上不可缺少的生活用品和工艺品。茶具是茶碗、茶杯、茶壶和茶盘等成套饮茶器具的统称。按不同标准，茶具可分为不同的类别。

- 按用途。茶具可划分为：茶杯、茶碗、茶壶、茶盖、茶碟、托盘等饮茶用具。
- 按茶艺冲泡要求。茶具可划分为：煮水器、备茶器、泡茶器、盛茶器、涤洁器等。
- 按茶具的质地。茶具可划分为：陶土茶具、金属茶具、瓷器茶具、漆器茶具、竹木茶具、玻璃茶具、搪瓷茶具、玉石茶具等。

以下按不同质地介绍茶具。

（一）陶土茶具

陶土器具是新石器时代的重要发明，最初是粗糙的土陶，然后逐步演变为比较坚实的硬陶，再发展为表面上釉的釉陶。陶土茶具的代表是紫砂茶具（如图 3-1 所示）。

图 3-1 紫砂茶具

1. 紫砂茶具的形成与发展

陶器中的佼佼者首推江苏宜兴紫砂茶具。紫砂茶具早在北宋初期已经崛起，并在明代大为流行。紫砂茶具由陶器发展而成，属陶器茶具的一种。它和一般的陶器不同，里外都不敷釉，采用当地的紫泥、红泥、绿泥等天然泥料精制焙烧而成。这些紫砂土是一种颗粒较粗的陶土，含有大量的氧化铁等化学元素。它的原料呈沙性，其沙性特征主要表现在两个方面：第一，虽然硬度高，但不会瓷化；第二，从胎的微观方面观察它有两层孔隙，即内部呈团形颗粒，外层是鳞片状颗粒，两层颗粒可以形成不同的气孔。正是由于这两大特点，紫砂茶壶具有非常好的透气性，能较好地保持茶叶的色、香、味。

紫砂茶具使用年代越久，色泽越光亮照人、古雅润滑，常年久用，茶香越浓，所以有人形容说：饮后空杯，留香不绝。由于紫砂壶造型丰富多彩，工艺精湛超俗，具有很高的艺术价值。明清两代，宜兴紫砂艺术突飞猛进地发展起来。名手制作的紫砂壶造型精美，色泽古朴，光彩夺目，因而成为人们竞相收藏的艺术品。

2. 紫砂壶的造型

紫砂壶基本上分三种造型：几何型壶式、自然型壶式、筋纹型壶式。

几何型壶式，俗称为“光货”，是指整个造型中不同形体部位，要求每个过程都要做到有骨有肉，骨肉停匀，都要有自己的特质、性格和规范。审美情趣因人而异，这些明确要求具体要看简单的线形、丰富的内容，供人们审视功力优劣。光货的设计制作是最能鉴别功力的，如传统的掇球壶、竹鼓壶、汉君壶、合盘壶、四方壶、提壁壶、洋桶壶等。

自然型壶式的茶具比较直接模拟自然界固有物或人造物，来作为造型的基本形态，行话称为“花货”。在这类作品中模拟客观形象时，又分为两种：一种是直接将某一种对象的典型物演变成壶的形状，如南瓜壶、柿扁壶、梅段壶；另一种是在几何型类壶身筒上，选择恰当的部位，以雕刻或透雕的方法把某一种典型的形象附贴上，如常青壶、报春壶、梅型壶、竹节壶等。

筋纹型壶式是紫砂艺人在长期生产实践中创造出来的一种壶式。筋纹与筋纹之间的处理大致有三种：第一种是花形；第二种是菊花或瓜果式纹样制作的壶；第三种是第二种的变型，筋纹与筋纹之间呈凹进的线条状。

（二）金属茶具

金属用具，是指由金、银、铜、铁、锡等金属材料制作而成的器具，是我国最古老的日用器具之一。早在商周时期，青铜器就得到了广泛的应用，先人用青铜制作盘盛水，制作爵、樽盛酒，这些青铜器皿自然也可用来盛茶。大约到南北朝时，我国出现了包括饮茶器皿在内的其他金属器具。到隋唐时，金属器具的制作达到高峰。

元代以后，特别是从明代开始，随着茶类的创新、饮茶方法的改变，以及陶瓷茶具的兴起，才使金属茶具逐渐消失，尤其是用锡、铁、铅等金属制作的茶具，认为用它们来煮水泡茶，会使“茶味走样”，以至于很少有人使用。但用金属制成贮茶器具，如锡瓶、锡罐等，却屡见不鲜。这是因为金属贮茶器具的密闭性要比纸、竹、木、瓷、陶等好，具有较好的防潮、避光性能，这样更有利于散茶的保藏。因此，用锡制作的贮茶器具，至今仍流行于世。

（三）瓷器茶具

瓷器是在陶器的基础上发展起来的。自唐代起，随着我国的饮茶之风大盛，茶具生产获得了飞跃发展。唐、宋、元、明、清代相继涌现了一大批生产茶具的著名窑场，其制品精品辈出，所产瓷器茶具有青瓷茶具、白瓷茶具、黑瓷茶具和彩瓷茶具等。

1. 青瓷茶具

早在东汉年间，已开始生产色泽纯正、透明发光的青瓷。晋代浙江的越窑、婺窑、瓯窑已具相当规模。宋代，作为当时五大名窑之一的浙江龙泉哥窑生产的青瓷茶具（如图 3–2 所示），已达到鼎盛时期，远销各地。明代，青瓷茶具更以其质地细腻、造型端庄、釉色青莹、纹样雅丽而蜚声中外。16 世纪末，龙泉青瓷出口法国，轰动整个法兰西，人们用雪拉同——当时风靡欧洲的名剧《牧羊女》中的女主角的美丽青袍——与之相比，称龙泉青瓷为“雪拉同”，视为稀世珍品。当代，浙江龙泉青瓷茶具又有新的发展，不断有新产品问世。这种茶具除具有瓷器茶具的众多优点外，因色泽青翠，用来冲泡绿茶，更有益汤色之美。不过，用它来冲泡红茶、白茶、黄茶、黑茶，则易使茶汤失去本来面目，似有不足之处。

图 3–2　青瓷茶具

2. 白瓷茶具

白瓷茶具具有坯质致密透明，上釉、成陶火温高，无吸水性，音清而韵长等特点。因色泽洁白，能反映出茶汤色泽，传热、保温性能适中，加之色彩缤纷、造型各异，堪称饮茶器皿中之珍品。早在唐朝，河北邢窑生产的白瓷器具（如图 3-3 所示）已“天下无贵贱通用之”。唐朝白居易还作诗盛赞四川大邑生产的白瓷茶碗。而景德镇生产的白瓷在唐代就有“假玉器”之美称：这些产品质薄光润，白里泛青，雅致悦目，并有影青刻花、印花和褐色点彩装饰。到了元代，景德镇因烧制青花瓷而闻名于世。直至今天，景德镇的瓷器仍享誉海内外。如今，白瓷茶具更是面目一新。白瓷茶具适合冲泡各类茶叶，加之造型精巧、装饰典雅，外壁多绘有山川河流、四季花草、飞禽走兽、人物故事或缀以名人书法，又颇具艺术欣赏价值，所以，使用最为普遍。

图 3-3 白瓷茶具

3. 黑瓷茶具

黑瓷茶具始于晚唐，鼎盛于宋，延续于元，衰败于明、清。这是因为自宋代开始，饮茶方法已由唐时煎茶法逐渐演变为点茶法，而宋代流行的斗茶，又为黑瓷茶具的崛起创造了条件。宋人衡量斗茶的效果，一看盏面汤花色泽和均匀度，以“鲜白”为先；二看汤花与茶盏相接处水痕的有无和出现的迟早，以“著盏无水痕”为上。福建建窑、江西吉州窑、山西榆次窑等，都大量生产黑瓷茶具，成为黑瓷茶具的主要产地。黑瓷茶具的窑场中，建窑生产的“建盏”最为人所称道。建盏配方独特，在烧制过程中使釉面呈现兔毫条纹、鹧鸪斑点、日曜斑点，一旦茶汤入盏，能放射出五彩缤纷的点点光辉，增加了斗茶的情趣。明代开始，由于“烹点”之法与宋代不同，黑瓷建盏“似不宜用”，仅作为“以备一种”而已。

4. 彩瓷茶具

彩瓷茶具（如图 3-4 所示）的品种花色很多，其中尤以青花瓷茶具最引人注目。青花瓷茶具，其实是指以氧化钴为呈色剂，在瓷胎上直接描绘图案纹饰，再涂上一层透明釉，而后在窑内经 1300℃左右高温还原烧制而成的器具。然而，对“青花”色泽中“青”的理解，古今有所不同。古人将黑、蓝、青、绿等诸色统称为“青”，故“青花”的含义比今人要广。青花瓷茶具花纹蓝白相映成趣，有赏心悦目之感；色彩淡雅幽菁可人，有华而不艳之力；加之彩料之上涂釉，显得滋润明亮，更平添了青花茶具的魅力。直到元代中后期，青花瓷茶具才开始成批生产，特别是景德镇，成了我国青花瓷茶具的主要生产地。由于青花瓷茶具绘画工艺水平高，尤其是将中国传统绘画技法运用在瓷器上，这也可以说是元代绘画的一大成就。明代，景德镇生产的青花瓷茶具，诸如茶壶、茶盅、茶盏，花色品种越来越多，质量越来越精，无论是器形、造型、纹饰等都冠绝全国，成为其他生产青花瓷茶具窑场模仿的对象。清代，特别是康熙、雍正、乾隆时期，青花瓷茶具又迈上一个历史高峰，超越前朝，影响后代。康熙年间烧制的青花瓷器具，更是史称“清代之最”。综观明清时期，由于制瓷技术提高，社会经济发展，对外出口扩大，以及饮茶方法改变，促使青花瓷茶具获得了迅猛的发展。此外，全国还有许多地方生产“土青花”茶具，在一定区域内，供民间饮茶使用。

图 3-4　彩瓷茶具

（四）漆器、竹木茶具

1. 漆器茶具

漆器茶具是采用天然漆树汁液，经掺色后，再制成而成的。漆器的历史十分悠久。在浙江余姚的河姆渡遗址中，已有木胎漆碗，在长沙马王堆西汉墓出土的器物中也有漆器。但长期以来，有关漆器的记载很少，直至清代，福建福州出现了脱胎漆茶具，才引起人们的关注。

脱胎漆茶具，制作精细复杂。先要按茶具设计要求，做成木胎或泥胎模子，其上以夏布或绸料和漆裱上，再连上几道漆灰料，然后脱去模子，再经填灰、上漆、打磨、装饰等多道工序。脱胎漆茶具通常成套生产，盘、壶、杯通常呈一色，以黑色为多，也有棕色、黄棕、深绿等色。

福州生产的漆器茶具多姿多彩，有“宝砂闪光”“金丝玛瑙”“釉变金丝”“仿古瓷”“雕填”“高雕”“嵌白银”等品种，特别是创造了红如宝石的“赤金砂”和“暗花”等新工艺以后，漆器茶具更加鲜丽夺目，惹人喜爱。

漆器茶具表面晶莹光洁，嵌金填银，描龙画凤，光彩照人；其质轻且坚，散热缓慢。虽具有实用价值，但由于这些制品红如宝石，绿似翡翠，犹如明镜，光亮照人，人们多将其作为工艺品陈设于客厅、书房。

2. 竹木茶具

竹木茶具（如图 3-5 所示）是人类先民利用天然竹木砍削而成的器皿。隋唐以前，我国饮茶虽渐次推广开来，但属粗放饮茶。当时的饮茶器具，除陶瓷器外，民间多用竹木制作而成。陆羽在《茶经》中开列的 24 种茶具，多数是用竹木制作的。这种茶具，来源广，制作方便，因此，自古至今，一直受到茶人的欢迎。但其缺点是易于损坏，不能长时间使用，无法长久保存。到了清代，四川出现了一种竹编茶具，它既是一种工艺品，又富有实用价值。竹木茶具主要品种有茶杯、茶盅、茶托、茶壶、茶盘等，多为成套制作。

（五）玻璃、搪瓷茶具

1. 玻璃茶具

玻璃茶具（如图 3-6 所示），古时又称琉璃茶具，是由一种有色半透明的矿物质制作而成的器皿，色泽鲜艳，光彩照人。玻璃茶具在中国起步较早，陕西法门寺地宫出土的素面淡黄色琉璃茶盏和茶托，就是证明。宋朝时，中国独特的高铅琉璃器具问世。元明时期规模较大的琉璃作坊在山东、新疆等地出现。清代康熙年间在北京还开设了宫廷琉璃厂。随着生产的发展，如今玻璃茶具已成为大众茶具之一。

用玻璃茶具泡茶，可直观杯中茶叶的变化过程：茶汤的鲜艳色泽，茶叶的细嫩柔软，茶叶在冲泡过程中的上下浮动，叶片的逐渐舒展……可以说，这是一种动态的艺术欣赏，更增添品味之趣。特别是冲泡细嫩名茶，茶具晶莹剔透，杯中轻雾缥缈，澄清碧绿，芽叶朵朵，亭亭玉立，观之赏心悦目，别有风趣。如在沏碧螺春茶时，可见嫩绿芽叶缓缓舒展，碧绿的茶汁慢慢浸出的全过程。

玻璃茶具最大特点是质地透明，光泽夺目，可塑性强，造型多样；且因大批生产，故价格低廉，深受广大消费者的欢迎。其缺点是传热快，易烫手，且易碎。

图 3-5　竹木茶具

图 3-6　玻璃茶具

2. 搪瓷茶具

搪瓷茶具（如图 3-7 所示）以坚固耐用，图案清新，轻便耐腐蚀而著称。它起源于古代埃及，以后传入欧洲。但现在使用的铸铁搪瓷始于 19 世纪初的欧洲。搪瓷工艺传入我国，大约是在元代。明代景泰年间（1450—1456），我国创制了珐琅镶嵌工艺品景泰蓝茶具；清代乾隆年间（1736—1795），景泰蓝从宫廷流向民间，这可以说是我国搪瓷工业的肇始。

图 3-7　搪瓷茶具

我国真正开始生产搪瓷茶具是 20 世纪初。特别自 20 世纪 80 年代以来，新生产了许多品种：仿瓷茶具瓷面洁白、细腻、光亮，不但形状各异，而且图案清新，有较强的艺术感，可与瓷器相媲美；网眼花茶杯饰有网眼或彩色加网眼，且层次清晰，有较强的艺术感；鼓形茶杯和蝶形茶杯式样轻巧，造型独特；保温茶杯能起保温作用，且携带方便；加彩搪瓷茶盘可用来放置茶壶、茶杯，受到不少茶人的欢迎。但搪瓷茶具传热快，易烫手，放在茶几上，会烫坏桌面，加之“身价”较低，所以使用时受到一定限制，一般不作待客之用。

在日常生活中，除了使用上述茶具之外，还有玉石茶具及一次性的塑料、纸制茶杯等。不过，最好别用保温杯泡饮，保温杯易闷熟茶叶，有损风味。

❓问题二　表演茶艺时所需的茶具有哪些？

图 3-8　随手泡

（一）煮水器

（1）水壶（水注）。用来烧开水，目前使用较多的有紫砂提梁壶、玻璃提梁壶和不锈钢壶。

（2）茗炉。即用来烧泡茶开水的炉子。为表演茶艺的需要，现代茶艺馆经常备有一种茗炉：炉身为陶器或金属制架，中间放置酒精灯；点燃后，将装好开水的水壶放在茗炉上，可保持水温，便于表演。

（3）随手泡（如图 3-8 所示）。在现代茶艺馆及家庭使用得最多。它是用电来烧水的，加热开水时间较短，非常方便。

（4）开水壶。在无须现场煮沸水时使用的，一般同时备有热水瓶储备沸水。

（二）置茶器

置茶器包括以下几部分：

（1）茶则。则者，准则也。茶则用来衡量茶叶用量，确保投茶量准确。由茶叶罐中取茶放入壶中的器具。多为竹木制品。

（2）茶匙。一种细长的小耙子，用其将茶叶由茶则拨入壶中。

（3）茶漏（茶斗）。圆形小漏斗。当用小茶壶泡茶时，将其放置壶口，茶叶从中漏进壶中，以防茶叶撒到壶外。

（4）茶荷。用来赏茶及量取茶叶的多少，一般在泡茶时用茶则代替。

（5）茶罐。装茶叶的罐子。以陶器为佳，也有用纸或金属制作的。

这部分器具为必备性较强的用具，一般不应简化。

（三）理茶器

理茶器一般包括以下几部分：

（1）茶夹。用来清洁杯具或将茶渣自茶壶中夹出的用具。

（2）茶针。用来疏通茶壶的壶嘴，以保持水流畅通的用具。茶针有时和茶匙一体。

（3）茶桨（簪）。茶叶第一次冲泡时，表面会浮起一层泡沫，可用茶桨刮去泡沫。

（四）分茶器

分茶器即茶海。茶海，包括茶盅、公道杯、母杯（如图 3–9 所示）。茶杯中的茶汤冲泡完成，便可将其倒入茶海。茶汤倒入茶海后，可依喝茶人数多寡分茶；而人数少时，将茶汤置于茶海中，可避免茶叶泡水太久而苦涩。

图 3–9　茶海

（五）盛茶器、品茗器

（1）茶壶。茶壶主要用于泡茶，也有直接用小茶壶来泡茶和盛茶，独自酌饮的。

（2）茶盏（如图 3–10 所示）。在广东潮汕地区冲泡工夫茶时，多用茶盏作泡茶用具，一般一盏工夫茶，可供 3~4 人用小杯啜茶一巡。江浙一带，以及西南地区和西北地区，又

图 3-10　茶盏

有用茶盏直接作泡茶和盛茶用具的，一人一盏，富有情趣。茶盏通常由盖、碗、托三件套组成，多用陶器制作，少数也有用紫砂陶制作的。

（3）品茗杯。品茗所用的小杯子。

（4）闻香杯。此杯容积和品茗杯一样，但杯身较高，容易聚香。

（5）杯碟。杯碟也称杯托，用来放置品茗杯与闻香杯。

（六）涤茶器

（1）茶船（茶洗）。盛放茶壶的器具。当注入壶中的水溢满时，茶船可将水接住，避免弄湿桌面（上面为盘，下面为仓）。茶船有竹木、陶及金属制品。

（2）茶盘。指用以盛放茶杯或其他茶具的盘子，向客人奉茶时使用。常用竹木制作而成，也有的用陶瓷制作而成。

（3）茶巾。用来擦干茶壶或茶杯底部残留的水滴，也可用来擦拭清洁桌面。

（4）容则。摆放茶则、茶匙、茶夹等器具的容器。

（5）茶盂。主要用来贮放茶渣和废水，以及尝点心时废弃的果壳等物。多用陶瓷制作而成。

（七）其他器具

（1）壶垫。纺织制品的垫子，用以隔开茶壶与茶船，避免因摩擦撞出声音。

（2）温度计。用来判断水温的辅助器。

（3）香炉。烧香所用的器具。品茗时，焚一炉香，可增加品茗乐趣。

问题三　茶具是如何组合的?

茶具的使用，往往因地、因人和因茶而异。

（一）我国各地饮茶择具习俗

东北、华北一带，喜用较大的瓷壶泡茶，然后斟入瓷盅饮用；江浙一带，多用有盖瓷杯或玻璃杯直接泡饮；广东、福建饮乌龙茶，必须用一套特小的瓷质或陶质茶壶、茶盅泡饮，选用“烹茶四宝”——潮汕炉、玉书煨、孟臣罐、若琛瓯泡茶，以鉴赏茶的韵味；西南一带，常用上有茶盖、下有茶托的盖碗饮茶，俗称“盖碗茶”；西北甘肃等地，爱饮用“罐罐茶”——用陶质小罐先在火上预热，然后放进茶叶，冲入开水后，再烧开饮用茶汁；藏族、蒙古族等少数民族，多以铜、铝等金属茶壶熬煮茶叶，煮出茶汁后再加入酥油、鲜奶，称“酥油茶”或“奶茶”。

（二）茶具选配因人而定

古往今来，茶具配置在很大程度上反映了人们的不同地位和身份。如陕西法门寺地宫出土的茶具表明，唐代皇宫选用金银茶具、秘色瓷茶具和琉璃茶具饮茶，而民间多用竹木茶具和瓷器茶具。相传宋代，大文豪苏东坡自己设计了一种提梁紫砂壶，至今仍为茶人所推崇；清代慈禧太后对茶具更加挑剔，喜用白玉作杯、黄金作托的茶杯饮茶。现代人饮茶，对茶具的要求虽没有如此严格，但也根据各自习惯和文化底蕴，结合自己的眼光与欣赏力，选择最喜爱的茶具供自己使用。

另外，不同性别、不同年龄、不同职业的人，对茶具要求也不一样。如男士习惯于用较大而素净的壶或杯泡茶，女士爱用小巧精致的壶或杯冲茶。又如老年人讲究茶的韵味，注重茶的香和味，因此，多用茶壶泡茶；年轻人以茶为友，要求茶香清味醇，重在品饮鉴赏，因此多用茶杯冲茶。再如脑力劳动者崇尚雅致的茶壶或茶杯细啜缓饮；而体力劳动者推崇大碗或大杯，大口急饮，重在解渴。

（三）茶具选配因茶而定

中国民间向有“老茶壶泡，嫩茶杯冲”之说。老茶用壶冲泡，一是可以保持热量，有利于茶汁的浸出；二是较粗老茶叶由于缺乏欣赏价值，用杯泡茶，暴露无遗，用来敬客，不太雅观，又有失礼之嫌。而细嫩茶叶选用杯泡，一目了然，会使人产生一种美感，达到物质享受和精神欣赏“双丰收”，正所谓“壶添品茗情趣，茶增壶艺价值”。

随着红茶、绿茶、乌龙茶、黄茶、白茶、黑茶等茶类的形成，人们对茶具的种类和色泽、质地和式样，以及轻重、厚薄和大小等提出了新的要求。一般来说，为保香可选用有盖的杯、壶或碗泡茶；饮乌龙茶，重在闻香啜味，宜用紫砂茶具泡茶；饮用红碎茶或工夫茶，可用瓷壶或紫砂壶冲泡，然后倒入白瓷杯中饮用；冲泡西湖龙井、洞庭碧螺春、君山银针、黄山毛峰、庐山云雾茶等细嫩名优茶，可用玻璃杯直接冲泡，也可用白瓷杯冲泡。

但不论冲泡何种细嫩名优茶，杯子宜小不宜大。大则水量多，热量大，而使茶芽泡熟，茶汤变色，茶芽不能直立，失去姿态，进而产生熟汤味。

此外，冲泡红茶、绿茶、乌龙茶、白茶、黄茶，使用盖碗，也是可取的，只是碗盖的选择，应依茶而论。

问题四　茶具应怎样进行清洁与保养？

（一）清洁工作

无论是泡茶前还是品饮茶后，茶具的清洁工作必不可少。“洁器雅具”是茶艺的要素。茶为洁物，品饮为雅事，器具之洁无疑不可忽视。一般泡茶前，应先行将所有器具检查一遍并逐一做好清洁工作。其中，壶杯器具应洗烫干净，抹拭光亮备用，茶匙组合等器件也应抹拭一遍。茶饮结束后，也不能忘记以布巾擦拭。泡饮用的茶壶、茶杯，尤其应先清水后热水烫洗干净，拭干后收放起来，防止残留水痕和尘埃污染。

（二）注意洁壶养壶

无论是瓷壶还是紫砂壶都应注意不积污垢。

（1）茶壶的保养。壶经过长期泡茶使用，不断清理擦拭，壶身由原来的燥、亮、粗，逐渐呈现温润如古玉、光泽柔和敦厚，这个过程称为“养壶”。养壶的目的在于，使壶能更好地蕴香育味，进而使壶能焕发浑朴的光泽和保持油润的手感。

（2）新壶的保养。新壶使用前，用洁净无异味的锅盛上清水，再抓一把茶叶，连同紫砂壶放入锅中煮沸后，继续用文火煮上 0.5~1 小时。须注意的是，锅中茶汤容量不得低于壶面，以防茶壶烧裂。或者等茶汤煮沸后，熄火，将新壶放在茶汤中浸泡 2 小时，然后取出茶壶，让其在干燥、通风而又无异味的地方自然晾干。用这种方法养壶，不仅可除去壶中的土味，而且还有利于壶的滋养。

（3）旧壶的保养。旧壶在泡茶前，先用沸水冲烫一下；饮完茶后，将茶渣倒掉，并用热水涤去残汤，保持壶内的清洁。

（4）茶垢处理。无论是茶壶还是茶杯，一般尽量不要让内壁积垢。茶垢也叫茶锈。茶垢中含有多种金属物质，会对人的消化、营养吸收乃至脏器造成不良影响。

归纳起来，洁壶养壶第一步就是经常泡茶使用，第二步是洗涤壶身，第三步是经常擦拭壶身，这样才能焕发出茶壶本身泥质的光泽。

任务二　掌握茶叶的冲泡方法

问题一　泡茶需要注意哪些因素？

茶叶中的化学成分是组成茶叶色、香、味的物质基础，其中多数能在冲泡过程中溶解于水，从而形成茶汤的色泽、香气和滋味。泡茶时，应根据不同茶类的特点，调整水的温度、浸润时间和茶叶的用量，从而使茶的香味、色泽、滋味得以充分地发挥。综合起来，泡好一壶茶需要注意以下四点。

（一）茶水比例

1. 茶的品质

茶叶中各种物质在沸水中浸出的快慢与茶叶的老嫩和加工方法有关。氨基酸具有鲜爽的性质，因此，茶叶中氨基酸含量多少直接影响着茶汤的鲜爽度。名优绿茶滋味之所以鲜爽、甘醇，主要是因为氨基酸的含量高和茶多酚的含量低。夏茶氨基酸的含量低而茶多酚的含量高，所以茶味苦涩。故有“春茶鲜、夏茶苦”的谚语。

2. 茶水比例

茶叶用量应根据不同的茶具、不同的茶叶等级而有所区别。一般而言，水多茶少，滋味淡薄；茶多水少，茶汤苦涩不爽。因此，细嫩的茶叶用量要多；较粗老的茶叶，用量可少些，即所谓“细茶粗吃，精茶细吃”。

普通的红、绿茶类（包括花茶），可大致掌握在 1 克茶冲泡 50~60 毫升水。如果是 200 毫升的杯（壶），那么，放上 3 克左右的茶，冲水至七八成满即可。若饮用云南普洱茶，则需放茶叶 5~8 克。

乌龙茶因习惯浓饮，注重品味和闻香，故要汤少味浓，用茶量以茶叶与茶壶比例来确定，投茶量大致是茶壶容积的 1/3~1/2。广东潮汕地区，投茶量达到茶壶容积的 1/2~2/3。

茶、水的用量还与饮茶者的年龄、性别有关。大致说来，中老年人比年轻人饮茶要浓，男性比女性饮茶要浓。如果饮茶者是老茶客或是体力劳动者，一般可以适量加大茶量；如果饮茶者是新茶客或是脑力劳动者，可以适量少放一些茶叶。

（二）冲泡水温

据测定，用 60℃的开水冲泡茶叶，与等量 100℃的水冲泡茶叶相比，在时间和用茶量相同的情况下，茶汤中的茶汁浸出物含量，前者只有后者的 45%~65%。这就是说，冲泡茶的水温高，茶汁就容易浸出；冲泡茶的水温低，茶汁浸出速度慢。“冷水泡茶慢慢浓”，说的就是这个意思。

泡茶的茶水，一般以落开的沸水为好，这时的水温约 85℃。滚开的沸水会破坏维生素 C 等成分，而咖啡碱、茶多酚很快浸出，会使茶味变苦涩；水温过低，则茶叶浮而不沉，内含的有效成分浸泡不出来，茶汤滋味寡淡，不香、不醇、淡而无味。

泡茶水温的高低，还与茶的老嫩、松紧、大小有关。大致说来，原料粗老、紧实、整叶的茶叶，茶汁浸出要比原料细嫩、松散、碎叶的茶叶慢得多，所以，冲泡水温要高。

水温的高低，还与冲泡的品种花色有关。

具体来说，高级细嫩名茶，特别是高档的名绿茶，冲泡时水温为 80~85℃。只有这样泡出来的茶汤色清澈不浑，香气醇正而不钝，滋味鲜爽而不熟，叶底明亮不暗，使人饮之可口，视之动情。如果水温过高，汤色就会变黄；茶芽因“泡熟”而不能直立，失去欣赏性；维生素遭到大量破坏，营养价值降低；咖啡碱、茶多酚很快浸出，又使茶汤产生苦涩味，这就是茶人常说的把茶“烫熟”了。反之，如果水温过低，则渗透性较低，往往使茶叶浮在表面，茶中的有效成分难以浸出，结果，茶味淡薄，同样会降低饮茶的功效。

冲泡乌龙茶、普洱茶和沱茶等特种茶，由于原料并不细嫩，加之用茶量较大，所以，须用刚沸腾的 100℃开水冲泡。特别是乌龙茶，为了保持和提高水温，要在冲泡前用滚开水烫热茶具，冲泡后用滚开水淋壶加温，目的是增加温度，使茶香充分发挥出来。

大多数红茶、绿茶和花茶，由于茶叶原料老嫩适中，故可用 90℃左右的开水冲泡。至于边疆民族喝的紧压茶，要先将茶捣碎成小块，再放入壶或锅内煎煮后，才可以饮用。

判断水的温度可先用温度计和计时器测量，等掌握之后就可凭经验来断定了。当然，所有的泡茶用水都得煮开，以自然降温的方式来达到控温的效果。

（三）冲泡时间

茶叶冲泡时间差异很大，这与茶叶种类、泡茶水温、用茶数量和饮茶习惯等有关。

如用茶杯泡饮普通红、绿茶，每杯放干茶 3 克左右，用沸水 150~200 毫升，冲泡时宜加杯盖以避免茶香散失，时间以 3~5 分钟为宜。时间太短，茶汤色浅淡；茶泡久了，增加茶汤涩味，香味还易丧失。不过，新采制的绿茶可冲水不加杯盖，这样汤色更艳（如图 3-11 所示）。另外，用茶量多的，冲泡时间宜短，反之则宜长；质量好的茶，冲泡时间宜短，反之则宜长。

茶的滋味是随着冲泡时间的延长而逐渐增浓的。据测定，用沸水泡茶，首先浸提出来的是咖啡碱、维生素、氨基酸等，大约到 3 分钟时，含量较高。这时饮起来，茶汤有鲜爽醇和之感，但缺少饮茶者需要的刺激味。以后，随着时间的延续，茶多酚浸出物含量逐渐增加。因此，为了获取一杯鲜爽甘醇的茶汤，对大宗红、绿茶而言，头泡茶以冲泡后 3 分钟左右饮用为好，若想再饮，到杯中剩有 1/3 茶汤时，再续开水，以此类推。

对于注重香气的乌龙茶、花茶，泡茶时，为了不使茶香散失，不但需要加盖，而且冲泡时间不宜长，通常 2~3 分钟即可。由于泡乌龙茶时用茶量较大，因此，第一泡 1 分钟就可将茶汤倾入杯中，自第二泡开始，每次应比前一泡增加 15 秒钟左右，这样为的是使茶汤浓度不致相差太大。

图 3-11　冲泡

白茶冲泡时，要求沸水的温度在 70℃左右。一般在 4~5 分钟后，浮在水面的茶叶才开始徐徐下沉，这时，品茶者应以欣赏为主，观茶形、察沉浮，从不同的茶姿、颜色中使自己的身心得到愉悦；一般到 10 分钟，方可品饮茶汤。否则，茶水饮起来淡而无味，这是因为白茶加工未经揉捻，细胞未曾破碎，所以茶汁很难浸出，浸泡时间须相对延长，同时只能重泡一次。

另外，冲泡时间还与茶叶老嫩和茶的形态有关。一般来说，凡原料较细嫩，茶叶松散的，冲泡时间可相对缩短；相反，原料较粗老，茶叶紧实的，冲泡时间可相对延长。总之，冲泡时间的长短，最终还是以适合饮茶者的口味来确定为好。

（四）冲泡次数

据测定，茶叶中各种有效成分的浸出率是不一样的，最容易浸出的是氨基酸和维生素 C，其次是咖啡碱、茶多酚、可溶性糖等。一般茶冲泡第一次时，茶中的可溶性物质能浸出 50%~55%；冲泡第二次时，能浸出 30% 左右；冲泡第三次时，能浸出约 10%；冲泡第四次时，只能浸出 2%~3%，几乎是白开水了。所以，通常以冲泡三次为宜。

如饮用颗粒细小、揉捻充分的红碎茶和绿碎茶，由于这类茶的内含成分很容易被沸水浸出，一般都是冲泡一次就将茶渣滤去，不再重泡；速溶茶，也是采用一次冲泡法；工夫红茶，则可冲泡 2~3 次；而条形绿茶如眉茶、花茶，通常只能冲泡 2~3 次；白茶和黄茶，一般也只能冲泡 1 次，最多 2 次；品饮乌龙茶多用小型紫砂壶，在用茶量较多（约半壶）的情况下，可连续冲泡 4~6 次，甚至更多。

问题二　应怎样选择泡茶用水？

“水为茶之母，器为茶之父。”“龙井茶，虎跑泉”被称为杭州“双绝”。可见，用什么水泡茶，对茶的冲泡及效果起着十分重要的作用。图 3-12 为虎跑泉一景，图 3-13 为龙井茶。

图 3-12 虎跑泉一景

图 3-13 龙井茶

水是茶叶滋味和内含有益成分的载体，茶的色、香、味和各种营养保健物质，都要溶于水后，才能供人享用，而且水能直接影响茶质。清人张大复在《梅花草堂笔谈》中说："茶情必发于水，八分之茶，遇十分之水，茶亦十分矣；八分之水，试十分之茶，茶只八分耳。"因此，好茶必须配以好水。

（一）古代人对泡茶用水的看法

最早提出泡茶用水标准的是宋徽宗赵佶，他在《大观茶论》中写道："水以清、轻、甘、冽为美。轻甘乃水之自然，独为难得。"后人在他提出的"清、轻、甘、冽"的基础上又增加了个"活"字。

古人大多选用天然的活水，认为最好的是泉水、山溪水，无污染的雨水、雪水其次，接着是清洁的江、河、湖、深井中的活水。唐代陆羽在《茶经》中指出："其水，用山水上，江水中，井水下。其山水，拣乳泉石池漫流者上，其瀑涌湍漱勿食之。"是说用不同的水，冲泡茶叶的结果是不一样的，只有佳茗配美泉，才能品出茶的真味。

（二）现代茶人对泡茶用水的看法

现代茶人认为，"清、轻、甘、冽、活"五项指标俱全的水，才称得上宜茶美水。具体来说，包括以下几方面。

（1）水质要清。水清，则无杂、无色、透明、无沉淀物，最能显出茶的本色。

（2）水体要轻。北京玉泉山的玉泉水比重最小，故被御封为"天下第一泉"。现代科学也证明了这一理论是正确的。水的比重越大，说明溶解的矿物质越多。

（3）水味要甘。"凡水泉不甘，能损茶味。"所谓水甘，即一入口，舌尖顷刻便会有甜滋滋的美妙感觉；咽下去后，喉中也有甜爽的回味。用这样的水泡茶，自然会增茶之美味。

（4）水温要冽。"冽"即冷寒之意。明代茶人认为，"泉不难于清，而难于寒"，"冽则茶味独全"。因为寒冽之水多出于地层深处的泉脉之中，所受污染少，泡出的茶汤滋味醇正。

（5）水源要活。"流水不腐。"现代科学证明，在流动的活水中细菌不易繁殖，同时活水有自然净化作用，在活水中氧气和二氧化碳等气体的含量较高。所以，用流动的水泡出的茶汤特别鲜爽可口。

（三）泡茶用水

泡茶用水可分为天水、地水、再加工水三大类。再加工水即城市销售的纯净水、蒸馏水等。

1. 自来水

自来水是最常见的生活饮用水，其水源一般来自江、河、湖泊，是属于加工处理后的天然水，为暂时硬水。因其含有用来消毒的氯气等，在水管中滞留较久的，还含有较多的铁质。当水中的铁离子含量超过万分之五时，会使茶汤呈褐色；而氯化物与茶中的多酚类相互作用，又会使茶汤表面形成一层“锈油”，喝起来有苦涩味。所以，用自来水沏茶，最好用无污染的容器，先储存两天左右，待氯气散发后再煮沸沏茶，或者采用净水器将水净化，这样就可成为较好的沏茶用水。

2. 纯净水

纯净水是一种安全无害的软水。纯净水是以符合生活饮用水卫生标准的水为水源，采用蒸馏法、电解法、逆渗透法及其他适当的加工方法制得，纯度很高，不含任何添加物，可直接饮用的水。用纯净水泡茶，不仅因为净度好、透明度高，沏出的茶汤晶莹澄澈，而且香气滋味醇正，无异杂味，鲜醇爽口。市面上纯净水品牌很多，大多数都宜泡茶，其效果不错。

3. 矿泉水

我国对饮用天然矿泉水的定义是：从地下深处自然涌出的或经人工开发的、未受污染的地下矿泉水；含有一定量的矿物盐、微量元素或二氧化碳气体；在通常情况下，其化学成分、流量、水温等动态指标在天然波动范围内相对稳定。矿泉水与纯净水相比，含有丰富的锂、锶、锌、溴、碘、硒和偏硅酸等多种微量元素。饮用矿泉水有助于人体对这些微量元素的摄入，并调节机体的酸碱平衡。但饮用矿泉水应因人而异。由于矿泉水的产地不同，其所含微量元素和矿物质成分也不同。不少矿泉水含有较多的钙、镁、钠等金属离子，是永久性硬水。虽然矿泉水含有丰富的营养物质，但用于泡茶效果并不佳。

4. 活性水

活性水包括磁化水、矿化水、高氧水、离子水、自然回归水、生态水等品种。这些水均以自来水为水源，一般经过滤、精制和杀菌、消毒处理制成，具有特定的活性功能，并且有相应的渗透性、扩散性、溶解性、代谢性、排毒性、富氧化和营养性功效。由于各种活性水内含微量元素和矿物质成分各异，如果水质较硬，泡出的茶水品质较差；如果属于暂时硬水，泡出的茶水品质较好。

5. 净化水

净化水是通过净化器对自来水进行二次终端过滤处理制得的。净化原理和处理工艺一般包括粗滤、活性炭吸附和薄膜过滤三级系统。用净化器可以有效地清除自来水管网中的红虫、铁锈、悬浮物等，降低水的浊度，使之达到国家饮用水卫生标准。但是，净水器中的粗滤装置要经常清洗，活性炭也要经常换新，时间一久，净水器内胆易堆积污物，繁殖细菌，形成二次污染。净化水易取得，是经济实惠的优质饮用水。用净化水泡茶，其茶汤品质良好。

6. 天然水

天然水包括江、河、湖、泉、井及雨水。用这些天然水泡茶应注意水源、环境、气候等因素，判断其洁净程度。取自天然的水，经过滤、臭氧化或其他消毒过程的简单净化处理，既保持了天然性又达到洁净，也属天然水之列。在天然水中，泉水是泡茶最理想的水。泉水杂质少、透明度高、污染少，虽属暂时硬水，加热后，呈酸性碳酸盐状态的矿物质被分解，释放出碳酸气，口感特别微妙。泉水煮茶，甘冽清芬俱备。然而，由于各种泉水的含盐量及硬度有较大的差异，也并不是所有泉水都是优质的，有些泉水含有硫黄，不能饮用。

雪水和天落水，古人称之为“天泉”，尤其是雪水，更为古人所推崇。唐代白居易的“扫雪煎香茗”，宋代辛弃疾的“细写茶经煮茶雪”，元代谢宗可的“夜扫寒英煮绿尘”，清代曹雪芹的“扫将新雪及时烹”，都是赞美用雪水沏茶的。至于雨水，一般来说，因时而异。秋雨，天高气爽，空中灰尘少，水味清冽，是雨水中上品；梅雨，天气沉闷，阴雨绵绵，水味甘滑，较为逊色；夏雨，雷雨阵阵，飞沙走石，水味走样，水质不净。但无论是雪水或雨水，只要空气不被污染，与江、河、湖水相比，总是相对洁净，是沏茶的好水。

井水属地下水，悬浮物含量少，透明度较高。但井水又多为浅层地下水，特别是城市井水，易受周围环境污染，用之来沏茶，有损茶味。所以，若能汲得活水井的水沏茶，同样也能泡得一杯好茶。唐代陆羽《茶经》中说的“井取汲多者”，明代陆树声《煎茶七类》中讲的“井取多汲者，汲多则水活”，说的就是这个意思。

现代工业的发展导致环境污染，已很少有洁净的天然水了。因此，泡茶只能从实际出发，选用适当的水。

问题三 泡茶的一般程序是什么？

泡茶分为三个阶段：第一阶段是准备，第二阶段是操作，第三阶段是结束。茶的冲泡方法有简有繁，要根据具体情况，结合茶性而定。各地由于饮茶嗜好、地方风俗习惯的不同，冲泡方法和程序会有一些差异。但不论泡茶技艺如何变化，要冲泡任何一种茶，除了备茶、选水、烧水、配具之外，都共同遵守以下泡茶程序。

（一）温具

用热水冲淋茶壶，包括壶嘴、壶盖，同时烫淋茶杯。随即将茶壶、茶杯沥干。其目的是，提高茶具温度，使茶叶冲泡后温度相对稳定。温具对较粗老茶叶的冲泡，尤为重要。

（二）置茶

按茶壶或茶杯的大小，置一定数量的茶叶入壶（杯）。如果用盖碗泡茶，那么，泡好后可直接饮用，也可将茶汤倒入杯中饮用。

（三）冲泡

置茶入壶（杯）后，按照茶与水的比例，将开水冲入壶中。冲水时，除乌龙茶冲水须溢出壶口、壶嘴外，通常以冲水八分满为宜。如果使用玻璃杯或白瓷杯冲泡注重欣赏的细嫩名茶，冲水也以七八分满为度。冲水时，在民间常用“凤凰三点头”之法，即将水壶下倾上提三次，其意一是表示主人向宾客点头，欢迎致意；二是可使茶叶和茶水上下翻动，使茶汤浓度一致。

（四）奉茶

奉茶时，主人要面带笑容，最好用茶盘托着送给客人。如果直接用茶杯奉茶，放置客人处，手指并拢伸出，以示敬意。从客人侧面奉茶。若左侧奉茶，则用左手端杯，右手做请茶姿势；若右侧奉茶，则用右手端杯，左手做请茶姿势。这时，客人可右手除拇指外其余四指并拢弯曲，轻轻敲打桌面，或微微点头，以表谢意。

（五）赏味

如果饮的是高级名茶，那么，茶叶一经冲泡后，不可急于饮茶，应先观色察形，接着端杯闻香，再啜汤赏味。赏味时，应让茶汤从舌尖沿舌两侧流到舌根，再回到舌头，如此反复两三次，以留下茶汤清香甘甜的回味。

（六）续水

一般当已饮去2/3（杯）的茶汤时，就应续水入壶（杯）。如果茶水全部饮尽时再续水，那么，续水后的茶汤就会淡而无味。续水通常两三次就足够了。如果还想继续饮茶，那么应该重新冲泡。

❓问题四　各类茶叶的冲泡技巧分别是什么？

（一）绿茶的冲泡方法

高档细嫩名绿茶，一般选用玻璃杯或白瓷杯饮茶，而且无须用盖，这样一则便于人们赏茶观姿，二则防嫩茶泡熟，失去鲜嫩色泽和清鲜滋味。至于普通绿茶，因不注重欣赏茶的外形和汤色，而在品尝滋味或佐食点心，也可选用茶壶泡茶，这叫作“嫩茶杯泡，老茶壶泡”。

泡饮之前，先欣赏干茶的色、香、形。名茶的造型或条或扁或螺或针……名茶的色泽或碧绿或深绿或黄绿……名茶香气或奶油香或板栗香或清香……充分领略各种名茶的天然风韵，称之为“赏茶”。

采用透明玻璃杯泡饮细嫩名茶，便于观察茶在水中的缓慢舒展、游动、变幻过程（称为“茶舞”）。然后，视茶叶的嫩度及茶条的松紧程度，分别采用“上投法”“中投法”“下投法”。上投法即先冲水后投茶叶，适用于特别细嫩的茶，如碧螺春、蒙顶甘露、径山茶、庐山云雾、涌溪火青等。先将75~85℃的沸水冲入杯中，然后取茶叶投入，茶叶便会徐徐下沉。中投法适合于茶条松展的茶，如六安瓜片、太平猴魁等。在欣赏完干茶后，取茶叶

玻璃杯泡法

入杯，冲入90℃开水至杯容量的1/3时，稍停2分钟，静待茶叶舒展；待茶叶慢慢舒展后，加满开水，茶叶完全下沉后，即可饮用。下投法即先投茶后注水，也是适合于茶条松展的茶。其过程是先温杯，投入适量的茶叶，加入少许适温开水；拿起冲泡杯，徐徐摇动使茶叶完全濡湿，并让茶叶自然舒展；待茶叶稍为舒展后，再加入九分满开水；等待茶叶溶出茶汤后，用杯盖稍微拨动茶汤，使茶叶溶出的茶汤更均匀后，即可饮用。

（二）红茶的冲泡方法

相对于绿茶（不发酵茶）的清汤绿叶，红茶（发酵茶）的特点是红汤红叶。红茶既适于杯饮，也适于壶饮。

红茶品饮有清饮和调饮之分。清饮，即不加任何调味品，使茶叶发挥应有的香味。清饮法适合于品饮工夫红茶，重在享受它的清香和醇味。先准备好茶具，如煮水的壶，盛茶的杯或盏等，并一一加以清洁。同时，还需用洁净的水。如果是高档红茶，那么，以选用白瓷杯为宜，以便察颜观色。将3克红茶放入白瓷杯中。若用壶泡，则按1 ：50的茶水比例，确定投茶量；然后冲入沸水，通常冲水至八分满为止。红茶经冲泡后，通常经3分钟后，即可先闻其香，再观察红茶的汤色。这种做法，在品饮高档红茶时尤为时尚。至于低档茶，一般很少有闻香观色的。待茶汤冷热适口时，即可举杯品味。

调饮法是在茶汤中加调料，以佐汤味的一种方法。较常见的是在红茶茶汤中加入糖、牛奶、柠檬片、咖啡、蜂蜜或香槟酒等同饮，或置冰箱中制作出不同滋味的清凉饮料。

（三）乌龙茶的冲泡方法

乌龙茶，即青茶，属于半发酵茶类，是介于绿茶和红茶之间的一类茶叶。乌龙茶按产区可分为闽北、闽南、广东和台湾的。乌龙茶的特点是“绿叶红镶边”，滋味醇厚回甘。乌龙茶既没有绿茶的苦涩，又没有红茶的浓烈，却兼取绿茶的清香、红茶的甘醇。品饮乌龙茶有“喉韵”之特殊感受：武夷岩茶有“岩韵”，安溪铁观音有“音韵”。人们常说的“工夫茶”并非茶之种类，而是指一种品茗的方法，其“工夫”所在讲究“水为友，火为师”。品尝乌龙茶讲究环境、心境、茶具、水质、冲泡技巧和品尝艺术。

1. 福建泡法

福建是乌龙茶的故乡，乌龙茶花色品种丰富。品尝乌龙茶有一套独特的茶具，讲究冲泡法，故被人称为“工夫茶”。如果细分起来可有近20道程序，主要有倾茶入则、鉴赏侍茗、孟臣沐霖、乌龙入宫、悬壶高冲、推泡抽眉、春风拂面、重洗仙颜、若琛出浴、玉液回壶、游山玩水、关公巡城、韩信点兵、三龙护鼎、细品佳茗等。

冲泡乌龙茶宜用沸开之水，煮至“水面若孔珠，其声若松涛”。按茶水1 ：30的量投茶。接着将沸水冲入，满壶为止，然后用壶盖刮去泡沫。盖好后，用开水浇淋茶壶，喻为“重洗仙颜”，既提高壶温，又洗净壶的外表。经过两分钟，均匀巡回斟茶，喻为“关公巡城”。茶水剩少许后，则各杯点斟，以免淡浓不一，喻为“韩信点兵”。冲水要高，让壶中茶叶流动促进出味；低斟，则防止茶香散发，这叫“高冲低斟”。端茶杯时，宜用拇指和食指扶住杯身，中指托住杯底，喻为“三龙护鼎”。品饮乌龙，味以“香、清、甘、活”者为上，讲究“喉韵”，宜小口细啜。初品者体会是一杯苦，二杯甜，三杯味无穷，嗜茶者更有“两腋清风起，飘然欲成仙”之感。品尝乌龙茶时，可备茶点，一般以咸味为佳，不会掩盖茶味。

2. 广东潮汕泡法

在广东的潮州、汕头一带，几乎家家户户，男女老少，钟情于用小杯细啜乌龙茶。与之配套的茶具，诸如风炉、烧水壶、茶壶、茶杯，即潮汕炉、玉书煨、孟臣罐、若琛瓯，人称“烹茶四宝”。潮汕炉是粗陶炭炉，专作加热之用；玉书煨是瓦陶壶，高柄长嘴，架在风炉之上，专作烧水之用；孟臣罐是比普通茶壶小一些的紫砂壶，专作泡茶之用；若琛瓯是只有半个乒乓球大小的杯子，通常 3~5 只不等，专供饮茶之用。因潮汕产的凤凰单丛，条索粗壮，体形蓬松，置孟臣罐比较费事，故也有用盖碗代壶的。

泡茶用水应选择甘冽的山泉水，而且必须做到沸水现冲。经温壶、置茶、冲泡、斟茶入杯，便可品饮。啜茶的方式更为奇特，先要举杯将茶汤送入鼻端闻香，只觉浓香透鼻。接着用拇指和食指按住杯沿，中指托住杯底，举杯倾茶汤入口，含汤在口中细细品味，顿觉口有余甘。一旦茶汤入肚，口中细细品味，又觉鼻口生香，咽喉生津，“两腋生风”，回味无穷。这种饮茶方式，其目的并不在于解渴，主要是在于鉴赏乌龙茶的香气和滋味，重在物质和精神方面的享受。

3. 台湾泡法

我国台湾泡法与闽南和广东潮汕地区的乌龙茶冲泡方法相比，突出了闻香这一程序，还专门制作了一种与茶杯相配套的长筒形闻香杯。另外，为使各杯茶汤浓度均匀，还增加了一个公道杯。

台湾冲泡法，温具、赏茶、置茶、闻香、冲点等程序与福建相似。斟茶时，先将茶汤倒入闻香杯中，并用品茗杯盖在闻香杯上。茶汤在闻香杯中逗留 15~30 秒钟后，用拇指压住品茗杯底，食指和中指夹住闻香杯底，向内倒转，使品茗杯与闻香杯上下倒转。此时，用拇指、食指和中指握住闻香杯，慢慢转动，使茶汤倾入品茗杯中。将闻香杯送近鼻端闻香，并将闻香杯放在双手的手心间来回搓动，这样可利用手中热量，使留在闻香杯中的香气得到最充分的挥发。然后，观其色，细细品饮乌龙之滋味。如此经 2~3 道茶后，可不再用闻香杯，而将茶汤全部倒入公道杯中，再分斟到品茗杯中。

（四）普洱茶的冲泡方法

云南普洱茶，泛指云南原思普区用云南大叶种茶树的鲜叶，经杀青、揉捻、晒干而制成的晒青茶，以及用晒青压制成各种规格的紧压茶，如普洱沱茶、普洱方茶、七子饼茶、藏销紧茶、团茶、竹筒茶等。

普洱散茶外形条索肥硕，色泽褐红，呈猪肝色或带灰白色；普洱沱茶，外形呈碗状；普洱方茶呈长方形；七子饼茶形似圆月，七子为多子、多孙、多富贵之意。

通常的泡饮方法是：将 10 克普洱茶叶倒入茶壶或盖碗，冲入 500 毫升沸水。先洗茶，将普洱茶叶表层的不洁物和异物洗去，才能充分释放出普洱茶的真味。再冲入沸水，浸泡

5分钟。将茶汤倒入公道杯中，再将茶汤分斟入品茗杯，先闻其香，观其色，而后饮用。汤色红浓明亮，香气独特陈香，叶底褐红色，滋味醇厚回甜，饮后令人心旷神怡。

盖碗泡法

（五）白茶的冲泡方法

白茶的制法特殊：采摘白毫密披的茶芽，不炒不揉，只用萎凋和烘焙两道工序，使茶芽自然缓慢地变化，形成白茶的独特品质风格。白茶的冲泡是富含观赏性的过程。以冲泡白毫银针为例。为便于观赏，茶具通常以无色无花的直筒形透明玻璃杯为好，这样可以从各个角度欣赏到杯中茶的形和色，以及它们的变幻和姿态。先赏茶，欣赏干茶的形与色。白毫银针外形似银针落盘，如松针铺地。将2克茶叶置于玻璃杯中，冲入70℃的开水少许，浸润10秒钟左右，随即用高冲法，同一方向冲入开水。静置3分钟后，即可饮用。白茶因未经揉捻，茶汁很难浸出，汤色和滋味均较清淡。

（六）黄茶的冲泡方法

黄茶中的黄芽茶（另有黄小茶、黄大茶），完全用春天萌发出的芽头制成，外形壮实笔直，色泽金黄光亮，极富个性。

以君山银针冲泡为例。先赏茶，洁具，并擦干杯中水珠，以避免茶芽吸水而降低茶芽竖立率。置茶3克，将70℃的开水先快后慢冲入茶杯，至1/2处，使茶芽湿透。稍后，再冲至七八分满为止。为使茶芽均匀吸水，加速下沉，这时可加盖，5分钟后去掉盖。在水和热的作用下，茶姿的形态、茶芽的沉浮、气泡的发生等，都是冲泡其他茶时罕见的。只见茶芽在杯中上下浮动，最终个个林立，人称“三起三落”，这是君山银针特有的。

（七）花茶的冲泡方法

一般冲泡花茶的茶具，选用的是白色的有盖瓷杯或盖碗；如冲泡茶胚是特别细嫩的花茶，为提高艺术欣赏价值，也有采用透明玻璃杯的。

花茶泡饮，以维护香气不致无效散失和显示茶胚特质美为原则。冲泡茶胚细嫩的高级花茶，宜用玻璃茶杯，水温在85℃左右。加盖，观察茶叶在水中漂舞、沉浮，以及茶叶徐徐开展，复原叶形，渗出茶汁、汤色的变化过程，称为“目品”；3分钟后，揭开杯盖，顿觉芬芳扑鼻而来，精神为之一振，称为“鼻品”；茶汤在舌面上往返流动一两次，品尝茶味和汤中香气后再咽下，此味令人神醉，此谓“口品”。冲泡中低档花茶，不强调观赏茶胚形态，宜用白瓷杯或茶壶，100℃沸水加盖。

任务三　掌握各类茶的茶艺

问题一　祁门工夫红茶茶艺的程序是什么？

祁门工夫红茶茶艺主要用具：瓷质茶壶、茶杯（以青花瓷、白瓷茶具为好），赏茶盘或茶荷，茶巾、茶匙、奉茶盘，热水壶及风炉（电炉或酒精炉皆可）。茶具在表演台上摆放好后，即可进行祁门工夫红茶茶艺表演，程序如下：

（1）“宝光”初现。祁门工夫红茶条索紧秀，锋苗好，色泽并非人们常说的红色，而是乌黑润泽。这个程序请来宾欣赏被称为“宝光”的色泽。

（2）清泉初沸。热水壶中用来冲泡的泉水经加热，微沸，壶中上浮的水泡，仿佛“蟹眼”已生，这个过程称为清泉初沸。

（3）温热壶盏。指用初沸之水，注入瓷壶及杯中，为壶、杯升温。

（4）“王子”入宫。指用茶匙将茶荷或赏茶盘中的红茶叶轻轻拨入壶中。祁门工夫红茶也因此被誉为“王子茶”。

（5）悬壶高冲。这是冲泡红茶的关键。冲泡红茶的水温为100℃，刚才初沸的水，此时已是“蟹眼已过鱼眼生”，正好用于冲泡。而高冲可以让茶叶在水的激荡下，充分浸润，以利于色、香、味的充分发挥。

（6）分杯敬客。用循环斟茶法，将壶中之茶均匀地分入每一杯中，使杯中之茶的色、味一致。

（7）喜闻幽香。一杯茶到手，先要闻香。祁门工夫红茶是世界公认的三大高香茶之一，其香浓郁高长，又有“茶中英豪”“群芳最”之誉。香气甜润中蕴藏着一股兰花之香。

（8）观赏汤色。红茶的红色，表现在冲泡好的茶汤中。祁门工夫红茶的汤色红艳，杯沿有一道明显的“金圈”。茶汤的明亮度和颜色，表明红茶的发酵程度和茶汤的鲜爽度。再观叶底，嫩软红亮。

（9）品味鲜爽。闻香观色后，即可缓啜品饮。祁门工夫红茶以鲜爽、浓醇为主，与红碎茶浓强的刺激性口感有所不同。滋味醇厚，回味绵长。

（10）再赏余韵。一泡之后，可再冲泡第二泡茶。

（11）三品得趣。红茶通常可冲泡三次，三次的口感各不相同，细饮慢品，徐徐体味茶之真味，方得茶之真趣。

（12）收杯谢客。红茶性情温和，收敛性差，易于交融，因此通常用之调饮。祁门工夫红茶同样适于调饮。然清饮更能领略祁门工夫红茶特殊的“祁门香”香气，领略其独特的内质、隽永的回味、明艳的汤色。

问题二　台式乌龙茶茶艺的程序是什么？

台式茶艺侧重于对茶叶本身、与茶相关事物的关注，以及用茶氛围的营造。欣赏茶叶的色、香及外形，是茶艺中不可缺少的环节；冲泡过程的艺术化与技艺的高超，使泡茶成为一种美的享受。此外，对茶具的欣赏与使用，对饮茶与自悟修身、与人相处的思索，对品茗环境的设计都蕴含在茶艺之中。将艺术与生活紧密相连，将品饮与人性修养相融合，形成了亲切自然的品茗形式，这种形式也越来越为人们所接受。

台式茶艺的主要茶具有紫砂茶壶、茶盅、品茗杯、闻香杯、茶盘、杯托、电茶壶、置茶用具、茶巾等。茶艺表演程序如下：

（1）备具候用。将所用的茶具准备就绪，按正确顺序摆放好。

（2）恭请上坐。请客人依次坐下。

（3）焚香静气。焚点檀香，营造祥和、肃穆的气氛。

（4）活煮甘泉。泡茶以山水为上，用活火煮至初沸。

（5）孔雀开屏。介绍冲泡的茶具。

（6）叶嘉酬宾。叶嘉是茶叶的代称。这是请客人观赏茶叶，并向客人介绍茶叶的外形、色泽、香气特点。

（7）孟臣沐霖。用沸水冲淋茶壶，提高壶温。

（8）高山流水。即温杯洁具，用紫砂壶里的水烫洗品茗杯，动作舒缓起伏，保持水流不断。

（9）乌龙入宫。把乌龙茶拨入紫砂壶内。

（10）百丈飞瀑。用高长而细的水流使茶叶翻滚，达到温润和清洗茶叶的目的。

（11）春风拂面。用壶盖轻轻刮去壶口的泡沫。

（12）玉液移壶。把紫砂壶中的初泡茶汤倒入公道杯中，提高温度。

（13）分盛甘露。再把公道杯中的茶汤均匀分到闻香杯中。

（14）凤凰三点头。采用三起三落的手法向紫砂壶注水至满。

（15）重洗仙颜。用开水浇淋壶体，洗净壶表，同时达到内外加温的目的。

（16）内外养身。将闻香杯中的茶汤淋在紫砂壶表，起到养壶的作用同时可保持壶表的温度。

（17）游山玩水。在茶船边沿抹去紫砂壶壶底的水分，并移至茶巾上吸干壶底。

（18）自有公道。把泡好的茶倒入公道杯中均匀。

（19）关公巡城。将公道杯中的茶汤快速巡回、均匀地分到闻香杯中至七分满。

（20）韩信点兵。将最后的茶汤用点斟的手式均匀地分到闻香杯中。

（21）若琛听泉。把品茗杯中的水倒入茶船。

（22）乾坤倒转。将品茗杯倒扣到闻香杯上。

（23）翻江倒海。将品茗杯及闻香杯倒置，使闻香杯中的茶汤倒入品茗杯中。

（24）敬奉香茗。双手拿起茶托，齐眉奉给客人，向客人行注目礼。之后重复若琛听泉至敬奉香茗程序，最后一杯留给自己。

（25）空谷幽兰。示意用左手旋转拿出闻香杯热闻茶香，双手搓闻杯底香。

（26）三龙护鼎。示意用拇指和食指扶杯，中指托杯底拿品茗杯。

（27）鉴赏汤色。观赏茶汤的颜色及光泽。

（28）初品奇茗。在观汤色、闻汤面香后，开始品茶味。

（29）二探兰芷。即冲泡第二道茶。

（30）再品甘露。细品茶汤滋味。

（31）三斟石乳。即冲泡第三道茶。

（32）领略茶韵。通过介绍体会乌龙茶的真韵。

（33）自斟慢饮。可让客人自己添茶续水，体会冲泡茶的乐趣。

（34）敬奉茶点。根据客人需要奉上茶点，增添茶趣。

（35）游龙戏水。即鉴赏叶底：把泡开的茶叶放入白瓷碗中，让客人观赏乌龙茶“绿叶红镶边”的品质特征。

（36）尽杯谢茶。宾主起立，共干杯中茶，相互祝福、道别。

问题三　绿茶茶艺的程序是什么？

绿茶茶艺用具包括玻璃茶杯、香一支、白瓷茶壶一把、香炉一个、脱胎漆器茶盘一个、开水壶两个、锡茶叶罐一个、茶巾一条、茶道器一套，绿茶每人 2~3 克。

绿茶茶艺基本程序如下：

点香——焚香除妄念；洗杯——冰心去尘凡；凉汤——玉壶养太和；投茶——清宫迎佳人；润茶——甘露润莲心；冲水——凤凰三点头；泡茶——碧玉沉清江；奉茶——观音捧玉瓶；赏茶——春波展旗枪；闻茶——慧心悟茶香；品茶——淡中品致味；谢茶——自斟乐无穷。

绿茶程序详解如下：

（1）焚香除妄念。俗话说：“泡茶可修身养性，品茶如品味人生。”古今品茶都讲究要平心静气。“焚香除妄念”，就是通过点燃这炷香，来营造一个祥和、肃穆的气氛。

（2）冰心去凡尘。茶至清至洁，是天涵地育的灵物，泡茶要求所用的器皿也必须至清至洁。“冰心去凡尘”，就是用开水再烫一遍本来就干净的玻璃杯，做到茶杯冰清玉洁，一尘不染。

（3）玉壶养太和。这是指把开水壶中的水预先倒入瓷壶中养一会儿，使水温降至80℃左右。绿茶属于芽茶类，因为茶叶细嫩，若用滚烫的开水直接冲泡，会破坏茶芽中的维生素并造成熟汤而失味。因此，只宜用 80℃的开水。

（4）清宫迎佳人。苏东坡有诗云：“戏作小诗君勿笑，从来佳茗似佳人。”“清宫迎佳人”，就是用茶匙把茶叶投放到冰清玉洁的玻璃杯中。

（5）甘露润莲心。好的绿茶外观如莲心，乾隆皇帝把茶叶称为“润心莲”。“甘露润莲心”，就是在开泡前先向杯中注入少许热水，起到润茶的作用。

（6）凤凰三点头。冲泡绿茶时，也讲究高冲水。冲水时，水壶有节奏地三起三落，好比是凤凰向客人点头致意。

（7）碧玉沉清江。冲入热水后，茶先是浮在水面上，而后慢慢沉入杯底，我们称之为“碧玉沉清江”。

（8）观音捧玉瓶。佛教故事中，传说观世音菩萨常捧着一个白玉净瓶，净瓶中的甘露可消灾祛病、救苦救难。把泡好的茶敬奉给客人，我们称为“观音捧玉瓶”，意在祝福好人一生平安。

（9）春波展旗枪。这道程序是绿茶茶艺的特色程序。杯中的热水如春波荡漾，在热水的浸泡下，茶芽慢慢地舒展开来，尖尖的叶芽如枪，展开的叶片如旗。一芽一叶的称为“旗枪”，一芽两叶的称为“雀舌”。在清碧澄净的茶水中，千姿百态的茶芽在玻璃杯中随波晃动，好像生命的绿精灵在舞蹈，十分生动有趣。

（10）慧心悟茶香。品绿茶要一看、二闻、三品味。在欣赏“春波展旗枪”之后，要闻一闻茶香。绿茶与花茶、乌龙茶不同，它的茶香更加清幽淡雅，必须用心灵去感悟，才能够闻到那春天的气息，以及清醇悠远、难以言传的生命之香。

（11）淡中品致味。绿茶的茶汤清醇甘鲜，淡而有味，它虽然不像红茶那样浓艳醇厚，也不像乌龙茶那样岩韵醉人，但是只要你用心去品，就一定能从淡淡的绿茶香中品出天地间至清、至醇、至真、至美的韵味来。

（12）自斟乐无穷。品茶有三乐：一个人面对青山绿水或高雅的茶室，通过品茗，心驰宏宇，神交自然，物我两忘，独品得神，此一乐也。两个知心朋友相对品茗，或无须多言即会心有灵犀一点通，或推心置腹诉衷肠，对品得趣，此亦一乐也。孔子曰："三人行，必有我师焉。"众人相聚品茶，互相沟通、相互启迪，可以学到许多书本上学不到的知识，众品得慧，这同样是一大乐事。在品了头道茶后，请嘉宾自己泡茶，以便通过实践，从茶事活动中去感受修身养性、品味人生的无穷乐趣。

袋泡茶的冲泡技艺

一、茶具选配

袋泡茶具有方便、快捷的特点，一般在餐饮店、酒店、接待客人较多时冲泡。袋泡茶宜选用的茶具有瓷壶、玻璃壶、飘逸杯、玻璃杯等。

二、茶水比例、水温

袋泡茶冲泡选用 100℃沸水，茶水比例 1:60 左右；冲泡时根据人数的多少、壶的容量投放茶包。

三、袋泡茶的冲泡程序

1. 玻璃壶冲泡

（1）备具：茶具包括茶盘、泡茶壶、中型茶杯、茶道组、煮水器、茶巾、托盘。

（2）备水。

（3）温壶烫杯。

（4）投茶。用茶夹直接夹住茶包投入壶里。

（5）温润泡。

（6）冲泡。再次注水后浸泡 2 分钟左右。一般只浸泡 1~2 次，多则淡而无味。

（7）摇壶。将壶轻摇几下，使茶汤浓度均匀，方可出汤。若茶包为有提绳的袋泡茶，应将提绳置于壶口外。分茶前，先上下提拉几下，左右拖动袋泡茶袋，使茶汤浓淡均匀，再往上提出袋泡茶袋，切勿用茶匙挤压茶袋。

（8）分茶。将茶汤分至中型茶杯中。

（9）奉茶。

（10）收具。

2. 玻璃杯冲泡

（1）备具：茶具包括茶盘、玻璃杯、茶道组、煮水器、茶巾、托盘。

（2）备水。

（3）烫杯。

（4）投茶。右手拿起提绳的袋泡茶直接投入玻璃杯中，提绳应放在杯外。

（5）润茶。往杯中注入少量水，以没过茶包为宜。轻摇几下后倒掉。

（6）提拉浸泡。先往杯中注入沸水至七分满；右手拿起袋泡茶提绳做上下提拉动作，使茶汤浓淡均匀。

（7）奉茶。

（8）品饮。

任务四　掌握品茶艺术

问题一　如何品茶？

品茶是一门综合艺术。茶叶没有绝对的好坏之分，完全要看个人喜欢哪种口味而定。此外，各种茶叶都有它的高级品和劣等货。茶中有高级的乌龙茶，也有劣等的乌龙茶；有上等的绿茶，也有下等的绿茶。因此，所谓的好茶、坏茶是就比较品质的等级和主观的喜恶来说。

目前的品茶、用茶，主要集中在两类：一是乌龙茶中的高级茶及其名丛，如铁观音、黄金桂、冻顶乌龙及武夷名丛、凤凰单丛等；二是以绿茶中的细嫩名茶为主，以及白茶、红茶、黄茶中的部分高档名茶。这些高档名茶，或色、香、味、形兼而有之，或在某几个方面，或某一个方面上有独特表现。

不好的茶并不是已经坏了的茶，而是品质低劣。一般来说，判断茶叶的好坏可以从察看茶叶外形、嗅闻茶香、品尝茶味和分辨茶渣入手。

（一）观茶

图 3-14　观茶

查看茶叶，就是观赏干茶和茶叶开汤后的形状变化（如图 3-14 所示）。所谓干茶，就是未冲泡的茶叶；所谓开汤，就是指干茶用开水冲泡出茶汤内质来。

茶叶的外形随种类的不同而有各种形态，有扁形茶叶、针形茶叶、螺形茶叶、眉形茶叶、珠形茶叶、球形茶叶、半球形茶叶、片形茶叶、曲形茶叶、兰花形茶叶、雀舌形茶叶、菊花形茶叶、自然弯曲形茶叶等，各具优美的姿态。而茶叶开汤后，茶叶的形态会产生各种变化，或快或慢，宛如曼妙的舞姿，及至展露原本的形态，令人赏心悦目。

观察干茶要看干茶的干燥程度，如果有点回软，最好不要买。另外，看茶叶的叶片是否整洁，如果有太多的叶梗、黄片、渣末、杂质，则不是上等茶叶。然后，要看干茶的条索外形。条索是茶叶揉成的形态，什么茶都有它固定的形态规格，像龙井茶是剑片状，冻顶茶揉成半球形，铁观音茶紧结成球状，香片则切成细条或者碎条。不过，光是看干茶，顶多只能看出 30%，并不能马上看出这是好茶或者是坏茶。

茶叶由于制作方法不同，茶树品种有别，采摘标准各异，因而形状显得十分丰富多彩，特别是一些细嫩名茶，大多采用手工制作，形态更加多样。

- 针形。外形圆直如针，如南京雨花茶、安化松针、君山银针、白毫银针等。
- 扁形。外形扁平挺直，如西湖龙井、茅山青峰、安吉白片等。
- 条索形。外形呈条状稍弯曲，如婺源茗眉、桂平西山茶、径山茶、庐山云雾等。
- 螺形。外形卷曲似螺，如洞庭碧螺春、临海蟠毫、普陀佛茶、井冈翠绿等。
- 兰花形。外形似兰，如太平猴魁、兰花茶等。
- 片形。外形呈片状，如六安瓜片、齐山名片等。
- 束形。外形成束，如江山绿牡丹、婺源墨菊等。
- 圆珠形。外形如珠，如泉岗辉白、涌溪火青等。

此外，还有半月形、卷曲形、单芽形等。

（二）察色

品茶观色，即观茶色、汤色和底色。

1. 茶色

茶叶依颜色分有绿茶、黄茶、白茶、青茶、红茶、黑茶六大类（指干茶）。由于茶的制作方法不同，其色泽是不同的，有红与绿、青与黄、白与黑之分。即使是同一种茶叶，采用相同的制作工艺，也会因茶树品种、生态环境、采摘季节的不同，色泽上存在一定的差异。如细嫩的高档绿茶，色泽有嫩绿、翠绿、润绿之分；高档红茶，色泽又有红艳明亮、乌润显红之别。而闽北武夷岩茶的青褐油润，闽南铁观音的砂绿油润，广东凤凰水仙的黄褐油润，台湾冻顶乌龙的深绿油润，都是高级乌龙茶中有代表性的色泽，也是鉴别乌龙茶质量优劣的重要标志。

2. 汤色

冲泡茶叶后，内含成分溶解在沸水中的溶液所呈现的色彩，称为汤色。不同茶类汤色会有明显区别，而且同一茶类中的不同花色品种、不同级别的茶叶，也有一定差异。一般来说，凡属上乘的茶品，汤色明亮、有光泽。具体说来，绿茶汤色浅绿或黄绿，清而不浊，明亮澄澈；红茶汤色乌黑油润，若在茶汤周边形成一圈金黄色的油环（俗称“金圈”），更属上品；乌龙茶则以青褐光润为好；白茶，汤色微黄，黄中显绿，并有光亮。

将适量茶叶放在玻璃杯中，或者在透明的容器里用热水一冲，茶叶就会慢慢舒展开。可以同时泡几杯来比较不同茶叶的好坏，其中舒展最顺利、茶汁分泌最旺盛、茶叶身段最为柔软飘逸的茶叶，是最好的茶叶。

茶汤的颜色也会因为发酵程度的不同，以及焙火轻重的差别而呈现深浅不一的颜色。但是，有一个共同的原则：不管颜色深或浅，一定不能浑浊、灰暗，清澈透明才是好茶汤应该具备的条件。

3. **底色**

底色就是欣赏茶叶经冲泡去汤后留下的叶底色泽。除看叶底显现的色彩外，还可观察叶底的老嫩、光糙、匀净等。

（三）赏姿

茶在冲泡过程中，经吸水浸润而舒展，或似春笋，或如雀舌，或若兰花，或像墨菊。与此同时，茶在吸水浸润过程中，还会因重力的作用，产生一种动感。太平猴魁舒展时，犹如一只机灵小猴，在水中上下翻动；君山银针舒展时，好似翠竹争阳，针针挺立；西湖龙井舒展时，活像春兰怒放。如此美景，映掩在杯水之中，真有茶不醉人人自醉之感。

（四）闻香

对于茶香的鉴赏，一般要三闻。一是闻干茶的香气（干闻），二是闻开泡后充分显示出来的茶的本香（热闻），三是要闻茶香的持久性（冷闻）。如图 3-15 所示。

图 3-15　闻香

先闻干茶。干茶中有的清香，有的甜香，有的焦香。应在冲泡前进行。如绿茶应清新鲜爽，红茶应浓烈醇正，花茶应芬芳扑鼻，乌龙茶应馥郁清幽。如果茶香低而沉，带有焦、烟、酸、霉、陈或其他异味者为次品。将少许干茶放在器皿中（或直接抓一把茶叶放在手中），闻一闻干茶的清香、浓香、糖香，判断一下有无异味、杂味等。

一般来说，绿茶以有清香鲜爽感，甚至有果香、花香者为佳；红茶以有清香、花香为上，尤以香气浓烈、持久者为上乘；乌龙茶以具有浓郁的熟桃香者为好；而花茶则以具有清醇芬芳者为优。

闻香多采用湿闻，即将冲泡的茶叶，按茶类的不同，经 1~3 分钟浸泡后，将杯送至鼻端，闻茶汤面发出的茶香。若用有盖的杯泡茶，则可闻盖香和面香；倘用闻香杯作过渡盛器（如台湾人冲泡乌龙茶），还可闻杯香和面香。另外，随着茶汤温度的变化，茶香还有热闻、温闻和冷闻之分。热闻的重点是辨别香气的正常与否，香气的类型如何，以及香气高低；冷闻则判断茶叶香气的持久程度；而温闻重在鉴别茶香的雅与俗，即优与次。

透过玻璃杯，只能看出茶叶表面的优劣，至于茶叶的香气、滋味并不能够完全体会，所以开汤泡一壶茶来仔细地品味是有必要的。茶泡好，茶汤倒出来后，可以趁热打开壶盖，或端起茶杯闻闻茶汤的热香，判断一下茶汤的香型（有菜香、花香、果香、麦芽糖香），同时要判断有无烟味、油臭味、焦味或其他的异味。这样，可以判断出茶叶的新旧、发酵程度、焙火轻重。在茶汤温度稍降后，即可品尝茶汤。这时可以仔细辨别茶汤香味的清浊浓淡并闻闻中温茶的香气，更能认识其香气特质。等喝完茶汤、茶渣冷却之后，还可以回过头来闻闻茶渣的冷香，嗅闻茶杯的杯底香。如果是劣等的茶叶，这个时候香气已经消失殆尽了。

嗅香气的技巧很重要。在茶汤浸泡 5 分钟左右就应该开始嗅香气，最适合嗅茶叶香气的叶底温度为 45~55℃，超过此温度时，感到烫鼻；低于 30℃时，茶香低沉，特别是染有烟味、木味的，很容易随热气挥发而变得难以辨别。

嗅香气应以左手握杯，靠近杯沿用鼻趁热轻嗅或深嗅杯中叶底发出的香气，也有将整个鼻部伸入杯内，接近叶底以扩大接触香气面积，增加嗅感。为了正确判断茶叶香气的高低、长短、强弱、清浊及纯杂等，嗅时应重复一两次，但每次嗅时不宜过久（一般是 3 秒钟左右），以免因嗅觉疲劳而失去灵敏感。嗅茶香的过程是：吸（1 秒钟）—停（0.5 秒钟）—吸（1 秒钟），依照这样的方法嗅出茶的香气是“高温香”。另外，可以在品味时，嗅出茶的“中温香”。而在品味后，更可嗅茶的“低温香”或者“冷香”。好的茶叶，有持久的香气。只有香气较高且持久的茶叶，才有余香、冷香，也才会是好茶。

热闻的办法也有三种：一是从氤氲的水汽中闻香，二是闻杯盖上的留香，三是用闻香杯慢慢地细闻杯底留香。如安溪铁观音冲泡后有一股浓郁的天然花香；红茶具有甜香和果味香；绿茶则有清香；花茶除了茶香外，还有不同的天然花香。茶叶的香气与所用原料的鲜嫩程度和制作技术的高低有关，原料越细嫩，所含芳香物质越多，香气也越高。冷闻则在茶汤冷却后进行，这时可以闻到原来被茶中芳香物掩盖了的其他气味。

（五）尝味

尝味，指尝茶汤的滋味。茶汤滋味是茶叶的甜、苦、涩、酸、辣、腥、鲜等多种呈味物质综合反应的结果，如果它们的数量和比例适合，就会变得鲜醇可口，回味无穷。茶汤的滋味以微苦中带甘为最佳。好茶喝起来甘醇浓稠，有活性，喝后喉头甘润的感觉持续很久。

一般认为，绿茶滋味鲜醇爽口，红茶滋味浓厚、强烈、鲜爽，乌龙茶滋味酽醇回甘，是上乘茶的重要标志。由于舌的不同部位对滋味的感觉不同，所以，尝味时要使茶汤在舌头上循环滚动，才能正确而全面地分辨出茶味来。

品茶汤滋味时，舌头的姿势要正确。把茶汤吸入口后，舌尖顶住上层齿根，嘴唇微微张开，舌稍向上抬，使茶汤摊在舌的中部；再用腹部呼吸，从口慢慢吸入空气，使茶汤在舌上微微滚动；连吸两次气后，辨出滋味。初感有苦味的茶汤，应抬高舌位，把茶汤压入舌根，进一步评定苦的程度。对有烟味的茶汤，应把茶汤送入口后，嘴巴闭合，舌尖顶住上颚板，用鼻孔吸气，把口腔鼓大，使空气与茶汤充分接触后，再由鼻孔把气放出。这样重复两三次，对烟味的判别就会明确。

品味茶汤的温度以 40~50℃为最适合。如高于 70℃，味觉器官容易烫伤，影响正常的品味；低于 30℃时，味觉品评茶汤的灵敏度较差，且溶解于茶汤中的与滋味有关的物质，在汤温下降时，逐步被析出，汤味由协调变为不协调。

品味时，每一品茶汤的量 5 毫升左右最适宜。过多时，感觉满口茶汤，难以在口中回旋辨味；过少也觉得嘴空，不利于辨别。每次在 3~4 秒钟内，将 5 毫升的茶汤在舌中回旋 2 次，品味 3 次即可，也就是一杯 15 毫升的茶汤分 3 次喝，就是“品”的过程。

品味要自然，速度不能快，也不宜大力吸，以免茶汤从齿间隙进入口腔，使齿间的食物残渣被吸入口腔与茶汤混合，增加异味。品味主要是品茶的浓淡、强弱、爽涩、鲜滞、纯异等。为了真正品出茶的本味，在品茶前最好不要吃强烈刺激味觉的食物，如辣椒、葱蒜、糖果等，也不宜吸烟，以保持味觉与嗅觉的灵敏度。在喝下茶汤后，喉咙感觉应是软甜、甘滑，有韵味，齿颊留香，回味无穷。

问题二　不同茶的品饮方法分别有哪些?

茶类不同，花色不一，其品质特性各不相同。因此，对不同的茶，品饮的侧重点不一样，品茶的方法也就不同。

（一）高级细嫩绿茶的品饮

高级细嫩绿茶，色、香、味、形都别具一格，讨人喜爱。品茶时，可先透过晶莹清亮的茶汤，观赏茶的沉浮、舒展和姿态，再察看茶汁的浸出、渗透和汤色的变幻，然后端起茶杯，先闻其香，再呷上一口，含在口，慢慢在口舌间来回旋动，如此往复品赏。

（二）乌龙茶的品饮

乌龙茶的品饮，重在闻香和尝味，不重品形。在实践过程中，又有闻香重于尝味的（如台湾地区），或尝味更重于闻香的（如东南亚一带）。潮汕一带强调热品，即洒茶入杯，以拇指和食指按杯沿，中指抵杯底，慢慢由远及近，使杯沿接唇，杯面迎鼻，先闻其香，而后将茶汤含在口中回旋，徐徐品饮其味；通常三小口见杯底，再嗅留存于杯中的茶香。台湾地区采用的是温品，更侧重于闻香。品饮时先将壶中茶汤趁热倾入公道杯，而后分注于闻香杯中，再一一倾入对应的小杯内；而闻香杯内壁留存的茶香，正是人们品乌龙茶的精髓所在。品啜时，先将闻香杯置于双手手心间，使闻香杯口对准鼻孔，再用双手慢慢来回搓动闻香杯，使杯中香气尽可能得到最大限度的享用。至于啜茶方式，与潮汕地区无多大差异。

（三）红茶的品饮

红茶，人称迷人之茶，这不仅因为红茶色泽红艳油润，滋味甘甜可口，还因为红茶除清饮外，还可以调饮，加柠檬酸，加肉桂辛，加砂糖甜，加奶酪润。

品饮红茶重在领略它的香气、滋味和汤色，所以，通常多采用壶泡后再分洒入杯。品饮时，先闻其香，再观其色，然后尝味。饮红茶须在“品”字上下功夫，缓缓斟饮，细细品味，方可获得品饮红茶的真趣。

（四）花茶的品饮

花茶融茶之味花之香于一体，茶的滋味为茶汤的本味，花香为花茶之精神，茶中味道与花香巧妙地融合，构成茶汤适口、香气芬芳的特有韵味，故而人称花茶是诗一般的茶叶。

花茶常用有盖的白瓷杯或盖碗冲泡，高级细嫩花茶，也可以用玻璃杯冲泡。高级花茶一经冲泡后，可立时观赏茶在水中的漂舞、沉浮、展姿，以及茶汁的渗出和茶水色泽的变幻。当冲泡 2~3 分钟后，即可用鼻闻香。茶汤稍凉适口时，喝少许茶汤在口中停留，以口吸气、鼻呼气相结合的方法使茶汤在舌面来回流动，细品茶味和余香。

（五）细嫩白茶与黄茶的品饮

白茶属轻微发酵茶，制作时，通常将鲜叶经萎凋后，直接烘干而成，所以，汤色和滋味均较清淡。黄茶的品质特点是黄汤黄叶，通常制作时未经揉捻，因此，茶汁很难浸出。

由于白茶和黄茶，特别是白茶中的白毫银针、黄茶中的君山银针，具有极高的欣赏价值，因此以观赏为主。当然悠悠的清雅茶香，淡淡的橙黄茶色，微微的甘醇滋味，也是品赏的重要内容。所以，在品饮前，可先观茶干，它似银针落盘，如松针铺地；再用直筒无花纹的玻璃杯以70℃的开水冲泡，观赏茶芽在杯水中上下浮动，最终个个林立的过程；接着，闻香观色。通常要在冲泡后10分钟左右才开始尝味。这些茶特别重观赏，其品饮的方法带有一定的特殊性。

场景回顾

近几年来，茶艺师这一行业不断扩大，人才供不应求。茶艺师是茶叶行业中具有茶叶专业知识和茶艺表演、服务、管理技能等综合素质的专职技术人员。通俗地说，茶艺是指泡茶与饮茶的技艺。茶艺师高出其他一些非专业人士的地方在于，他们对茶的理解并非仅停留在感性的基础上，而是对其有着深刻的理性认识，也就是对茶文化的精神有着充分的了解，而茶文化的重点是茶艺。阿萍及其他愿意从事茶艺师职业的同学，除了掌握茶的知识外，还应学好茶文化。

项目小结

本项目详细介绍了茶具选用知识、茶叶的冲泡方法以及品茶艺术等。茶艺是一门生活的艺术，具有很高的欣赏价值，同时茶艺也是一项无可替代的活动。由此可见，普及茶艺的知识和技巧，十分必要。

思考与练习题

一、填空题

1. 紫砂茶具早在 __________ 初期已经崛起，并在 __________ 大为流行。

2. 紫砂壶基本上分三种造型：__________ 型、__________ 型、__________ 型。

二、单项选择题

1. 青瓷茶具色泽青翠，最好用来泡（　　）。

A. 绿茶　　B. 红茶　　C. 黑茶　　D. 黄茶

2. 景德镇生产的白瓷在唐代的美称是（　　）。

A. 雪拉同　　B. 仿古瓷　　C. 假玉器　　D. 金玉

3. 玻璃茶具最好用来冲泡（　　）。

A. 红茶　　B. 绿茶　　C. 乌龙茶　　D. 花茶

三、问答题

1. 茶叶按制作方法不同可以分为哪几种？它们的名品有哪些？

2. 绿茶的冲泡应该注意把握好哪些环节？

3. 普洱茶应如何冲泡？

实训项目

学习茶艺服务的常用礼节及礼仪规范。全班同学分成若干小组，每个小组再分成 A、B 组；A 组先扮演客人，B 组扮演服务员进行茶艺表演；之后两组角色对换操练。老师指导整个过程。

调酒篇

模块三　鸡尾酒调制入门

项目四　酒水的认知

项目学习目标

1. 酒的起源与发展；
2. 酒对人体的功用；
3. 饮酒的一般常识；
4. 酒水的分类。

任务场景

小刘是某职业学校高星级饭店运营与管理专业三年级的学生，最近被学校安排在某五星级酒店酒吧实习。小刘刚进入酒吧时，看到酒柜上摆着各种酒，她不知道作为酒吧的服务人员或调酒师应从哪里学起？

任务一　了解酒的起源与发展状况

酒是一种历史悠久的饮品，与人们的生活十分密切。人们在欢庆佳节、婚丧嫁娶、宴请宾客时都少不了酒。它有消除疲劳、刺激食欲、加快血液循环、促进人体新陈代谢的作用，适量饮酒有利于身体健康。在酒会、宴会、聚会等场合，酒能活跃气氛，增进友谊。酒还是烹调中的上等作料，它不仅可以除腥，还可增加菜肴的美味。

中国是酒的王国，古往今来，多少文人骚客把酒临风，借酒抒怀，写下了数以万计的诗词歌赋，给后世留下了丰富多彩、千姿百态的酒文化。

?问题一　酒是如何起源的?

（一）中国酒的起源

早在原始社会时期，我国就已经开始酿酒了。此后的夏、商、周时代对于酒和酒具的制造也越来越多。关于酒的起源，至今酒史的研究者们说法不一。目前大概有四种说法，分别如下：

1. 猿猴造酒

猿猴造酒一说，在古籍中有很多记载。这还得从猿猴嗜酒说起。猿猴虽然聪明伶俐、机敏非常，但致命的弱点就是嗜酒。猿猴造酒，采用的是贮藏大量水果于石洼中，利用水果在自然界中的天然发酵而析出酒液的方法。水果破皮之后，空气中的酵母菌便会进入果体内，并将果皮糖发酵为酒精。猿猴造酒的这种方法，后人也曾应用过，他们将发酵的野果作为引子，便可制出果酒饮用。当然，猿猴所制造出的酒，至多只是一种果酒而已，而从用发酵的水果酿酒到今日的酿酒工艺是一段非常漫长的发展过程。

2. 杜康造酒

时至今日，杜康造酒的说法越来越多。正如曹操的《短歌行》中所云：“何以解忧，惟有杜康。”虽然对于杜康造酒一说，有很多人抱以反对态度，但杜康造酒说一直流传于世。

有人说，杜康是历史编撰出来的人物，其实不然，历史上确有此人。杜康字仲宁，是陕西白水县的康家卫人，被人称为酿酒的鼻祖。白水县是位于关中平原与陕北高原南缘交界处的一个县城，因为此地有一条河底多是白色石头的河而得名为白水县。白水县之所以驰名中外，与其拥有四位贤人的遗址不无关系。这四位贤人，一是身为黄帝史官、创造了文字的仓颉，一是善于制造瓷器的雷祥，一是我国著名的造纸发明人蔡伦，另一位就是杜康了。至今康家卫村里还留有“杜康沟”和“杜康泉”，而且在杜康泉的边上，还建有一家“杜康酒厂”。

3. 仪狄造酒

我国的古籍中，除了杜康是酿酒鼻祖的说法外，认为仪狄是酿酒初始人的说法也有很多。但根据大部分古籍记录，仪狄实际上是造“酒醪”的人。酒醪即是今天我们所见的醪糟，是将糯米发酵、加工制成的。许多研究者认为，如果杜康是高粱酒创始人的话，那么，仪狄则是黄酒的创始人。

4. 酒星造酒

在酒的起源中，还有一个说法就是酒星造酒，亦人称为上天造酒。在我国古代，许多爱好喝酒的文人墨客的诗词中都提到了“酒星”，更有酒是“酒星之作”的言辞。虽然“酒星”确实存在，早在上古时期的殷代就已经发现有“酒旗星”，但它的命名只能证明古人们的想象力之丰富，以及酒在当时社会中的重要地位。若以此说明酒乃上天酿造，恐怕有文学渲染之疑了。

上述说法，均是未经科学证实的传说。那么，酒到底是来自哪里呢？其实，就像火的出现一样，酒的发明绝不仅仅是一个人的杰作。酒的酿造技术，是劳动者长期积累经验、归纳、总结而获得的。

（二）外国酒的起源

古希腊神话中的酒神是狄奥尼索斯（Dionysus），他象征着原始、狂欢、自由和生命。罗马的酒神名为巴克科斯（Bacchus），他是葡萄与葡萄酒之神，也是狂欢与放荡之神。古希腊人和罗马人有他们的葡萄酒神，希伯来人则有自己的有关葡萄和葡萄酒的传说。据《圣经·创世记》记载，传说诺亚在洪水退后开始耕作土地，开辟了一个葡萄园，并种下了第一株葡萄，后来他又着手酿造葡萄酒。俄赛里斯（Osiris）是古埃及主神之一，也是公认的葡萄酒之神。他统治已故之人，并使万物自阴间复生，如使植物萌芽、尼罗河泛滥等。对俄赛里斯的崇拜遍及埃及。

问题二 中国酒的历史发展概况如何?

中国是世界上酿酒历史最古老、酒业生产最发达的国家之一。千百年来，中国酿酒业历经沧桑，形成今天兴旺发达之势。中国酒在数量、质量、品种、配制技术等各方面都已进入世界先进国家行列。

（一）古代酒业

在距今约5000年的龙山文化出土文物中，发现的酿酒饮酒的多种器具表明，那时的中国，酒的酿制已完全进入人工制作时期。在几千年漫长的历史过程中，中国传统的酿酒业逐渐发展。古代酒业的发展大致分为以下几个阶段：

第一阶段：公元前7000至公元前2000年，即由新石器时代的仰韶文化早期到夏朝初年。这个阶段是我国传统酒的启蒙期，我国先民们酿酒的主要形式，是利用发酵的谷物泡水制酒。与此同时，酒也逐渐成为当时黎民百姓们喜爱的一种饮料。因为这个时期为原始社会晚期，先民们无不把酒看作是一种含有极大魔力的饮料。可见，在酒的创始之初，人们对于酒有强烈的好奇和创造欲望。

第二阶段：从夏朝到公元前221年的秦王朝之间的1800年间，正是我国酿酒业最初成长的时期，这也为我国酒业后来的发展奠定了非常坚实的基础。在这段时期内，我国有了谷物和牲畜，先民们发现了火种，加之曲蘖的发明，使我国成为世界上最早用曲酿酒的国家。随后，我国又有了善于酿酒的杜康和仪狄，为我国传统酒的发展奠定了坚实的基础。这一时期官府对于酒的酿造越发重视，设置了专门酿酒的机构，由官府控制。酒成为帝王诸侯的享乐品。“肉林酒池”成为奴隶主生活的写照。这个阶段，酒虽有所兴，但并未大兴。饮用范围主要还局限于社会的上层。在这一时期，我国的先民们发现了酒曲发酵酿酒的方法，并且创造了“古遗六法”，此法被后人奉为圣典。

第三阶段：由公元前221年的秦王朝到约公元1000年的北宋，历时1200年，正是我国封建社会建立并发展的时期。此时的酒业得到了较大的发展，酒的酿造技术得到了稳固和提高，酒业发展越发兴盛，是我国传统酒的成熟期。在这一阶段，《齐民要术》《酒诰》等科技著作问世，新丰酒、兰陵美酒等名优酒涌现，黄酒、果酒、药酒及葡萄酒等酒品也有了发展，李白、杜甫、白居易、杜牧、苏东坡等酒文化名人辈出。各方面的因素，促使中国传统酒的发展进入灿烂的黄金时代。这一阶段的汉唐盛世以及欧、亚、非陆上贸易的兴起，使中西酒文化得以互相渗透，为中国白酒的发明及发展进一步奠定了基础。

第四阶段：由约1000年的北宋到1840年的晚清时期，历时800多年，是我国传统酒的提高时期。这一时期，西方的酿酒技术和器材开始传入我国，由此我国举世闻名的白酒得以诞生。此时，人们对于酒的喜爱已经非常普遍，各种酒器迅速普及，各类名酒共同发展、相互促进。在属于这个时期的出土文物中，已普遍见到小型酒器，说明当时已迅速普及了酒度较高的蒸馏白酒。这 800 多年来，白酒、黄酒、果酒、葡萄酒、药酒五类酒竞相发展，绚丽多彩，其中，白酒则成为人们普遍接受的饮料。

（二）近现代酒业

19 世纪末，中国酒业发展进入一个新的时期。这时期，我国开始了现代化葡萄酒厂的建设。著名实业家、南洋华侨富商张弼士在山东烟台开办“张裕葡萄酒公司”，这是我国第一个现代化葡萄酒厂。该公司拥有葡萄园千余亩，引入栽培了欧美有名的葡萄 120 余种，并从国外引进了压榨机、蒸馏机、发酵机、白橡木贮酒桶等成套设备。先后酿出红葡萄酒、白葡萄酒、味美思、白兰地等 16 种酒。继张裕公司之后，全国其他一些地区如北京、天津、青岛、太原也相继建立了葡萄酒厂。但是，由于这一时期葡萄酒主要供洋商买办等少数人饮用，所以并没有多大发展。

另外，我国现代啤酒生产在这一时期也开始兴起。1900 年，俄国人最先在哈尔滨开办啤酒厂。1903 年，英国人和德国人在青岛联合开办英德啤酒公司。1912 年，英国人在上海建起啤酒厂，即现在的上海啤酒厂的前身。当时，这些啤酒厂生产的啤酒也只供应外国侨民和来华外国人，加之，当时中国人对于啤酒的饮用不习惯，而且制造啤酒用的酒花也完全依靠进口，价格昂贵，所以啤酒的产销量极其有限。

20 世纪后期，酒业生产得到迅速恢复和发展。无论产量、品质还是制作工艺、科学研究等方面都有了空前的增长和提高。为了满足市场的需求，除了白酒和黄酒外，从 20 世纪 50 年代起，啤酒产量与日俱增，到 1988 年，成为仅次于美国、德国的世界第三啤酒产销大国。另外，葡萄酒的产量也得到大大提高，配制酒、药酒更是丰富多彩、千姿百态。

在酿酒原料方面，广泛开辟各种新途径，特别是改变了过去主要以粮食为原料酿造白酒的历史传统。目前，在白酒酿造中所利用的非粮食原料已达数百种。在酿酒设备方面，变手工操作为机械操作，进入了半自动化和自动化生产时期。在酿酒工艺、技术方面，大胆地进行了改革和创新，充分吸取国外先进经验，培养专业的酿酒技术人员，设立了有关酿酒发酵的研究所，把研究成果运用到生产中，取得了显著的效果。我国酒的产量不断增加，品质风味精益求精。

任务二　掌握酒水的定义、有关术语及功用

问题一　酒水的定义是什么？

所谓酒水，就是人们日常生活中所说的饮料（Beverage），是指所有可供人类饮用的

经过生产工艺加工制造的液态食品。按照饮料中是否含有酒精（乙醇）成分，习惯上将酒水分为酒精饮料（酒）和无酒精饮料（水）两大类。

酒精饮料，也就是人们常说的酒，是指饮料中的乙醇（食用酒精）浓度超过 0.5%（容量比）以上的饮品。酒是以含淀粉或糖质的谷物或水果为原料，经过发酵、蒸馏、勾兑等工艺酿制而成的饮料。人们饮用酒精饮料的主要目的，不是为了解渴、补充水分，而是为了获取酒精饮料中所含有的乙醇。乙醇是一种能够刺激和麻痹人的神经系统的物质，少量摄入能够使人兴奋和有欣快感。

无酒精饮料，又称软饮料（Soft Drink），是对乙醇浓度不超过 0.5%（容量比）的饮料的泛称。绝大多数无酒精饮料是不含有任何乙醇的，但也有极少数软饮料中含有微量乙醇，作用也仅是调剂饮品的口味或改善饮品的风味而已。软饮料是日常生活中人类提神解渴、补充水分的主要来源之一，主要品种包括茶、咖啡、矿泉水、功能性保健饮料、果蔬汁和奶及奶制饮品等。

❓问题二 酒类的术语有哪些?

1. 酒精

任何含有糖分的液体，经过发酵便会产生醇，醇分甲醇、乙醇等几种。甲醇有毒性，饮用后会中毒而亡；乙醇无毒性，能刺激人的神经和血液循环，但过量饮用也会引起中毒。酒类的主要成分是乙醇，俗称酒精，是一种无色透明、有特殊香味、易燃、易挥发的液体，其沸点为 78℃，冰点为 -114℃。

2. 酒度

酒精在酒液中的含量用酒度来表示，通常有标准和美制两种表示法。

（1）标准酒度。也称欧制酒度、公制酒度。标准酒度缩写为 GL。标准酒度以百分比（%）或度（°）表示，它是由法国著名化学家盖伊·吕萨克（Gay Lussac）发明的，是指在 20℃条件下，酒精含量在酒液内所占的体积比例。如某种酒在 20℃时含酒精 38%，即称为 38 度。

（2）美制酒度。美制酒度以酒精纯度（proof）表示，是指在 20℃条件下，酒精含量在酒液内所占的体积比例达到 50% 时，酒度为 100 proof。如某种酒在 20℃时，含酒精 38%，即为 76 proof。

另外，还有英制酒度，但较少见。

三种酒度表示方法之间是可以换算的，具体的换算方法如下：

标准酒度 ×1.75 =英制酒度

标准酒度 ×2 =美制酒度

英制酒度 ×8/7 =美制酒度

3. 酒龄

简单地讲，酒龄即为酒的贮存期。酒龄的计算方法不一，不仅不同国家的酒龄计算方法不同，不同的酒亦有不同的酒龄计算方法。例如，白兰地、威士忌和朗姆酒等酒度较高的酒，若贮存于橡木桶中，那么就会发生较大的变化；但若装入玻璃瓶中，那么变化就比较小了。因而计算这些酒的酒龄时一般只计算其置于橡木桶中的贮存期，装入玻璃瓶之后就不再计算其酒龄了。像我国市场上占有率较高的白酒、黄酒、啤酒、葡萄酒，它们的酒龄计算方法也各有特点。

（1）白酒。过去我国的白酒一般都是贮存在陶瓷坛中。在酒坛中，坛的某些成分会溶进酒中，且这种坛上有一些细孔，因而具有一定的透气作用，其中的酒也会发生一定的变化。所以，过去的白酒一般将在酒坛中的贮存时间计算为酒龄。目前，酒厂所贮存白酒的容器基本都改成了不锈钢罐等不具有透气作用的大容器，因而可以将白酒在罐中的贮存时间计算为酒龄。白酒在装入玻璃瓶后，若酒质没有问题，那么一般不会由于温度、光线等作用而发生变化，所以，装瓶后的白酒就不再计算酒龄了。但如果一瓶酒在开封后，喝喝停停，存放时间很长，那么，前后的酒质一定会有较大的差异，这种情况就需要另当别论了。还有些人将装入玻璃瓶的酒存放数年，那么这种酒也可以计算一些酒龄。

（2）黄酒。黄酒的酒龄计算方法与白酒类似，也是从酒制好装入酒坛或罐中开始计算，直至杀菌后装入玻璃瓶。

（3）啤酒。啤酒的酒龄计算方法比较简单。过去，啤酒的酒龄可达到 3 个月，但现在即便是出口啤酒，其酒龄也已缩短为 1 个月了。目前，制造啤酒的厂商大多采用“一二制”发酵法，也就是啤酒的前发酵期为 1 个星期，后发酵期为两个星期，这种啤酒制造法所酿造的啤酒，其酒龄基本上也就无从谈起了。

（4）葡萄酒。葡萄酒的酒龄是从发酵结束后开始计算的，整个贮存的时间均可计算为酒龄。也就是说，即便葡萄酒已经装瓶，只要装瓶前后未经杀菌，那么，在装瓶后仍可计算酒龄。一般来讲，凡是酒精含量在 12% 以上的干型葡萄酒，装瓶后都无须杀菌，可以继续计算酒龄。

4. 酒精饮料

酒精饮料（Alcoholic Drink），是指含有 0.5%~75.5% 乙醇的任何适宜饮用的饮料。主要的酒品有：啤酒、黄酒、葡萄酒、中国白酒、威士忌、白兰地、伏特加、朗姆酒、金酒等。

5. 无酒精饮料

与酒精饮料相对的是无酒精饮料（Non-alcoholic Drink），俗称软饮料（Soft Drink），是指所有不含酒精成分的无酒精饮料，乙醇浓度不超过 0.5%。此类饮品品种繁多，不可胜数。在酒吧中，通常使用的有茶、咖啡、碳酸饮料、果蔬汁、奶及奶制饮品和矿泉水。

问题三　酒的功用有哪些？

酒是世界四大饮料之一。酒之所以为古今中外人民所普遍喜爱，与酒的许多功能是分不开的。

1. 使人兴奋

由于酒中含有各种醇类物质，对人的精神有刺激作用，所以适量饮用，可以起到兴奋神经、舒筋活血、祛寒发热、消除疲劳的作用。

2. 营养丰富

酒中含有人体所需要的糖分、蛋白质、盐类和丰富的维生素等物质，特别是啤酒，素有“液体面包”之称。酒具有一定的营养价值。

3. 医疗保健

酒是中药的重要辅助原料。中药常用酒，特别是用黄酒作“药引”。经过酒浸泡、炒煮、蒸炙的各种药材，能增加其疗效。外科中，用白酒推拿按摩，也能提高疗效。另外，人们还饮用或擦用各种药酒直接治疗各种疾患。

4. 情感宣泄

酒是酒席及宴会上的必备饮料。俗语说“无酒不成宴”，这充分说明了酒在酒席宴会中的重要地位。在日常餐饮中，一壶酒或一杯酒也常增添许多乐趣。

5. 去腥调香

白酒，特别是黄酒还是烹调中的上好作料，它不仅可以去腥去腻，还可以增加菜肴的美味。

6. 交际礼仪

酒在人们交际中也扮演着重要角色，如借酒而观其性、边饮边谈等。

酒虽有很多好处，但是物极必反。饮酒过量往往增加意外，尤其是交通事故；酒精也会造成营养不良、肝脏疾病等危害；孕妇饮用可能形成畸形胎。所以，新的国民饮食指标，特别强调饮酒要节制。

任务三 熟悉酒水的分类

问题一 按制造方法分，酒水可分为哪些类别？

（一）酿造酒

酿造酒，又称发酵酒、原汁酒，是指以水果、谷物等为原料，经发酵后过滤或压榨而得的酒。一般都在 20 度以下，刺激性较弱，如葡萄酒、啤酒、黄酒等。根据原料的不同，酿造酒又分为以下三种类型：

1. 水果类酿造酒

水果类酿造酒，是指以水果为主要原材料酿制而成的酒品。此类酒品以葡萄酒为主要代表。另外，还有山楂酒、苹果酒、橘子酒等多种酒品。如图 4-1 所示。

2. 谷物类酿造酒

谷物类酿造酒，是指以富含淀粉的粮食类作物如大麦、稻米等作为酿酒用的原材料生产的酒品，主要有啤酒、中国黄酒和日本清酒三大类。图 4-2 为浙江绍兴黄酒。

图 4-1　法国红葡萄酒

图 4-2　浙江绍兴黄酒

3. 其他类酿造酒

其他类酿造酒，是指除了使用谷物、水果以外，以其他原材料作为酿酒原料生产的酒品，如使用蜂蜜为原材料的蜜酒，使用牛奶为原材料的奶酒等。

（二）蒸馏酒

图 4-3　张裕金奖白兰地

蒸馏酒，又称烈性酒，是指以水果、谷物等为原料先进行发酵，加以蒸馏，并经过稀释、调香、陈酿、勾兑等一系列生产工艺精制而成的酒。蒸馏酒酒度较高，一般均在 20 度以上，刺激性较强，如白兰地、威士忌、中国的各种白酒等。图 4-3 为张裕金奖白兰地。

蒸馏酒因其酒精含量高、杂质含量少，可以在常温下长期保存（一般情况下可存放 5~10 年，即使在开瓶饮用后，也可以存放一年以上的时间而不变质），所以，在酒吧里，蒸馏酒可以散卖、调酒甚至经常开盖而不必担心其很快变质。蒸馏酒的酒味十足，气味香醇，可以纯饮，也可以与冰块、无酒精饮料等混合后饮用，它还是配制鸡尾酒不可缺少的原料。

（三）配制酒

配制酒，又称混成酒，是指以葡萄酒、蒸馏酒或食用酒精为酒基，在成品酒或食用酒精中加入药材、香料等原料浸泡后，经过滤或蒸馏精制而成的酒精饮料。如杨梅烧酒、竹叶青、三蛇酒、人参酒、利口酒、味美思等。

配制酒的配制方法一般有浸泡法、蒸馏法、精炼法三种。浸泡法，是指将药材、香料等原料浸没于成品酒中陈酿而制成配制酒的方法；蒸馏法，是指将药材、香料等原料放入成品酒中进行蒸馏而制成配制酒的方法；精炼法，是指将药材、香料等原料提炼成香精加入成品酒中而制成配制酒的方法。

问题二 按酒精含量分，酒水可分为哪些？

1. **高度酒**

高度酒，是指酒精含量为40度以上的酒，如白兰地、朗姆酒、茅台酒、五粮液等。

2. **中度酒**

中度酒，是指酒精含量为20~40度的酒，如孔府家酒、五加皮等。

3. **低度酒**

低度酒，是指酒精含量在20度以下的酒，如黄酒、葡萄酒、日本清酒等。

4. **无酒精饮料**

无酒精饮料，是指所有不含酒精成分的饮料，如茶、咖啡、碳酸饮料、果汁和矿泉水等。

问题三 按商业经营分，酒水可分为哪些类别？

中国酒通常按此种方法来分类，可分为下列五类：

1. **白酒**

白酒是以谷物为原料的蒸馏酒，因酒度较高而又被称为“烧酒”。其特点是无色透明，质地纯净，醇香浓郁，味感丰富。

2. **黄酒**

黄酒是中国生产的传统酒类，是以糯米、大米（一般是粳米）、黍米等为原料的酿造酒，因其酒液颜色黄亮而得名。其特点是醇厚幽香，味感谐和，越陈越香，营养丰富。

3. **果酒**

果酒是以水果、果汁等为原料的酿造酒，大都以果实名称命名，如葡萄酒、山楂酒、苹果酒、荔枝酒、梅酒等。其特点是色泽娇艳，果香浓郁，酒香醇美，营养丰富。图4-4为梅酒。

图4-4 梅酒

4. **药酒**

药酒是以成品酒（以白酒居多）为原料加入各种中草药材浸泡而成的一种配制酒。药酒是一种具有较高滋补、营养和药用价值的酒精饮料。

5. **啤酒**

啤酒是以大麦、啤酒花等为原料的酿造酒。其特点是具有显著的麦芽和酒花清香，味道醇正爽口，营养价值较高。

问题四 按配餐方式分，酒水可分为哪些？

外国酒通常按此方法进行分类。

1. **开胃酒**

开胃酒是以成品酒或食用酒精为原料加入香料等浸泡而成的一种配制酒，如味美思、比特酒、茴香酒等。图 4-5 为张裕味美思。

2. **佐餐酒**

佐餐酒主要是指葡萄酒，因西方人就餐时一般只喝葡萄酒而不喝其他酒类（不像中国人可以用任何酒佐餐），如红葡萄酒、白葡萄酒、玫瑰葡萄酒和有汽葡萄酒等。图 4-6 为有汽葡萄酒。

图 4-5　张裕味美思

图 4-6　有汽葡萄酒

3. **餐后酒**

餐后酒主要是指餐后饮用的可帮助消化的酒类，如白兰地、利口酒等。图 4-7 为波士蛋黄酒。

4. **甜食酒**

甜食酒是在西餐就餐过程中佐助甜食时饮用的酒品。其口味较甜，常以葡萄酒为基酒加葡萄蒸馏酒配制而成。常用的甜食酒的品种有波特酒（又译为钵酒）、雪利酒等。图 4-8 为雪利甜酒。

图 4-7　波士蛋黄酒

图 4-8　雪利甜酒

问题五　按照酒水的原料分，酒水可分为哪些？

1. 粮食类

粮食类酒精饮料主要是指以谷物为原料，经过发酵或蒸馏等工艺酿制而成的酒品。如啤酒、黄酒、中国白酒、威士忌等。

2. 水果类

水果类酒精饮料主要是指以富含糖分的水果为原料，经过发酵或蒸馏等工艺酿制而成的酒品，如葡萄酒、苹果酒、白兰地等。水果类非酒精饮料是指植物的果实经过压榨、调配等工艺获取的果汁饮品，包括原果汁、果汁饮料、果粒果汁饮料、果浆饮料等。

3. 其他类

其他类的酒精饮料泛指那些以非谷物、水果为原料酿制的酒，如使用奶、蜂蜜，植物的根、茎等含淀粉或糖的物质酿制的酒，主要有朗姆酒、特基拉酒、马奶酒等。其他类的非酒精饮料主要是指乳饮料、茶、咖啡、可可、蜂蜜等。

问题六　按酒水的物理形态分，酒水可分为哪些？

1. 固态饮料

固态饮料主要包括茶、咖啡、可可以及速溶饮品等。

2. 液态饮料

液态饮料泛指呈液态的所有饮品，如各种酒类、果蔬汁类等。

问题七　按二氧化碳含量分类，酒水可分为哪些？

1. 碳酸类饮料

碳酸类饮料泛指所有含有二氧化碳气体的软饮料饮品，如可乐、柠檬汽水等。

2. 非碳酸饮料

非碳酸饮料特指所有不含二氧化碳气体的饮料。

3. 起泡酒

起泡酒，又名气泡酒、汽酒，泛指所有含二氧化碳气体的酒精饮料，如啤酒、香槟酒、苹果起泡酒。

任务四　掌握酒的保管与储藏方法

在酒的贮藏保管过程中，常见的变质、损耗现象有挥发（俗称跑度）、渗漏、浑浊、沉淀、酸败变质和变色、变味。由于不同的酒所含的酒精与其他成分比例不同，又因贮藏保管条件不同，因而可能发生的变质、损耗现象也有所不同。白酒的酒精含量多，有杀菌能力，不会酸败变质，但会因其挥发性、渗透性强，易燃、易渗漏，还会因含杂醇油过多，或加浆用水硬度大，而出现浑浊、沉淀现象。此外，还会因包装、保管不当而出现变色、变味。黄酒、啤酒等低度酒酒精含量少，酸类、糖分等物质含量较多，易受细菌感染；如保管温度过高，会使酒液再次发酵而浑浊沉淀，酸败或者变色、变味。因此，保管贮存酒类应注意方法，对酒库的建立应讲究科学性，切不能因陋就简地行事。

问题一　酒类贮存的一般要求有哪些？

（一）贮酒库的基本条件

理想的酒库应符合下述几个基本条件：有足够的贮存空间和活动空间；通风性能良好，库内凉爽干燥，有相对的恒温条件；隔绝自然采光照明；防震动、防巨声干扰，设有各种不同尺寸的酒架。

一般地下酒库在恒温、避光、防震等方面都具有得天独厚的条件，设在地面上的酒库应采取一定的保护措施，以使酒品贮存的安全得到保障。

（二）酒类的贮存要求

（1）必须针对各类酒的不同特点，因地制宜地选择清洁卫生、避光、干燥、温度适宜的仓库贮存酒类。对于白酒，保管温度以较低为好，这样可以减少挥发、防止渗漏，但要注意加强防火措施。

（2）要控制好保管温度。黄酒、啤酒、果酒等低度酒，一般以5~25℃为宜，不能过高过低，更不能忽冷忽热。

（3）勿使阳光直接照射酒品。

（4）密封箱装酒勿常搬动。

（5）标签、瓶盖保持完好无缺。

（6）不可与有特殊气味的物品并存。

问题二　各种酒类的贮存要求分别有哪些？

（一）葡萄酒类

葡萄酒装瓶销售以后，发酵熟化过程还在继续，如果将它贮存在适宜的条件状态下，将会慢慢地熟化和成长；如果贮存不当，则会使葡萄酒很快变质。传统认为，阴暗湿冷的地窖是储存葡萄酒的最佳场所，但如今现代化的城市生活是很难找到这样的储酒空间的。酒水采购回来后，除了积极促销迅速销售以外，装置自动调节的电子储酒柜可能是最好的解决办法。以下是贮存葡萄酒的条件要求：

1. 温度

葡萄酒最理想的贮存温度约为11℃，但最重要的是保持温度的恒定，因为温度变化所造成的热胀冷缩最易降低软木塞的密闭性从而使葡萄酒加速氧化。所以，只要能保持恒温（5~20℃）都可以接受。不过，温度太冷的酒窖会使葡萄酒的成长速度缓慢，必须等更久的时间才能消费；而太热则又使葡萄酒成熟太快，口味就不丰富细致。通常地下酒窖的恒温效果最好。酒窖的入口处最好设置在背阳处，以免进出时影响温度。

2. 湿度

70% 左右的湿度，对酒的储存是最佳的。太湿，容易使软木塞及酒的标签腐烂；太干，则让软木塞失去弹性，无法紧封瓶口。

3. 光度

酒窖中最好不要留下任何的光线，因为光线容易造成葡萄酒的变质，特别是日光灯和霓虹灯易让酒产生还原变化，发出浓重难闻的味道。香槟酒和白酒对光线最敏感，所以要特别小心。

4. 通风

葡萄酒像海绵一样，能够将周围的味道吸附到酒瓶里去。因此，酒窖中最好能够通风，以防止霉味太重。此外也须避免将洋葱、大蒜等味道重的东西和葡萄酒放在一起。另外，将酒藏在冰箱中最好也不要放太久，以免冰箱的味道渗透到葡萄酒里。

5. 震动

过度震动会影响到葡萄酒的品质，长途运输后的酒须经数日的时间才能稳定其品质，就是最好的证明。所以，还要尽量避免将酒搬来搬去，或置于经常震动的地方，尤其是贮存年份久的葡萄酒更应注意。

6. 摆放

传统上习惯将酒平放，使葡萄酒和软木塞接触以保持其湿润。因为干燥致使软木塞的密闭性变差，容易使酒氧化。但最近的研究发现，留存在瓶中的空气因热胀冷缩致使酒流出瓶外，而传统的平放方式会加大这种效应。最好是将酒摆成 45 度，让瓶塞同时和葡萄酒以及瓶中空气接触。不过，此种方法操作比较不方便，还未被普遍采用。

（二）啤酒类

啤酒的最佳贮存温度为 5~10℃，温度过低会使啤酒发生浑浊现象，温度过高酒花会逐渐丧失。由于啤酒很易吸收异味，怕强光，因此，应单独贮存在干净通风的仓库中，同时注意啤酒的保质期。

（三）黄酒类

黄酒类的存放应分品种堆放。注意坛装酒的存放：若气温高、地面干燥时，应在地上洒些水，以免坛口的泥头裂开。

（四）蒸馏酒类

蒸馏酒类酒度较高，有较好的杀菌能力，不易酸败变质。蒸馏酒对温度的要求相对低一些，但也不可有大起大落的变化，否则酒品的色、香、味将会受到干扰。

问题三　酒品应怎样保管?

1. 入库的酒品要进行登记

每一类酒品要立一卡片，对酒的名称、产地、酒龄、标价、日期、数量等登记在案。

2. 酒品放置后，不要随意挪动

内行的管理人员从不清扫酒瓶外面的尘灰，对高级酒品尤其如此，原因如下：一是防止酒瓶摇晃、沉淀物泛起，二是证明酒品的古老名贵。

3. 酒库切勿与其他仓库混用

不少酒品呼吸较强烈，外来异味极易透过瓶塞进入瓶内，以致酒液吸收异味而变味。因此，不可将其他货物存入酒库中。

4. 在消费场所设立“日用酒库”

大型企业除建立酒库外，还应在消费场所设立日用酒品贮存处。在那里存放一定数量的酒品，以应付每日的消费，减少和避免对酒库重地的过多干扰。

任务五　熟悉饮酒常识

问题一　如何品酒？

品酒时，首先应注意酒品的颜色、透明度、醇味、香味、酸味、口味、收缩性、甜度和平顺度。其次要视觉、嗅觉、味觉齐用。另外，品酒前，请留意保持口腔的干净卫生和周围空气的清新。酒的温度也要调至适宜。

品酒步骤：

（1）使用高脚酒杯（原因在于避免手握杯时手温影响酒的品质）；

（2）斟入约 30 毫升酒；

（3）拿起酒杯，先看色再闻香后尝味；

（4）呷一小口酒；

（5）让酒慢慢流过舌头面，使其与味蕾充分接触；

（6）最后把酒咽下去，细品余味。

问题二　最佳的饮酒时间是什么时候？

每天下午两点以后饮酒较安全。因为上午几个小时中，胃中分解酒精的酶——酒精脱氢酶浓度低，饮用等量的酒，较下午更易吸收，使血液中的酒精浓度升高，对肝、脑等器官造成较大伤害。此外，空腹、睡前、感冒或情绪激动时，也不宜饮酒，尤其是白酒，以免影响心血管的功能。

问题三　最佳的饮酒量是多少？

人体肝脏每天能代谢的酒精量约为每千克体重 1 克。一个 60 千克体重的人，每天允许摄入的酒精量应限制在 60 克以下。低于 60 千克体重者，应相应减少，最好掌握在 45 克左右。换算成各种成品酒应为 60 度白酒 50 克、啤酒 1 千克、威士忌 4 杯（250 毫升）。红葡萄酒虽有益健康，但也不可饮用过量，以每天 2~3 小杯为佳。

问题四 最佳的佐菜有哪些?

空腹饮酒不利于健康，选择理想的佐菜，既可饱口福又可减少酒精之害。从酒精的代谢规律看，最佳佐菜当推高蛋白和含维生素多的食物。因为酒精经肝脏分解时需要多种酶与维生素参与，酒的度数越高酒精含量越大，所消耗的酶与维生素就越多，故应及时补充。富含蛋氨酸与胆碱的食品尤为有益，如新鲜蔬菜、鲜鱼、瘦肉、豆类、蛋类等。

注意：切忌用咸鱼、香肠、腊肉下酒，因为此类熏腊食品含有大量色素与亚硝胺，这些物质与酒精发生反应，不仅伤肝，而且损害口腔与食道黏膜，甚至诱发癌症。

问题五 饮酒的最佳温度是多少?

1. 黄酒

适当加温后饮用，口味倍佳，但是究竟多少温度为宜，还没有人做过系统研究。古代喝黄酒用注子和注碗：注碗中注入热水，注子中盛酒后，放在注碗中。近代以来，用锡制酒壶盛酒，放在锅内温酒，一般以不烫口为宜，这个温度为45~50℃。

2. 白酒

一般是在室温下饮用，但稍稍加温后再饮，口味较为柔和，香气也浓郁，邪杂味消失。其主要原因是，在较高的温度下，酒中的一些低沸点的成分，如乙醛、甲醇等较易挥发，这些成分通常都含有较辛辣的口味。

3. 葡萄酒

不同的葡萄酒适宜的饮用温度有所不同。白葡萄酒和桃红葡萄酒，8~12℃；香槟酒、汽酒和甜型白葡萄酒，6~8℃；新鲜红葡萄酒，12~14℃；陈年红葡萄酒，15~18℃。

4. 啤酒

啤酒是一种低酒度的饮料，较适宜的饮用温度为7~10℃，有的甚至为5℃左右。如果喝黑啤酒，温度更低些，较为流行的做法是，将酒置于冰箱内冻至表面有一层薄霜时再拿出来喝。

问题六 常见的解酒方法有哪些?

饮酒量过度最简便有效的解决方法是，饮用温开水来稀释乙醇，使体内乙醇通过排尿排出体外；饮用果汁类饮料，如西瓜汁、藕汁等可以解酒；民间用糖盐水、米醋解酒，效果不错；某些药物如维生素 B_1、B_6 等对解酒也有一定益处；有些中药如泽兰根、山茶花等可以拦截酒精，在酒精被血液吸收前，将之导入消化系统；其他如枳具子、葛花、赤豆花、绿豆花、咸卤等都具有一定的解酒作用。

（1）食醋解酒。用食醋烧1碗酸汤，服下。食醋1小杯（20~25毫升），徐徐服下。食醋与白糖浸渍过的萝卜丝（1大碗），吃服。食醋与白糖浸渍过的大白菜心（1大碗），吃服。食醋浸渍过的松花蛋2个，吃服。食醋50克、红糖25克、生姜3片，煎水服。食醋能解酒，主要是由于酒中的乙醇与食醋中的醋酸，在人体的胃肠内相遇而起酯化反应，降低乙醇浓度，从而减轻酒精的毒性。

（2）豆腐解酒。饮酒时，宜多以豆腐类菜肴做下酒菜。因为豆腐中的半胱氨酸是一种主要的氨基酸，它能解乙醛毒，食后能使之迅速排出。

（3）生梨解酒。吃梨或挤梨汁饮服。

（4）绿豆、小红豆、黑豆解酒。3 种豆各 50 克，加甘草 15 克，煮烂，豆、汤一起服下，能提神解酒，减轻酒精中毒。

（5）糖茶水解酒。糖茶水可冲淡血液中酒精浓度，并加速排泄。

（6）绿豆解酒。绿豆适量，用温开水洗净、捣烂，开水冲服或煮汤服。

（7）甘蔗解酒。甘蔗 1 根，去皮，榨汁服。

（8）食盐解酒。可在白开水里加少许食盐，喝下去，立刻就能醒酒。

（9）柑橘皮解酒。将柑橘皮焙干、研末，加食盐 1.5 克，煮汤服。

（10）白萝卜解酒。白萝卜 1 千克，捣成泥取汁，分 1 次服。也可在白萝卜汁中加红糖适量饮服。也可食生萝卜。

（11）鲜橙解酒。鲜橙（鲜橘亦可）3~5 个，榨汁饮服，或食服。

（12）鲜藕解酒。鲜藕洗净，捣成藕泥，取汁饮服。

其实，空腹喝酒最容易醉，因此，最好在喝前 2~3 小时内吃饱，喝杯放柠檬或薄荷的浓茶。在喝酒之初，吃一些油腻的、对酒精有中和作用的食物。如果喝得烂醉如泥，民间常用的解酒方法是喝各种腌菜汤和酸奶。采购食品时，别忘了买些薄荷汁、山楂汁或柠檬汁，以备不时之需。醉酒后，可以就着半杯水喝点儿上述三种汁中的任何一种。另外，西红柿汁、放盐的生鸡蛋、红莓果汁、带蜂蜜和柠檬的茶水也都有帮助。尽可能多喝一些，这有助于将酒精从体内迅速排出。

场景回顾

作为酒吧的服务人员或调酒师，应了解或掌握必要的酒水知识，即本项目所介绍的酒的起源与发展、酒水的分类、酒的保管与储藏方法等，除此之外，还应培养沟通技巧、公关营销能力、应变能力等。

项目小结

酒是世界四大饮品之一，为古今中外人民所普遍喜爱。本项目详细分析了酒水的概念、酒对人体的功用、酒按不同方法如何进行分类、酒的酿造过程以及饮酒的常识等。掌握这些知识，对人们的社交有一定的帮助，也给生活带来了更多的乐趣，同时可以提高人们的生活质量。

思考与练习题

一、填空题

1. 按酒精含量分，酒水可分为 ________、________、________、________。

2. 目前国际上使用的酒度表示方法有三种，分别是 ________、________、________。

3. 配制酒其配制方法一般有 ________、________、________ 三种。

二、单项选择题

1. 凡是酒精含量在（　　）的酒精饮料都可以称为酒。

A. 5%~75.5%　　B. 0.5%~45.5%　　C. 5%~65.5%　　D. 0.5%~75.5%

2. 现有一瓶标有 80 proof 的美国波本威士忌，它的欧洲表示法应为（　　）。

A. 70 度　　B. 60 度　　C. 50 度　　D. 40 度

3. 酒的主要成分是（　　）。

A. 甲醇　　B. 乙醇　　C. 甲醇和乙醇　　D. 杂醇油

4. 下列属于开胃酒的是（　　）。

A. 茴香酒　　B. 白兰地　　C. 啤酒　　D. 白葡萄酒

5. 黄酒饮用的最佳温度是（　　）。

A. 45~50℃　　B. 8~12℃　　C. 6~8℃　　D. 15~18℃

三、简答题

1. 按酿造方法分，酒可以分为哪几种？它们的代表名酒分别有哪些？

2. 如何储存葡萄酒？

由任课老师带领学生参观本地酒吧或酒窖，了解酒水的贮存知识。

项目五　外国酒的品鉴及服务

项目学习目标

1. 掌握外国酒的分类、特点、产地及其著名的代表品牌；
2. 熟悉各种外国酒的饮用方法和服务要求。

任务场景

刚从广东省旅游学校毕业的学生小陈，来到广州某宾馆酒吧上班的第一天，迫切希望酒吧莫经理马上教他调制鸡尾酒的技术，但莫经理告诉他，要学习调酒，必须先掌握或熟悉外国酒的分类、特点、产地及其著名的代表品牌，但小陈看到酒柜里陈列那么多外国酒，一个都不认识，怎么学啊？

任务一　熟悉外国酿造酒

问题一　葡萄酒是如何分类的？其特点及世界著名产区有哪些？

葡萄酒（Wine），是指以葡萄为原料，经发酵、陈酿、澄清、过滤等一系列的工艺流程所制成的酒精饮料。葡萄酒被称为“发酵酒之王”，是当今世界最大的饮品之一。

人类酿造葡萄酒的历史，几乎与人类的耕种历史一样悠久，但真正能控制酒的酿造，以科学知识代替猜测，却直到 1860 年才开始。现在，葡萄酒在世界各类酒中占据着十分显赫的地位。据不完全统计，各国用于酿酒的葡萄园种植面积总和达十几万平方公里，直接以葡萄酒酿造业为生的人有 3700 万之多。不少国家的人对葡萄酒有着特殊的爱好，如意大利人平均每年饮用 110 多升的葡萄酒，法国人平均每年饮用 106 升，另外还有葡萄牙人、阿根廷人、西班牙人、智利人、瑞士人等，其葡萄酒的消费量也在世界上名列前茅。

一、葡萄酒的分类及其特点

（一）按颜色分类

1. 红葡萄酒

红葡萄酒（Red Wine）是以紫红色葡萄为原料，连皮带汁一起发酵酿制而成的，其酿制流程如图 5-1 所示。因酒液中溶有葡萄皮的色素，故酒液呈红色。红葡萄酒所用的葡萄品种不同，陈酿时间有长有短，其酒液色泽和味道也各有差异，可呈紫红色、褐红色或者红木色。陈酿时间越长，其颜色越浅。一般陈年 4~10 年的葡萄酒，味道最好。

红葡萄酒酒味丰润醇厚，酸度适中，口味甘美，香气芬芳，适合与色深味浓的烤肉类和铁扒类菜肴搭配饮用，最佳饮用温度为 15~18℃。红葡萄酒最忌摇晃，以防沉淀物泛起，名贵红葡萄酒要用酒篮盛装后再进行酒水服务。

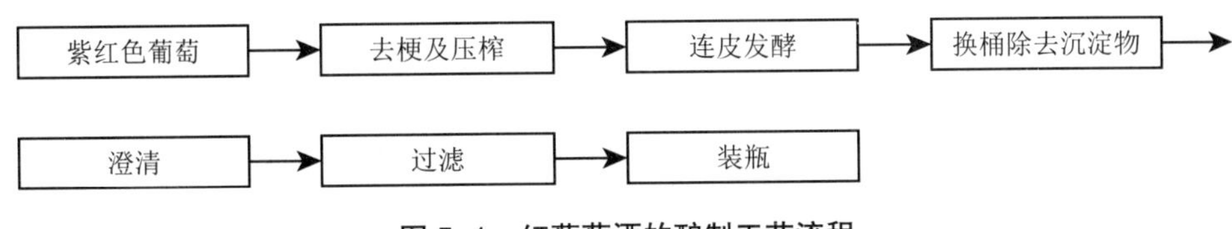

图 5-1 红葡萄酒的酿制工艺流程

2. 白葡萄酒

白葡萄酒（White Wine）是以青绿色葡萄为原料，去皮后仅取葡萄的肉、汁发酵酿制而成的，其酿制流程如图 5-2 所示。因葡萄皮不参加发酵过程，故酒液中没有葡萄皮的色素而呈金黄色、浅黄色或近乎无色，但陈酿时间越长，其颜色越深。白葡萄酒发酵时间短，涩味和酸味少，一般贮存 4~10 年即可饮用。

白葡萄酒清亮透明，酸甜爽口，香气清爽，健脾胃，去腥气，故常与色浅味淡的鱼贝类或禽类菜搭配饮用。最佳饮用温度为 7~13℃。因此，需冷藏后饮用，并以香槟桶盛放，低温供应。

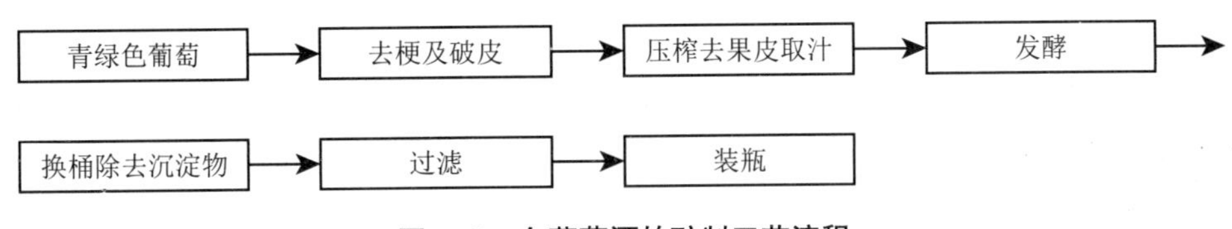

图 5-2 白葡萄酒的酿制工艺流程

3. 玫瑰葡萄酒

玫瑰葡萄酒（Rose Wine）是将紫红和青绿色葡萄混合在一起，连皮带汁发酵酿制而成的，其酿制流程如图 5-3 所示。与其他葡萄酒不同的是，玫瑰葡萄酒在酿制的中途就将皮渣滤出，因而葡萄皮在酒液中浸泡时间较短，故酒液中仅溶有少许葡萄皮的色素而呈粉红玫瑰色。玫瑰葡萄酒一般贮存 2~3 年即可饮用。

玫瑰葡萄酒既有白葡萄酒的清新芳香，又有红葡萄酒的和谐丰满，无论什么菜肴都可搭配饮用。最佳饮用温度为 7~13℃。与白葡萄酒一样，也需冷藏后饮用。

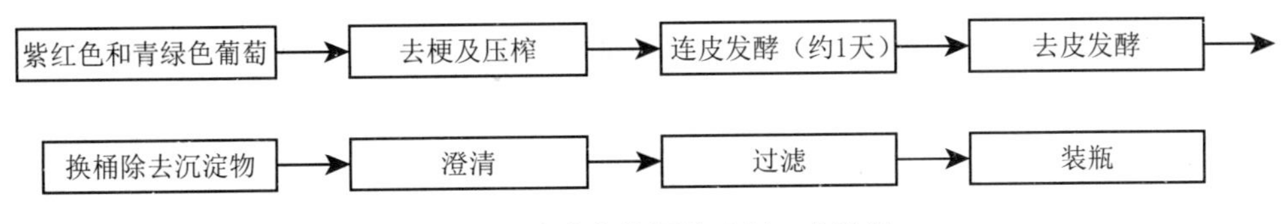

图 5-3 玫瑰葡萄酒的酿制工艺流程

（二）按糖的含量分类

1. 干葡萄酒

干葡萄酒（Dry Wine），是指含糖量在0.5%以下的葡萄酒，饮用时尝不出有甜味。

2. 半干葡萄酒

半干葡萄酒（Semi-dry Wine），是指含糖量在0.5%~1.2%的葡萄酒，饮用时可尝出微弱的甜味。

3. 半甜葡萄酒

半甜葡萄酒（Semi-sweet Wine），是指含糖量在1.2%~5%的葡萄酒，饮用时可尝出较明显的甜味。

4. 甜葡萄酒

甜葡萄酒（Sweet Wine），是指含糖量在5%以上的葡萄酒，饮用时可尝出浓厚的甜味。

（三）按酿造方法分类

1. 不起泡葡萄酒

不起泡葡萄酒（Natural Still Wine），即佐餐葡萄酒（Table Wine），是指葡萄汁在酿制过程中不产生二氧化碳气体，酒液不带有气泡的各种红葡萄酒、白葡萄酒和玫瑰葡萄酒。酒度在14度以下。名品有法国的波尔多（Bordeaux）、勃艮第（Bourgogne）、梅多克（Medoc），德国的莱茵（Rhine），美国的霞多丽（Chardonnay）等。

2. 起泡葡萄酒

起泡葡萄酒（Sparkling Wine），是指酒液在装瓶后进行第二次发酵，发酵过程中产生的二氧化碳气体自然地聚集在瓶内，使酒液带有气泡的葡萄酒。酒度一般在14度以下。香槟酒（Champagne）是起泡葡萄酒的典型代表。

香槟酒产于法国北部的香槟地区，是由一位名叫多姆·佩里尼翁（Dom Pérignon，1638—1715）的教士首先发明的。酿造工艺复杂而精细，具有独到之处，人称“香槟法”。香槟法酿造工艺有四个阶段：原料处理、勾兑、陈酿转瓶、换塞填充。法国政府规定，只有在法国香槟地区生产的起泡葡萄酒才可称为香槟，而在其他地区或国家出产的产品只能称为起泡葡萄酒。德国是世界上起泡葡萄酒的最大生产国和消耗国，其名品有霍克（Sparkling Hock）、圣母之乳（Sparkling Liebfraumilch）、摩泽尔（Sparkling Mosel）等，其出口国外的产品通常称为塞克特（Sekt）。

香槟酒从酿制到包装出售大致需要6~8年。此时的香槟酒风格特点已日臻完美，质量最佳。大多数香槟酒都是混合制品，因而都不标示年份，只有在葡萄特别丰收年，产销商才考虑在标签上进行注明。不过，每个酒厂注重酒的混合技巧，以求永久保持一个标准的品质，即使不是丰收年，香槟酒的品质也不受影响。

香槟酒呈黄绿色、金黄色或玫瑰色，清亮透明，口味醇美，清香醇正，酒气充足，给人以高尚的美感。它可以在任何场合与任何食物搭配饮用。在欧美，宴会、酒会、婚礼、接待都离不开香槟酒，香槟酒被称为最富魅力的酒，有“酒中皇后”的美称。

一般香槟酒的商标上标明酒的含糖量，有以下五种标示：

- Brut——原型，含糖量 0~1.5%。
- Extra Sec——干型，含糖量 1%~2%。
- Sec——半干型，含糖量 2%~4%。
- Demi Sec——半甜型，含糖量 4%~6%。
- Doux——甜型，含糖量 8%~10%。

一般来说，香槟酒含糖量高并非好事，精于此道者绝少饮用含糖量最高的香槟。同时售价与含糖量成反比，即含糖量越少，价格越高。

起泡葡萄酒因含有大量的二氧化碳，所以应冷藏后饮用，冰冻还可使酒品味道改善，更加清凉爽口。最佳饮用温度为 4~6℃。

以下为一些国家的起泡葡萄酒名品：

- Gremant d'Alsace——阿尔萨斯（法国）
- Saumur——索米尔（法国）
- Asti Spumante——阿斯蒂（意大利）
- Pomagne——宝美（英国）
- Pink Lady——红粉夫人（英国）
- Sekt——塞克特（德国）

3. 强化葡萄酒

强化葡萄酒（Fortified Wine），是指在葡萄酒的发酵过程中掺入白兰地或食用酒精，使发酵中断，留有一定的糖分并提高酒精含量而得的葡萄酒。酒精含量一般为 14~24 度，名品有西班牙的雪利（Sherry）、玛尔萨拉（Marsala）、马拉加（Malaga），葡萄牙的波特酒（Port）、马德拉（Madeira），等等。

强化葡萄酒通常用于佐食甜点，又被称为甜食酒（Dessert Wine）。

4. 芳香葡萄酒

芳香葡萄酒（Aromatized Wine），是在葡萄酒发酵过程中，除掺入白兰地或食用酒精外，还加入各种芳香原料（如水果、果实和香料等）浸制而成的葡萄酒。该酒既有酒香，又有特殊的香料香味。名品有法国的干味美思（Dry Vermouth）、意大利的甜味美思（Sweet Vermouth）等。

芳香葡萄酒主要用作开胃酒，也可用于调制鸡尾酒。

二、世界著名的葡萄酒产地

（一）法国

葡萄酒的法语为“Vin”。法国的葡萄酒工业产值居本国工业总产值的第一位，这在世界上是少有的。法国葡萄酒不仅产量大，品种多，而且以其卓越的品质闻名于世。法国葡萄酒酒精度最低 8 度的，属大众化的饮品；酒精含量为 10~12 度的，属高级葡萄酒。法国葡萄酒分以下四个等级：

（1）AOC 级——“法定产区酒”级。其产地、制造方式、品种、产量，皆受法国农政单位严格管制，这一级约占 30.6%。

（2）VDQS 级——“优良地区酒”级。受农政单位若干程度管制，这一级最少，约只占 1.2%，因为几乎所有优良地区酒，都会想办法升格到 AOC 级。

（3）VDP 级——“地区酒”级（Vin de Pays）。受农政单位管制程度小，可特别表现出地方风味，占 14.5%。

（4）VDT 级——“日常酒”级（Vin de Table）。可用任何产区的任何葡萄酿造，约占 40.4%。

法国最著名的葡萄酒产区是波尔多、勃艮第、香槟区，这三个地区是举世公认的著名葡萄酒产地，风行世界的优秀葡萄酒有半数生产于法国这些地区。

1. 波尔多

波尔多（Bordeaux）地区，位于法国西南部，自古以来就是法国最重要的葡萄酒产地，占有法国 AOC 级著名葡萄酒的 30% 左右。该区盛产红、白、玫瑰红葡萄酒，其中波尔多陈酿红葡萄酒产量最多，最有名气。

波尔多葡萄酒酒系十分庞大复杂，可分为许多品种和类别，每一种类别都以产地名称和古代城堡命名。波尔多有五个著名葡萄酒产区：梅多克（Medoc）、圣埃米利永（Saint Emilion）、格雷夫斯（Graves）、索泰尔讷（Sauternes）和波梅罗（Pomerol）。

2. 勃艮第

勃艮第（Bourgogne），位于法国东部，其属下的产区从北部的第戎市（Dijon）向南部的里昂市（Lyon）延伸分布，并与其南部罗讷河谷（Rhone Valley）葡萄产区连成一片，形成长达数百公里的葡萄苑。勃艮第以其卓越的葡萄酒著称，是当今世界最引人注目的高级葡萄酒产地。勃艮第主要生产红、白葡萄酒，其中以红葡萄酒最有名气，产量约占 80%，白葡萄酒只占 20%。勃艮第的葡萄苑种植面积小于波尔多，只有 3 万公顷左右。由于历史原因，勃艮第的城堡均已毁坏，所以葡萄酒没有以古城堡名称命名。勃艮第红葡萄酒具有樱桃的甜味，并夹带茴香、玫瑰香、梅李香的复合香味，酒度略高，口感强劲。勃艮第可分成三大产区：沙布利（Chablis）、科多尔（Cote d'Or）和南勃艮第（Bourgogne Sud）。

3. 香槟区

香槟区（Champagne），位于法国北部，原是法国一个大省份的名称，后来被划分成几个小省份。香槟区产地主要集中在现在的马恩省（Marne）境内。

法国香槟区有三个最著名的产区：兰斯山地（Montagne de Reims）、马恩河谷地（Vallee dela Marne）、白葡萄坡地（Cotes dos Blancs）。其中，位于法国巴黎东北 100 公里处的兰斯地区出产的香槟酒最有名气。在兰斯 4 万公顷的土地中，大约只有 1.8 万公顷土地适宜种植专供生产香槟酒的葡萄。

法国香槟一般不以原料或产地名称命名，而以生产者命名，最著名的有：宝林歇（Bollinger）、海德西克（Heidsieck）、库葛（Krug）、梅西埃（Mercier）等。

图 5-4、图 5-5 为法国著名的葡萄酒。

图 5-4 博若莱葡萄酒

图 5-5 波尔多葡萄酒

（二）意大利

葡萄酒的意大利语为 Vino。意大利是世界上最大的葡萄酒生产国和消费国。据 1873 年统计，意大利葡萄种植面积，以全国人口平均计算，人均占有 0.4 亩以上，当年生产 1150 万吨葡萄，其中 84% 的葡萄用于酿酒。意大利的葡萄平均年产量约 800 万吨，占世界总量的 21%。意大利的葡萄酒种类繁多，风格各异，主要以生产佐餐红、白葡萄酒为主，其酒精含量为 10%~11%，这种餐桌葡萄酒在意大利叫作“Vino da Pasto”。高级葡萄酒酒精度必须不低于 13%，至少陈酿 4 年，头 2 年是用木桶陈酿，后 2 年需要在瓶中陈酿。

意大利葡萄酒分为以下四个等级：

（1）日常餐酒，简称“VDT”。即为入门级的意大利葡萄酒。

（2）地区餐酒，简称“IGT”。这一级别的酒须来自所标定的产区，并且由当地生产商酿造。

（3）法定产区葡萄酒，简称“DOC”。由全国葡萄酒管理委员会对 2000 多家生产 DOC 葡萄酒的酿酒厂进行监督管理。

（4）优质法定产区葡萄酒，简称“DOCG”。这个级别要求标准相当高，全国仅有为数不多的葡萄酒品种能荣登这一级别的宝座。

意大利北部生产的葡萄酒最佳，尤其是皮埃蒙特（Piedmont）和托斯卡纳（Toscana）两个区。意大利著名葡萄酒品牌有：巴罗洛红葡萄酒（Barolo）、巴巴莱斯科红葡萄酒（Barbaresco）、基安蒂红葡萄酒（Chianti）、索阿韦白葡萄酒（Soave）。

图 5-6、图 5-7 及图 5-8 为意大利著名的葡萄酒。

意大利葡萄酒种类很多，品牌名称常以产地、葡萄品种或业主自定的名称命名，较为复杂。

图 5-6　皮埃蒙特葡萄酒

图 5-7　托斯卡纳葡萄酒

图 5-8　基安蒂红葡萄酒

（三）德国

葡萄酒的德语为 Wein。德国是世界著名的葡萄酒生产国之一，生产历史悠久，酿酒技术卓越，质量管理严格，产品在世界上享有较高声誉。但由于地理气候的限制，葡萄种植困难，所以葡萄酒生产成本高，产品售价比较昂贵。德国以生产白葡萄酒著称，主要以雷司令（Riesling）、西万尼（Sylvaner）和米勒-杜尔高（Muller-Thurgau）三个葡萄品种为原料酿制，其中雷司令是酿制优质葡萄酒的最好品种。德国著名葡萄酒产区主要集中在摩泽尔河和莱茵河两岸地区。

1. 摩泽尔

摩泽尔（Mosel）地区葡萄园分布在沿着摩泽尔河及其支流萨尔河（Saar）和鲁沃河（Ruwer）两岸，生产德国最优秀的白葡萄酒。著名的葡萄酒品牌有：贝恩卡斯特尔（Bernkasteler）、厄尔丹纳（Erdener）、格雷茨尔（Graacher）、皮尔斯波特尔（Piesporter）、特里顿海默（Trittenheimer）、泽廷格（Zeltinger）。

2. 莱茵河

莱茵河（Rhein）岸自古以来是德国重要的葡萄种植区。古城堡沿河两岸矗立，护卫着山坡上的葡萄园。其中三个最重要的葡萄产区是：莱茵法尔茨（Rheinpfalz）、莱茵高（Rheingau）和莱茵黑森（Rheinhessen）。生产的著名葡萄酒品牌是：台德斯海姆（Deidesheimer）、福尔斯特（Forster）、昂格斯坦尔（Ungsteiner）、法亨海默（Wachenheimer）、霍赫海默（Hochheimer）、哈坦海默（Hattenheimer）。

（四）其他国家

1. 西班牙

西班牙是世界葡萄种植面积最大的国家之一，葡萄园面积总共 160 万公顷（合 2400 万亩）。全国约有 1.6 万个酒厂，年产葡萄酒 400 万吨左右，仅次于意大利和法国，居世界第三位。西班牙葡萄酒业历史悠久，早在 14 世纪，英国就已进口西班牙葡萄酒。1970

年，西班牙政府确定了葡萄酒产区，建立了“全国葡萄酒产地命名协会”“农业生产基金协调会”以及“葡萄酒与葡萄栽培研究所”等管理监督机构。

西班牙主要生产红、白、玫瑰红葡萄酒，其中红葡萄酒最有名气。西班牙以红葡萄酒为酒基生产的“雪利酒”（Sherry）在世界上非常有名气。这种甜食酒将在任务三“熟悉外国配制酒”中加以阐述。西班牙的主要葡萄酒产区有：阿利坎特（Alicante）、拉曼查（La Mancha）、拉里奥哈（La Rioja）、加泰罗尼亚（Catalonia）、纳瓦拉（Navarra）、巴伦西亚（Valencia）。

其中，以位于西班牙北部山区的拉里奥哈产区最有名气。该区由三个生产区组成：拉里奥哈阿尔塔（La Rioja Alta）、拉里奥哈阿拉维萨（La Rioja Alavesas）和拉里奥哈巴哈（La Rioja Baja）。优质拉里奥哈葡萄酒要在橡木桶中陈酿至少 2 年，称为“佳酿”（Reserve）；而特酿（Grand Reserve）则需先在橡木桶中陈酿 3 年后，再在瓶中贮存 3 年以上。

西班牙将葡萄酒分成普通餐酒（Table Wine）和高档葡萄酒（Quality Wine）。普通餐酒还可分为以下三种：

（1）普通餐酒（Vino de Mesa，VDM），相当于法国的 Vin de Table，也有一部分相当于意大利的地区餐酒（IGT）。这是使用非法定品种或者方法酿成的酒。比如在拉里奥哈巴哈（La Rioja）种植的赤霞珠（Cabernet Sauvignon）、美乐（Merlot）酿成的酒就有可能被标成“Vino de Mesa de La Rioja”，这里面使用了产地名称，所以说也有点像 IGT。

（2）特级餐酒（Vino Comarcal，VC），相当于法国的 Vin de Pays。全西班牙共有 21 个大产区被官方定为 VC。酒标用“ Vino Comarcal de ＋产地”来标注。

（3）单一品种餐酒（Vino de la Tierra，VDLT），相当于法国的 VDQS，酒标用“Vino de la Tierra ＋产地”来标注。而高档葡萄酒则是 Denominaciones de Origen（DO）和 Denominaciones de Origen Calificada（DOC）。DO 相当于法国的 AOC，DOC 则类似于意大利的 DOCG。

2. 阿根廷

阿根廷是世界第五大产酒国，属“新世界葡萄酒”的代表性国家。阿根廷葡萄酒业的发展受西班牙和意大利影响深远。最具系统性的葡萄园和酒厂也是两国移民后裔在圣胡安（San Juan）和门多萨（Mendoza）省所设立的。阿根廷的产酒区有圣胡安（San Juan）、拉里奥哈（La Rioja）、里奥内格罗（Rio Negro）和萨尔塔（Salta）。传统的酿酒葡萄品种是原产于法国的马尔贝克（Malbec）和阿根廷自有的白葡萄品种妥伦特斯（Torrontes）。现在为了刺激出口，已经开始大量种植在世界市场排行销量冠军的赤霞珠（Cabernet Sauvignon）和霞多丽（Chardonnay）。

3. 美国

美国的葡萄酒生产业与法国和意大利等相比，属于新兴产业。但在近二三十年来，美国葡萄酒业获得了飞跃式的发展，逐渐确立了自己的风格和特色。美国葡萄酒的生产主要集中在加利福尼亚州和纽约州。加利福尼亚生产的葡萄酒占全美国的 75%~85%，全美最好的葡萄酒均产自加州，主要产区为纳帕山谷、中央山谷等。

纽约州是美国仅次于加州的第二大葡萄酒生产州，年产葡萄酒约 100 万升，该区 2/3 的葡萄品种是美国土生土长的食用葡萄。美法杂交的酿酒葡萄的种植面积近年来得到发展，并且在葡萄酒酿制中起着越来越重要的作用。纽约州葡萄种植园约有 4000 公顷，其中最著名的是芬格湖地区，该区生产的葡萄酒有红、白、起泡等几类葡萄酒。

4. 澳大利亚

澳大利亚是葡萄酒新世界产区之一，虽然其酿酒的历史不如法国、意大利等国家悠久，但其气候、降雨量等得天独厚，因此所酿制的葡萄酒在世界上已经享有一定声誉。澳大利亚拥有大面积的葡萄种植园，向 70 多个国家出口葡萄酒。澳大利亚由于产地不同，葡萄品种也很多，不但能生产红白静态葡萄酒、雪利酒、波特酒、玫瑰红起泡葡萄酒，而且剩余的发酵汁还用于蒸馏制酒。

澳大利亚著名的葡萄酒产地主要集中在东南及南部沿海一带，主要有新南威尔士州的亨特河谷（又称猎人谷）、南澳大利亚州的麦克拉伦山谷以及维多利亚等地。

此外，葡萄牙、匈牙利、智利、瑞士等国家都生产许多著名的优质葡萄酒，这里就不再一一介绍。

问题二　啤酒的常识有哪些?

啤酒（Beer）的起源与谷物的起源密切相关。人类使用谷物制造酒类饮料已有 8000 多年的历史。已知最古老的酒类文献，是公元前 6000 年左右巴比伦人用黏土板雕刻的献祭用啤酒制作法。公元前 4000 年美索不达米亚地区已有用大麦、小麦、蜂蜜制作啤酒。公元前 3000 年起开始使用苦味剂。

（一）酿制啤酒的主要原料

酿制啤酒的原料主要分为四大类：水、可发酵的谷物、酵母和啤酒花。酿制啤酒使用最多的可发酵谷物是大麦，而水是酿制啤酒的血液，麦芽是啤酒的核心，啤酒花是酿制啤酒的灵魂。

1. 水

水是酿制啤酒的血液，啤酒中至少含有 90% 的水分，水中的无机物的含量、有机物和微生物的存在会直接影响啤酒的质量。一般啤酒厂都需要建立一套酿造用水的处理系统。也有些啤酒厂采用天然高质量的水源，如我国青岛啤酒所使用的就是崂山矿泉水。

2. 大麦

以籽粒生长形态分类，可将大麦分为二棱大麦、四棱大麦、六棱大麦三种。以播种时间分类，大麦分为春大麦、冬大麦两种。以麦穗形态分类，大麦分为直穗大麦、曲穗大麦。啤酒工业上用的大麦主要为二棱大麦。

世界上著名的大麦品种有 Harrington、Crystal、Optic、Robust 等。主要大麦生产国有加拿大、澳大利亚、法国、中国等。评价大麦的质量主要看它的千粒重、蛋白质、发芽力、水分、夹杂量。

3. **酵母**

啤酒酵母是一种不能运动的单细胞生物，其细胞只有借助显微镜才能看到，肉眼看到的乳白色湿润的酵母泥是无数酵母细胞的集合体。自然界存在的酵母很多，但不是所有的酵母都可以用来酿造啤酒的，科学家们把对啤酒发酵有利的酵母称为啤酒酵母。在啤酒生产中，酵母需要经过纯粹的培养而获得。啤酒中的酒精和二氧化碳都是啤酒酵母发酵而产生的。

4. **酒花**

酒花在我国俗称蛇麻花、啤酒花、忽布等。酒花的英文是 Hop，拉丁学名是 Humulus lupuls，是一种多年生缠绕草本植物，属桑科葎草属。这种草本植物的植株生长期可长达 50 年，叶子呈心状卵形，常有三五个裂片，叶面非常粗糙，主枝按顺时针方向右旋攀缘而上；只有雌株才能结出花体，每年六七月开始开花。它含有蛇麻苦味素，啤酒中所具有的独特清爽的苦味实际上就是酒花的贡献，故酒花被称为“啤酒之魂”。在啤酒酿造的过程中加入酒花，能够使啤酒具有独特的香气和苦味，增加啤酒泡沫的持久性和提高啤酒的稳定性，抑制杂菌的繁殖，防止啤酒腐败，使啤酒具有健胃、利尿、镇静的效果。产地不同，酒花所产生的风味也不同，宾客常常会在饮用时认定自己喜爱的风味。

酒花以茎的颜色分类分为紫茎酒花、绿茎酒花、白茎酒花，以成熟期分类分为早熟酒花、中熟酒花、晚熟酒花，以酒花类型分类分为香型酒花、苦型酒花、兼型酒花。在实际啤酒工业生产中，往往以香型、苦型、兼型酒花来区分。世界著名的酒花有 Saaz、Golding、Spalter、Northern Brewery、Hallertauer 等。著名的酒花生产国有德国、捷克、美国、英国等。我国的酒花产地主要位于新疆。酒花的主要成分为 α 酸、β 酸、酒花油。工业中使用的酒花制品为压缩酒花、颗粒酒花、酒花浸膏。

（二）啤酒相关知识

1. **啤酒的营养价值**

啤酒是用麦芽糖化后加入啤酒花，由酵母菌发酵酿制成的。它有充沛的二氧化碳和丰富的营养成分，是发热量最高的饮料。啤酒含有 11 种维生素、17 种氨基酸，并多以液体状态存在于酒液中。1 升啤酒经消化后产生的热量相当于 10 个鸡蛋或 500 克瘦肉或 250 克面包或 200 毫升牛奶。啤酒具有清凉、解渴、健胃、利尿、增进食欲等功效，素有“液体面包”的美称。为国际上产量最大的饮料酒。

2. **啤酒的“度”**

啤酒的度，主要指以下两个意思：

（1）麦芽汁浓度。指啤酒酒液中麦芽汁含量所占的体积比例，以度（°）来表示。啤酒的麦芽汁浓度一般为 7~18 度。啤酒通常以麦芽汁浓度来衡量其口味与颜色。另外，啤酒的颜色也受麦芽烘烤程度的影响。近年还有一些麦芽汁浓度在 7 度以下的啤酒面市。

（2）酒度。啤酒的酒度较低，一般为 1.2~8.5 度。它与麦芽汁浓度成正比。

（三）啤酒的分类

1. 按是否经过灭菌处理分类

根据啤酒是否经过灭菌处理，可分为生啤和熟啤两类。

（1）生啤酒。也称鲜啤酒，我国北方地区又称扎啤酒。这种啤酒的出现被认为是啤酒消费史上的一次革命。它和普通啤酒相比，只是在最后一道工序上未经灭菌处理。鲜啤酒中仍有酵母菌生存，所以口味淡雅、清爽，酒花香味浓，更易于开胃健脾。生啤酒的保存期是3~7天。随着无菌灌装设备的不断完善，现在已有能保存2个月左右的罐装、瓶装和大桶装的鲜啤酒。啤酒的酵母菌是由多种矿物质组成的细胚体，维生素含量高。

“扎啤”是这种啤酒的俗称，这里的“扎”来自英文Jar的谐音，即广口杯子。这种啤酒在生产线上采取全封闭灌装，在售酒器售酒时即充入二氧化碳。

（2）熟啤酒。它是装配加盖后，经过高温将啤酒内酵母菌杀死的啤酒。所以，熟啤酒稳定性较好。熟啤酒多为中浓度啤酒，浓度为10~25度，一般可保存60天以上，可远销外地或出口。

2. 按麦汁浓度分类

根据麦汁浓度可分为低浓度啤酒、中浓度啤酒、高浓度啤酒三种。

（1）低浓度啤酒。多为鲜甜酒，其浓度（以麦汁浓度计）为7~8度，含酒精2%以下。

（2）中浓度啤酒。其浓度（以麦汁浓度计）为11~12度，含酒精3%~3.8%。

（3）高浓度啤酒。其浓度（以麦汁浓度计）为14~20度，含酒精约5%。许多高级啤酒和黑啤酒多属于高浓度啤酒。

3. 按啤酒颜色分类

根据啤酒颜色的深浅不同，啤酒可以分为黄啤酒和黑啤酒两种。

（1）黄啤酒。色浅黄透明，又称浅黄色啤酒。其口味清爽，酒花香气突出。我国消费习惯以黄啤为主，并以色浅为佳。

（2）黑啤酒。也称深色啤酒，是用一部分高温烘烤的焦香长麦芽作为原料发酵而成的。呈咖啡色，富有光泽，麦汁浓度较高，发酵度较低，口味较醇厚，有明显的麦芽香味，氨基酸含量也高一些。

4. 按含糖量分类

（1）干啤酒。在酿制过程中，将糖分去除，使酒液中糖的含量在0.5%以下的啤酒。这种啤酒的特点是发酵度高，含有极少的残留还原糖。其色泽更浅、口感更净、口味更爽、热值更低，适应于对摄取糖有禁忌的人饮用。

（2）半干啤酒。指含糖量为0.5%~1.2%的啤酒。

5. 按欧美传统风味分类

（1）慕尼黑啤酒（Munchen）。麦芽汁浓度为12度；色泽深，具有浓郁的焦香麦芽味，口味浓醇而甜，苦味轻。

（2）多特蒙啤酒（Dortmund）。麦芽汁浓度为13度；色泽浅，酒精含量较高，苦味轻，口味醇而爽口。

（3）比尔森啤酒（Pilsner）。麦芽汁浓度为11~12度；色泽浅，泡沫好，酒花香味浓，苦味重而不长，口味醇爽。

（4）司都特啤酒（Stout）。一般产品的麦芽汁浓度为12度，高档产品的麦芽汁浓度为20度；色泽深褐，酒花苦味重，有明显的麦芽焦香味，口味甜而醇，酒度为4~7度，泡沫好。

（5）波特啤酒（Porter）。与司都特啤酒较相似，但口味更为浅淡，色泽也不如其深沉，泡沫浓而稠，口味偏甜，酒度为4.5度。

（6）拉戈啤酒（Lager）。经陈年或贮存过的啤酒，酒质清淡，富有气泡，酒度为4度。

（7）博克啤酒（Bock）。一种特殊酿制的浓质啤酒，一般在春天生产，一年中只有6个月有供应。浓而甜，色泽棕色，酒体较重，酒度一般低于4度。

（8）爱尔啤酒（Ale）。为英式发酵啤酒的总称。酒体完满充实，品质浓厚，口味较苦，二氧化碳含量较低，酒度为4.5度。

6. 按包装容器分类

（1）瓶装啤酒。国内主要为640毫升和335毫升两种包装。国际上还有500毫升和330毫升等其他规格。

（2）易拉罐装啤酒。采用铝合金为材料，规格多为355毫升。便于携带，但成本高。

（3）桶装啤酒。包装材料一般为不锈钢或塑料，可循环使用，容量为30升，主要用来装生啤酒。

7. 按酒精浓度分类

（1）低醇啤酒。一般来说，啤酒的酒精含量低于2.5度，称为低醇啤酒。

（2）无醇啤酒。啤酒的酒精含量低于0.5度的啤酒称无醇啤酒。这种啤酒是采用特殊的工艺方法抑制啤酒发酵时酒精成分或是先酿成普通啤酒后，采用蒸馏法、反渗透法去除啤酒中的酒精成分制成的酒。这种啤酒不但保留啤酒原有的风味，而且营养丰富、热值低，深受对酒精有禁忌的人的欢迎。

（四）世界著名的啤酒品牌

1. 百威啤酒

始创于1876年的美国百威啤酒（Budweiser），百年发展中一直以其醇正的口感、过硬的质量赢得全世界消费者的青睐，成为世界最畅销、销量最多的啤酒，长久以来被誉为“啤酒之王”。如图5-9所示。

2. 嘉士伯啤酒

嘉士伯啤酒（Carlsberg）由丹麦啤酒巨人嘉士伯（Carlsberg）公司出品。该公司是仅次于荷兰喜力啤酒公司的国际性生产商，于1847年创立，至今已有170多年的历史，在40多个国家有生产基地，远销世界140多个国家和地区，产品风行全球。如图5-10所示。

图 5-9　百威啤酒

图 5-10　嘉士伯啤酒

3. 喜力啤酒

喜力啤酒（Heineken）由世界第四大啤酒公司生产。公司总部位于荷兰。凭借着出色的品牌战略和过硬的品质保证，喜力啤酒成为全球顶级的啤酒品牌，在全世界 170 多个国家热销，其优良品质一直得到业内和广大消费者的认可。喜力口感平顺甘醇，不含苦涩刺激的味道。如图 5-11 所示。

4. 朝日啤酒

朝日啤酒（Asahi）的历史可追溯到 120 多年前，是日本著名的啤酒品牌，拥有日本啤酒市场 40% 的占有率。如图 5-12 所示。

图 5-11　喜力啤酒

图 5-12　朝日啤酒

5. 麒麟啤酒

麒麟啤酒（Kirin）是日本著名的啤酒品牌。1907 年日本麒麟啤酒株式会社成立。

6. 生力

香港生力啤酒（San Miguel）厂有限公司是 1948 年菲律宾生力公司首家在海外设立的啤酒厂，并于 1963 年在香港股票市场上市。目前国内广州和石家庄等地有其设立的生产厂。品种有：生力啤酒、生力清啤、生力黑啤、蓝冰啤等。

此外，德国的卢云堡（Lowenbrau）、爱尔兰的健力士（Guinness）、新加坡的虎牌（Tiger）、澳大利亚的富士达（Foster's）、墨西哥的科罗娜（Corona）以及我国的青岛（Tsing Tao）啤酒，在世界上都享誉盛名。

啤酒的饮用常识

（1）啤酒云。打开从冰箱里取出的啤酒时，会听到"哧"的一声，同时冒出一股白烟，这就是"啤酒云"。啤酒里的二氧化碳主要是酵母在麦芽汁里面发酵时产生的。打开瓶盖时，这些气体分子快速运动消耗能量，使啤酒的温度骤然从9℃降至 -1℃，时间只有0.1秒钟，瞬间的降温使瓶颈内的气体立即冲出，蒸汽凝结成小水珠，如一缕缕白色云烟从瓶口冒出。

（2）泡沫。通常泡沫可在杯中滞留两三分钟。啤酒的泡沫有防氧化作用，喝酒也应带着泡沫喝完。

（3）压力。打开瓶盖前猛烈摇晃会增加瓶内压力吗？国外有专家实验结果表明，这是人们的一种错觉。温度骤然升高才是压力增加的一大因素，这也需要我们在保管上格外注意。

（4）温度。最适饮用温度为4~6℃，冷冻后会变味。

（5）斟酒。斟酒时要分两次倒满，从距杯口20厘米高处倒酒。首先左右摇摆玻璃杯，途中稍事停顿，待泡沫消失一半后再继续倒满。易拉罐啤酒不宜直接对嘴喝，倒在玻璃杯里放掉多余的二氧化碳后，再喝感觉柔和一些。

（6）杯子。喝啤酒只能用玻璃杯。啤酒杯不能与其他餐具一同洗，因为残留的油脂和洗涤剂成分会影响泡沫的产生，而且单洗之后还要注意自然晾干以后再用；未干的杯子切忌放入冰箱冷冻室，即使微弱的冰膜也会影响香型、口味。

（7）保管。最忌光照，易拉罐啤酒也不例外，否则两三天内就会变质。家庭短期贮藏啤酒时，应放冰箱冷藏室或25℃以下的稳定室温环境中。

任务二　熟悉外国蒸馏酒

问题一　白兰地是如何发明的？其著名产地及品牌有哪些？

一、白兰地的起源

白兰地是英文Brandy的译音，相当于中国的"烧酒"。白兰地是以水果为原料，经发酵、蒸馏制成的酒。通常，我们所称的Brandy（白兰地），专指以葡萄为原料，通过发酵再蒸馏制成的酒。而以其他水果为原料，通过同样的方法制成的酒，常在白兰地酒前面加上水果原料的名称以区别其种类。比如，以樱桃为原料制成的白兰地称为樱桃白兰地（Cherry Brandy），以苹果为原料制成的白兰地称为苹果白兰地（Apple Brandy）。

白兰地起源于法国科尼亚克（Cognac，又译为干邑）。干邑位于法国西南部，那里生产葡萄和葡萄酒。早在 12 世纪，干邑生产的葡萄酒就已经销往欧洲各国，外国商船也常来夏朗德省滨海口岸购买其葡萄酒。约在 16 世纪中叶，为便于葡萄酒的出口，减少海运的船舱占用空间及大批出口所需缴纳的税金，同时也为避免因长途运输发生的葡萄酒变质现象，干邑的酒商把葡萄酒加以蒸馏浓缩后出口，然后输入国的厂家再按比例兑水稀释出售。这种把葡萄酒加以蒸馏后制成的酒即为早期的法国白兰地。当时，荷兰人称这种酒为“Brandewijn”，意思是“燃烧的葡萄酒”（Burnt Wine）。

17 世纪初，法国其他地区已开始效仿干邑蒸馏葡萄酒，随后这种做法由法国逐渐传播到整个欧洲的葡萄酒生产国家和世界各地。

1701 年，法国卷入了西班牙王位继承战争，法国白兰地也遭到禁运。酒商们不得不将白兰地妥善储藏起来，以待时机。他们利用干邑盛产的橡木做成橡木桶，把白兰地贮藏在木桶中。1704 年战争结束，酒商们意外地发现，本来无色的白兰地竟然变成了美丽的琥珀色，酒没有变质，而且香味更浓。于是从那时起，用橡木桶陈酿工艺，就成为干邑白兰地的重要制作程序。这种制作程序，也很快流传到世界各地。

1887 年以后，法国改变了出口外销白兰地的包装，从单一的木桶装变成木桶装和瓶装。随着产品外包装的改进，干邑白兰地的身价也随之提高，销售量稳步上升。据统计，当时每年出口干邑白兰地的销售额已达 3 亿法郎。

目前，著名的白兰地酒生产国家有法国、德国、意大利、西班牙和美国。

二、白兰地的著名产地及其品牌

（一）干邑

干邑（Cognac），音译为“科尼亚克”，位于法国西南部，是波尔多北部夏朗德省境内的一个小镇。它是一座古镇，面积约 10 万公顷。全世界最著名的白兰地酒来自法国干邑地区。

干邑地区土壤非常适宜葡萄的生长和成熟，但由于气候较冷，葡萄的糖度含量较低，因而其葡萄酒产品很难与南方的波尔多地区生产的葡萄酒相比拟。17 世纪，随着蒸馏技术的引进，特别是 19 世纪在法国皇帝拿破仑的庇护下，该地区一跃成为酿制葡萄蒸馏酒的著名产地。1909 年，法国政府颁布酒法明文规定，只有在夏朗德省境内干邑镇周围的 36 个县市所生产的白兰地可命名为干邑（Cognac），除此以外的任何地区不能用“Cognac”一词来命名，而只能用其他指定的名称命名。这一规定以法律条文的形式确立了干邑白兰地的生产地位。正如英语的一句话：“All Cognac is brandy, but not all brandy is Cognac.”（所有的干邑都是白兰地，但并非所有的白兰地都是干邑。）这也就说明了干邑的权威性，干邑不愧为“白兰地之王”。

干邑地区又分为 7 个小区，所产酒的品质也有高低之分，按顺序排列如下：

- 大香槟区（Grand Champagne）；
- 小香槟区（Petite Champagne）；
- 波尔德里（Borderies）；
- 凡兹园（Fins Bois）；
- 邦兹园（Bons Bois）；
- 奥尔迪南雷园（Bois Ordinaires）；
- 松门园（Bois Commus）。

1. 干邑白兰地等级划分

白兰地酒的质量与贮存期有很大关系，贮存时间越长，酒质越好。因此，白兰地在装瓶出售时，在瓶身或标贴上都印有表示酒龄的标志，这些标志的含义如下：

- ☆——表示 3 年陈；
- ☆☆——表示 4 年陈；
- ☆☆☆——表示 5 年陈；
- VO——表示 10~12 年陈；
- VOP——表示 12~20 年陈；
- VSOP——表示 20~30 年陈；
- FOV——表示 30~40 年陈；
- Napoleon（拿破仑）——表示 40 年以上陈；
- XO——表示 50 年以上陈，亦称特酿（Extra Old）；
- X——表示 70 年以上的特陈白兰地。

其中的英文标志含义如下：

E 代表 Especial（特别的），F 代表 Fine（好的），V 代表 Very（很好），O 代表 Old（老的），S 代表 Superior（上好的），P 代表 Pale（淡色的），X 代表 Extra（格外的）。

图 5-13　拿破仑

2. 著名干邑白兰地品牌

（1）奥吉尔（Augier）。以酿酒公司名命名。该公司有 350 余年白兰地酒生产历史。奥吉尔牌白兰地酒有三星和 VSOP（陈酿）两个主要产品。三星白兰地散发着橡木桶的香气；而 VSOP 采用传统生产方法，使用贮存期 4 年以上的白兰地酒制作，其口味顺畅、平滑。

（2）百事吉（Bisquit）。以酿酒公司名命名。该公司已有 170 余年历史，目前是欧洲最大的酿酒公司。该公司以传统的生产工艺、严格的质量管理，赢得顾客信任。百事吉商标的产品有 VSOP 产品、XO 产品及 Extra 产品。该公司的 Bisquit Privilege（百事吉世纪珍藏）自称为 100 年以上的珍藏，酒味芳香，酒质浓郁，入口柔顺，是酒液天然熟化的结果，绝无加水稀释的痕迹。

（3）金花（Camus）。以酿酒公司名命名。该公司创建于 1863 年。金花是使用旧橡木桶熟化的，从而减少了橡木桶的颜色和味道，酒质清淡。该公司在法国干邑地区的大香槟区（最好的葡萄种植地块）和边缘地区都有葡萄园。其产品常常以这两个地区生产的白兰地酒再勾兑其他白兰地酒而成。此外，该酒厂非常重视酒瓶的包装以赢得顾客欢迎。该公司的 Napoleon（拿破仑）产品采用大香槟区生产的原酒为主制成的，受到世界各地市场的好评。该公司的 VSOP 产品是针对亚洲顾客口味而设计的，采用边缘地区酿造的原酒为主，精心调配而成；而 XO 产品，自称由 170 余种贮存期在 50 年以上的各种白兰地酒勾兑而成。图 5-13 为拿破仑。

（4）库瓦西耶（Courvoisier）。以酿酒公司名命名。该公司创建于 1790 年。该公司在拿破仑一世在位时，由于献上自己公司酿制的优质白兰地而受到赞赏。在拿破仑三世时，它被指定为白兰地酒承办商。该公司酿制的三星产品是略带甘甜口味的优质白兰地酒。该公司的 VSOP 产品采用香槟区的葡萄为原料，得到市场的好评。其 XO 产品为公司的最高产品，在 1986 年国际葡萄酒和烈性酒大赛中，被选为世界第一优良白兰地。

图 5-14　轩尼诗

（5）轩尼诗（Hennessy）。以酿酒公司名命名。该公司创建于 1765 年。在拿破仑三世时，该公司已经使用能够证明白兰地酒级别的星号，目前，“轩尼诗”这个名字已经成为白兰地酒的代名词。轩尼诗家族经过 6 代人的努力，使它的产品质量不断提高，产品生产量不断扩大，已成为干邑地区最大的三家酿酒公司之一。该公司目前的产品有三星 VSOP 和 XO 等产品。如图 5-14 所示。

（6）御鹿（Hine）或海因。以酿酒公司名命名。该公司创建于 1763 年。由于该酿酒公司一直由英国的海因家族经营和管理。因此，1962 年被英国伊丽莎白女王指定为英国王室酒类承办商。在该公司的产品中，Antique（古董）是圆润可口的陈酿；Triomphe（多利翁芙）产品采用香槟区葡萄为原料，是具有高雅口味和微妙香气的极品；而 Reserve（珍品）采用海因家族秘藏的古酒制成，并且有手写的编号。

（7）马爹利（Martell）。以酿酒公司名命名。该公司创建于 1715 年，一直由马爹利家族经营和管理，并获得“稀世罕见的美酒”之美誉。目前，该公司已成为施格兰公司的一员。该公司的三星产品使顾客领略到芬芳甘醇的美酒及大众化的价格。该公司的 VSOP 产品以 Medallion（奖项目）的别名问世，具有轻柔口感，是世界上酒迷喜爱的产品；Cordon Ruby（红带）是酿酒师们用各种香味俱全的白兰地酒混合而成的；Napoleon 产品被认为是白兰地酒中的极品；而 Corbon Blue（蓝带）品味圆润，气味芳香。

（8）人头马（Remy Martin）。以酿酒公司名命名。该公司创建于 1724 年，是著名的、具有悠久历史的酿酒公司。由于该公司的产品选用大小香槟区的葡萄为原料，以传统的小蒸馏器进行蒸馏，品质优秀，因此，被法国政府冠以特别荣誉名称“Fine Champagne Cognac”（特优香槟区干邑）。该公司 Napoleon（拿破仑）产品不是以白兰地酒级别出现的，酒味刚强；人头马则卓越非凡、口感轻柔、口味丰富，采用 6 年以上的陈酒混合而成；人头马俱乐部有着淡雅和清香的味道；XO 具有浓郁芬芳的特点。

（二）其他地区的白兰地及其品牌

1. 阿玛邑

阿玛邑（Armagnac），又译为阿马尼亚克、雅文邑，位于法国西南的热尔省（Gers），它不如干邑那么出名，但生产的白兰地都是世界优秀酒品。

阿玛邑白兰地色泽呈琥珀色，发黑发亮，酒香浓郁，回味悠长，酒度为 43 度。著名的品牌如下：

（1）夏博（Chabot）。产自阿玛邑地区的法国著名的白兰地酒。目前在阿玛邑白兰地酒当中，夏博的销量始终居于首位。

（2）圣维凡（Saint-Vivant）。以酿酒公司名命名。公司创建于 1947 年，生产规模在阿玛邑地区居第四位。该酒酒瓶较为与众不同，因设计采用 16 世纪左右吹玻璃的独特造型而著名，瓶颈呈倾斜状，在各种酒瓶中显得非常特殊。

（3）索法尔（Sauval）。以酿酒公司名命名。该产品以著名的白兰地酒生产区泰那雷斯生产的原酒制成，品质优秀，其中拿破仑级产品混合了 5 年以上的原酒，属于该公司的高级产品。

（4）库沙达（Caussade）。商标全名为 Marquis de Caussade，因其酒瓶上绘有蓝色蝴蝶图案，故又名蓝蝶阿玛邑。该酒的分类等级除了陈酿（VSOP）和特酿（XO）以外，还以酒龄划分为库沙达 12 年、17 年、21 年和 30 年等多个种类。

（5）卡尔波尼（Carbonel）。由位于阿玛邑地区诺卡罗城的 CGA 公司出品该酒于 1884 年以瓶装酒的形式开始上市销售。一般的阿玛邑只经过一次蒸馏出酒，而该酒则采取两次蒸馏，因此该酒的口味较为细腻、丰富。

（6）卡斯塔奴（Castagnon）。又称骑士阿玛邑，是卡尔波尼的姊妹品，也是由位于阿玛邑地区诺卡罗城的 CGA 公司出品的。卡斯塔奴采用阿玛邑各地区的原酒混合配制而成，分水晶瓶特酿、黑骑士、白骑士等多个品种。

2. 法国白兰地

除干邑和阿玛邑以外的任何法国葡萄蒸馏酒，都统称为法国白兰地（French Brandy）。其价格比较低廉，质量不错，外包装亦很讲究，在市场上颇具竞争力。近年来，这种普通法国白兰地对干邑的销售量有较大影响。法国普通白兰地一般放在橡木桶内陈酿 2~3 年就装瓶出售了。较好的品牌如下：

巴蒂尼（Bardinet）是法国产销量最大的法国白兰地，同时也是世界各地免税商店销量较多的法国白兰地之一，其品牌创立于 1857 年。

另外，还有喜都（Choteau）、克里耶尔（Courriere）等，以及在我国酒吧常见的富豪、大将军等法国白兰地。

3. 苹果白兰地

苹果白兰地（Apple Brandy）是将苹果发酵后压榨出苹果汁，再加以蒸馏而酿制成的一种水果白兰地酒。它的主要产地在法国的北部和英国、美国等世界许多苹果生产地。美国生产的苹果白兰地酒液被称为“Apple Jack”，需要在橡木桶中陈酿 5 年才能销售。加拿大称为“Pomal”，德国称为“Apfelschnapps”。

世界最为著名的苹果白兰地酒是法国诺曼底的卡尔瓦多斯生产的，被称为“Calvados”。该酒色泽呈琥珀色，光泽明亮发黄，酒香清芬，果香浓郁，口味微甜，甜度为40~50度。一般法国生产的苹果白兰地酒，需要陈酿10年才能上市销售。

苹果白兰地的著名品牌包括布鲁耶城堡（Chateau Du Breuil）、布拉德（Boulard）、杜彭特（Dupont）、罗杰·古鲁特（Roger Groult）等。

4. 樱桃白兰地

樱桃白兰地（Kirschwasser）使用的主原料是樱桃，酿制时必须将其果蒂去掉，然后将果实压榨后加水使其发酵，再经过蒸馏、酿藏而成。它的主要产地在法国的阿尔萨斯（Alsace）、德国的黑林山（Schwarzwald）、瑞士和东欧等地区。

另外，在世界各地还有许多以其他水果为原料酿制而成的白兰地酒，只是在产量、销售量和名气上没有以上白兰地酒大而已，如李子白兰地酒、苹果渣白兰地酒等。

除以上白兰地外，质量较好的白兰地还有美国的克利斯丁兄弟（Christian）和吉尔德（Guild）、西班牙的卡罗斯（Carlos）、意大利的布顿（Buton）、德国的阿斯巴赫（Asbach）、葡萄牙的康梅达（Cumenada）、加拿大的安大略（Ontario）小木桶和基尔德（Guild）白兰地。

三、白兰地的饮用及品尝方法

（一）白兰地的饮用方法

（1）净饮（纯饮）。将一盎司白兰地倒入白兰地杯中；饮用时，用手心温度将白兰地稍加温一下，让其香味挥发，一边欣赏其香气，一边饮用。

（2）加冰块饮用。将少量冰块放进白兰地酒杯，再倒入一盎司白兰地酒后饮用。

（3）与汽水或果汁混合饮用。将白兰地倒入高杯中，加冷藏过的汽水或果汁后饮用。

（二）白兰地酒的品尝程序

（1）观色。看白兰地的颜色：上乘的白兰地的颜色应呈金黄色，晶莹剔透，既灿烂又不娇艳；带有暗红色的白兰地质量较差，有些是加色素所致。

（2）闻香。法国干邑白兰地香味独特，素有“可喝的香水”美称。高质量的白兰地，其味道并不单一，应是丰富多彩、有层次的，其香味不断翻滚，经久不散。

（3）尝味。第一口不要喝得太多，让一小滴白兰地沿着舌头进入喉咙，通过舌头上不同的味感区感受醇香的酒味。第二口可多喝一些，感受那些温暖的、没有强烈刺激的、葡萄发酵后与橡木桶所形成的酒香味。

根据不同的场合要求，常采用白兰地专用杯（或称球形杯）及郁金香形杯。

白兰地酒杯是为了充分享用白兰地而特别设计的。“闻香”是享受白兰地的主要程序。酒杯窄口的设计就是让酒的香味尽量长时间地留在杯内，以供人慢慢享受。酒杯的大肚设计是为什么呢？白兰地的酒精含量为 40 度左右，散发较慢，大肚用来加热以利于酒香散发。为了充分享其酒香，喝酒时，可手掌托杯，以使温度传至酒中，将杯内的白兰地稍加温，易于香气散发，同时又要晃动酒杯，以扩大酒与空气的接触面，增加酒香味的散发。

问题二 威士忌是如何发明的？世界著名的威士忌品牌有哪些？

一、威士忌的起源与发展

威士忌（Whisky）是以大麦、黑麦、燕麦、小麦、玉米等谷物为原料，经发酵、蒸馏后放入橡木桶中陈酿、勾兑而成的一种酒精饮料。其颜色为褐色，酒精度通常为 40~43 度，最高可达 66 度。威士忌的主要生产国为英语国家。威士忌是世界最著名的酒品之一，也是谷物蒸馏酒中最重要的烈性酒。

“威士忌”一词，是古代居住在爱尔兰和苏格兰高地的凯尔特人的语言，古爱尔兰人称此酒为 Visage-Beatha，古苏格兰人称为 Visage Baugh，有“生命之水”之意。该词经过千年的变迁，才逐渐演变成 Whiskey。不同国家对威士忌的写法也有差异，爱尔兰和美国写为 Whiskey，而苏格兰和加拿大则写成 Whisky。

威士忌不仅酿造历史悠久、酿造工艺精良，而且产量大，市场销售旺，深受消费者的欢迎，是世界最著名的蒸馏酒品之一，同时也是酒吧单杯纯饮销售量较多的酒水品种之一。目前，苏格兰威士忌是世界上最畅销的谷物蒸馏酒。

早在 12 世纪，爱尔兰岛上已有一种以大麦作为基本原料生产的蒸馏酒，其蒸馏方法是从西班牙传入爱尔兰的。这种酒含芳香物质，具有一定的医药功能。1171 年，英国国王亨利二世（Henry Ⅱ，1133—1189）在位，举兵入侵爱尔兰，并将这种酒的酿造法带到了苏格兰。

1494 年的苏格兰文献《财政簿册》上，曾记载过苏格兰人蒸馏威士忌的历史。19 世纪，英国连续式蒸馏器的出现，使苏格兰威士忌进入商业化的生产。

1700 年以后，居住在美国宾夕法尼亚州和马里兰州的爱尔兰和苏格兰移民，开始在那里建立起家庭式的酿酒作坊，从事蒸馏威士忌酒。随着美国人向西迁移，1789 年，欧洲大陆移民来到了肯塔基州的波本镇（Bourbon County），开始蒸馏威士忌。这种后来被称为“肯塔基波本威士忌”（Kentucky Bourbon Whiskey）的威士忌，以其优异的质量和独特的风格成为美国威士忌的代名词。

欧洲移民把蒸馏技术带到了美国，同时也传到了加拿大。1857 年，家庭式的施格兰（Seagram）酿酒作坊在加拿大安大略省建立，从事威士忌的生产。1920 年，山姆 · 布朗夫曼（Samuel Bronfman）接掌施格兰的业务，创建了施格兰酒厂（House of Seagram）。他利用当地丰富的谷物原料及柔和的淡水资源，生产出优质的威士忌，产品行销世界各地。如今，加拿大威士忌以其酒体轻盈的特点，成为世界上配制混合酒的重要基酒。

19 世纪下半叶，日本受西方蒸馏酒工艺的影响，开始进口原料酒进行威士忌调配。1933 年，日本三得利（Suntory）公司的创始人乌井信治郎在京都郊外的山崎县建立了第一座生产麦芽威士忌的工厂。从那时候起，日本威士忌逐渐发展起来，并成为国内大宗的饮品之一。

二、威士忌的分类

威士忌分类方法很多：依照威士忌酒所用的原料，威士忌可分为纯麦威士忌、谷物威士忌；依照生产地，威士忌可分为苏格兰威士忌、爱尔兰威士忌、美国威士忌和加拿大威士忌。

纯麦威士忌是以在露天泥煤上烘烤的大麦芽为原料，用罐式蒸馏器蒸馏后，入特制木桶中陈酿，装瓶前用水稀释制成的威士忌。此酒烟熏味浓烈。陈酿 5 年以上的酒可以饮用，陈酿 7~8 年为成品酒，陈酿 15~20 年者为最优质酒，贮存 20 年以上的酒质量下降。由于纯麦威士忌味道过于浓烈，所以只有 10% 直接销售，约 90% 的酒作为勾兑混合威士忌用。

谷物威士忌是以多种谷物如荞麦、黑麦、大麦、小麦、玉米等作为原料，一次蒸馏而成的酒。谷物威士忌主要是以不发芽的大麦作主料，用麦芽作糖化剂生产的。它与其他威士忌酒的区别就在于，大部分大麦不发芽发酵，因此就不必用泥煤来烘烤，成酒后的泥炭香味也就少一些。谷物威士忌主要用于勾兑其他威士忌，很少在市场上零售。

混合威士忌是指用纯麦和各类威士忌掺兑勾和而成的威士忌。经过混合的威士忌，原有的麦芽味已经冲淡，嗅觉上更吸引人，很受欢迎，畅销世界各地。平时，如果人们提到威士忌，多半是指混合威士忌。

根据纯麦威士忌和谷物威士忌比例的多少，兑和后的威士忌有普通和高级之分。一般来说，纯麦威士忌用量在 50%~80% 者，为高级混合威士忌；如果各类威士忌所占比重大，即为普通威士忌。

三、世界著名的威士忌介绍

（一）苏格兰威士忌

苏格兰生产威士忌酒已有 500 多年的历史。苏格兰威士忌有独特的风格，色泽棕黄带红，清澈透明，气味焦香，带有一定的烟熏味，具有浓厚的苏格兰乡土气息，而且口感甘冽、醇厚、劲足、圆润、绵柔，是世界上最好的威士忌酒之一。苏格兰威士忌质量的衡量标准主要是嗅觉感受，即酒香气味。

苏格兰威士忌可分为纯麦威士忌、谷物威士忌和混合威士忌三种类型。目前，世界最流行、产量最大，也是品牌最多的便是混合威士忌。苏格兰混合威士忌的原料 60% 来自谷物威士忌，其余则加入麦芽威士忌。它的工艺特征是，使用当地的泥煤为燃料烘干麦芽，粉碎、蒸煮、糖化、发酵之后，再经壶式蒸馏器蒸馏，产生酒精含量为 70 度左右的无色威士忌，再装入内部烤焦的橡木桶内，贮藏上 5 年甚至更长一些时间。其中有很多品牌的威士忌酝藏期超过了 10 年。最后经勾兑混配后调制成酒精含量为 40 度左右的成品酒出厂。

在整个苏格兰有四个主要的威士忌酒产区：北部高地（Highland）、南部的低地

（Lowland）、西南部的坎贝尔敦（Campbeltown）和西部岛屿艾莱（Islay）。

北部高地产区约有近百家纯麦芽威士忌酒厂，占苏格兰酒厂总数的 70% 以上，是苏格兰最著名的威士忌酒生产区。该地区生产的纯麦芽威士忌酒酒体轻盈，酒味醇香。

南部低地约有 10 家纯麦芽威士忌酒厂。该地区是苏格兰第二个著名的威士忌酒的生产区。它除了生产麦芽威士忌酒外，还生产混合威士忌酒。

西南部的坎贝尔敦位于苏格兰南部，是苏格兰传统威士忌酒的生产区。

西部岛屿艾莱风景秀丽，位于大西洋中。艾莱岛在酿制威士忌酒方面有着悠久的历史，生产的威士忌酒有独特的味道和香气，其混合威士忌酒比较著名。

苏格兰威士忌主要名牌产品如下：

（1）格兰菲迪（Glenfiddich），又称鹿谷。1887 年开始在苏格兰高地地区创立蒸馏酒制造厂，是纯麦芽威士忌的典型代表。它的特点是，味道香浓而油腻，烟熏味浓重突出。品种有 8 年、10 年、12 年、18 年、21 年等。如图 5-15 所示。

图 5-15　格兰菲迪

（2）兰利斐（Glenlivet），又称格兰利菲特。该酒厂于 1824 年在苏格兰成立，是第一个政府登记的蒸馏酒生产厂，因此该酒也被称为“威士忌之父”。

（3）麦卡伦（Macallan）。苏格兰纯麦威士忌的主要品牌之一。由于在储存、酿造期间，完全只采用雪利酒橡木桶盛装，因此具有白兰地般的水果芬芳味道，被酿酒界人士评价为“苏格兰纯麦威士忌中的劳斯莱斯”。在陈酿分类上有 10 年、12 年、18 年以及 25 年等多个品种，以酒精含量分类有 40 度、43 度、57 度等多个品种。如图 5-16 所示。

（4）百龄坛（Ballantine’s）。创立于 1827 年，以产自苏格兰高地的 8 家酿酒厂的纯麦芽威士忌为主，再配以 42 种其他苏格兰麦芽威士忌，然后与自己公司生产酿制的谷物威士忌进行混合勾兑调制而成。百龄坛具有口感圆润、浓郁醇香的特点，是世界上最受欢迎的苏格兰兑和威士忌之一。产品有特醇、金玺、12 年、17 年、30 年等多个品种。如图 5-17 所示。

图 5-16　麦卡伦

图 5-17　百龄坛

（5）金铃（Bell's）。英国最受欢迎的品牌之一，创于 1825 年。其产品都是使用极具平衡感的纯麦芽威士忌为原酒勾兑而成的，产品有 Extra Special、Bell's Deluxe（12 年）、Bell's Decanter（20 年）、Bell's Royal Reserve（21 年）等级别。

图 5-18　芝华士

（6）芝华士（Chivas Regal）。创立于 1801 年。Chivas Regal 的意思是“Chivas 家族的王者”。1843 年，Chivas Regal 曾作为维多利亚女王的御用酒。产品有芝华士 12 年（Chivas Regal 12）、皇家礼炮（Royal Salute）两种规格。如图 5-18 所示。

（7）顺风（Cutty Sark）。诞生于 1923 年，是国际较畅销的苏格兰威士忌之一。为清淡型苏格兰混合威士忌，酒性较柔和。顺风采用苏格兰低地纯麦芽威士忌作为原酒与苏格兰高地纯麦芽威士忌勾兑调和而成。产品分为 Cutty Sark、Berry Sark（10 年）、Cutty（12 年）、St. James（圣詹姆斯）等。如图 5-19 所示。

（8）添宝 15 年（Dimple）。1989 年向世界推出的苏格兰混合威士忌，具有金丝的独特瓶型和散发着酿藏 15 年的醇香，独具一格，深受上层人士的喜爱。

（9）格兰特（Grant's）。为苏格兰纯麦芽威士忌格兰菲迪（Glenfiddich）的姊妹酒。格兰特威士忌酒给人的感觉是，爽快和具有男性化的辣味，因此在世界具有较高的知名度。其标准品为 Standfast（意为其创始人威廉姆·格兰特常说的一句话“你奋起吧”），另外还有 Grant's Centenary 以及 Grant's Royal（12 年陈酿）和 Grant's 21（格兰特 21 年极品威士忌）等多个品种。如图 5-20 所示。

（10）海格（Haig）。为苏格兰酿制威士忌酒的老店，具有比较高的知名度，其产品有标准品 Haig 和 Pinch（12 年陈豪华酒）等。

（11）珍宝（J & B）。始创于 1749 年，取名于该公司英文名称的字母缩写。属于清淡型混合威士忌酒。该酒采用 42 种不同的麦芽威士忌与谷物威士忌混合勾兑而成，且 80% 以上的麦芽威士忌产自苏格兰著名的 Speyside 地区。珍宝是目前世界上销量比较大的苏格兰威士忌酒之一。如图 5-21 所示。

图 5-19　顺风

图 5-20　格兰特

图 5-21　珍宝

（12）约翰尼·沃克（Johnnie Walker）。为苏格兰威士忌的代表酒。以产自苏格兰高地的40余种麦芽威士忌为原酒，再混合谷物威士忌勾兑调配而成。Johnnie Walker Red Label（红方或红标）是其标准品，在世界范围内销量都很大；Johnnie Walker Black Label（黑方或黑标）是采用12年陈酿麦芽威士忌调配而成的高级品，具有圆润可口的风味。Johnnie Walker Blue Label（蓝方或蓝标）是约翰尼·沃克威士忌酒系列中的顶级醇醪。Johnnie Walker Gold Label（金方或金标）陈酿18年的系列酒、Johnnie Walker Swing Superior（尊豪）是威士忌系列酒中的极品，选用45种以上的高级麦芽威士忌混合调制而成，口感圆润，喉韵清醇；酒瓶采用不倒翁设计式样，非常独特。Johnnie Walker Premier（尊爵）属极品级苏格兰威士忌酒，酒质馥郁醇厚，特别适合亚洲人的饮食口味。图5-22为红方，图5-23为黑方。

图5-22 红方

图5-23 黑方

（13）帕斯波特（Passport）。帕斯波特又称护照威士忌，是由威廉·隆格摩尔公司于1968年推出的具有现代气息的清淡型威士忌酒。该酒具有明亮轻盈、口感圆润的特点，非常受年轻人的欢迎。

（14）威雀（The Famous Grouse）。由创立于1800年的马修·克拉克公司出品。Famous Grouse属于其标准产品，还有Famous Grouse 15（15年陈酿）和Famous Grouse 21（21年陈酿）等。

此外，比较著名的苏格兰混合威士忌酒还有克雷蒙（Claymore）、笛沃（Dewar）、登喜路（Dunhill）、高原骑士（Highland Park）、苏格兰王（King of Scots）、老帕尔（Old Parr）、珍品（Something Special）、泰普罗斯（Taplows）、白马（White Horse）、威廉·罗森（William Lawson's）等。

（二）爱尔兰威士忌

爱尔兰威士忌原产爱尔兰。原料除大麦芽外，还掺入了20%左右的小麦和黑麦等。贮存期一般7年，酒度为40度。酒液中没有烟熏味，口味绵柔，适用于制作混合酒或与其他饮料共饮。

爱尔兰威士忌因其原料不用泥煤烘烤，所以没有焦香味，成熟度较高，风靡世界的爱尔兰咖啡就是以此作基酒调配的。

爱尔兰威士忌著名的酒品如下：

图 5-24　约翰·詹姆森

（1）约翰·詹姆森（John Jameson）。1780 年创立于爱尔兰都柏林，是爱尔兰威士忌的代表。标准品口感平润并带有清爽的风味，是世界各地的酒吧常备酒品之一；“Jameson 1780 12 年”威士忌口感十足、甘醇芬芳，是极受人们欢迎的爱尔兰威士忌名酒。如图 5-24 所示。

（2）布什米尔（Bushmills）。该酒以酒厂名命名，创立于 1784年。该酒以精选大麦制成，生产工艺复杂，有独特的香味，酒精度为 43 度。分为 Bushmills、Black Bush、Bushmills Malt（10 年）三个级别。

（3）特拉莫尔露（Tullamore Dew）。该酒以酒厂名命名，创立于 1829 年，酒精度为 43 度。其标签上描绘的狗代表着牧羊犬，是爱尔兰的象征。

（三）美国威士忌

美国威士忌称为波本威士忌。波本（Bourbon）是位于美国肯塔基州内的一个县城。该地是美国最先使用玉米做原料酿造出威士忌的地方。最早的波本威士忌产于什么时候说法不一，有的说是 1777 年，也有的说是 1789 年。当年的苏格兰人和爱尔兰人移居到美洲东海岸，按照家乡的传统做法，用小麦来酿造威士忌。随着时间的推移，移居亦不断地向美洲内陆推进。当他们移居到波本县时，移居者发觉在这里更易种植的是其他一些谷类，先是黑麦，后来是玉米。由此，用玉米酿造的威士忌“波本”便逐渐产生。虽然今天的波本威士忌的产地已扩大到马里兰州、印第安纳州、伊利诺伊州等地，可一半以上的波本威士忌仍然产于肯塔基州。

波本威士忌酒精含量为 40%~50%，必须选用至少 51% 的玉米作为原料酿制而成。事实上，大多数的酒商采用 60% 或者 80% 的玉米作原料，其余的部分用黑麦和小麦。波本威士忌采用连续蒸馏两次的方法酿造而成，必须在新制的烘烤过的白橡木桶内蕴藏两年以上。所有的产品均在保温仓库里蕴藏和装瓶。

波本威士忌的口味与苏格兰威士忌有很大的区别。由于波本被蕴藏于烘烤过的橡木桶内，使其产生一种独特的丰富香味。

目前，美国是世界上最大的威士忌生产国和消费国。美国成年人平均每人每年饮用 16 瓶威士忌，这的确是个惊人的数字。

美国威士忌分为波本威士忌、黑麦威士忌、混合威士忌，其中以波本威士忌最为著名。

美国威士忌的名品如下：

（1）吉姆·比姆（Jim Beam），又称占边。创立于 1795 年的吉姆·比姆（Jim Beam）公司，生产具有代表性的波本威士忌。该酒以发酵过的裸麦、大麦芽、碎玉米为原料蒸馏而成，具有圆润可口、香味四溢的特点。分为普通（酒度为 40.3 度）、精选（酒度为 43 度）和经过长期陈酿的豪华产品。如图 5–25 所示。

（2）杰克·丹尼（Jack Daniel）。该酒厂位于田纳西州的林奇堡，是美国最古老的注册酒厂。杰克·丹尼的原料是最上等的玉米、黑麦及麦芽等全天然谷物，配合高山泉水酿制，不含人造成分。制作方法采用独特的枫木过滤方法，用新烧制的美国白橡木桶储存，让酒质散发天然独特的馥郁芬芳。如图 5–26 所示。

图 5–25 吉姆·比姆

图 5–26 杰克·丹尼

杰克·丹尼作为世界知名的酒类品牌，曾达到全美销量第一、全球销量第四，多年来位居美国威士忌销量冠军。

（3）四玫瑰（Four Roses）。创立于 1888 年，容量为 710 毫升 / 瓶，酒度 43 度。黄牌四玫瑰酒味道温和、气味芳香，黑牌四玫瑰味道香甜、浓厚，普拉其那则口感柔和、气味芬芳、香甜。

（4）施格兰王冠（Seagram’s Crown）。这是由施格兰公司于 1934 年首次推向市场的口味十足的美国黑麦威士忌。

此外，老祖父（Old Grand Dad）、野火鸡（Wild Turkey）等也较有名气。

（四）加拿大威士忌

加拿大威士忌酒有 200 多年的历史，著名产品是稞麦（黑麦）威士忌和以黑麦、玉米和大麦为主要原料混合酿制的混合威士忌。稞麦（黑麦）威士忌以稞麦（黑麦）为主要原料（占 51% 以上），再配以大麦芽及其他谷类，经发酵、蒸馏、勾兑等工艺，并在橡木桶中陈酿至少 3 年（一般达到 4~6 年），才能出品。该酒细腻，酒体轻盈淡雅，酒度 40 度以上，特别适宜作为混合酒使用。加拿大威士忌在原料、酿造方法及酒体风格等方面，与美国威士忌比较相似。加拿大威士忌气味清爽，口味温和，不少北美人士都喜爱这种酒。

图 5-27　加拿大俱乐部

加拿大威士忌著名的品牌如下：

（1）皇冠（Crown Royal）。加拿大威士忌的超级品，以酒厂名命名。由于 1936 年英国国王乔治六世访问加拿大时饮用过这种酒，因此而得名，酒度为 40 度。

（2）施格兰特酿（Seagram's VO）。该酒以酒厂名命名。施格兰原为一个家族，该家族热心于制作威士忌，后来成立酒厂并以施格兰命名。该酒以稞麦和玉米为原料，贮存 6 年以上，经勾兑而成，酒度为 40 度，口味清淡而且平稳顺畅。

此外，还有著名的加拿大俱乐部（Canadian Club）、韦勒维特（Velvt）、卡林顿（Carrington）、怀瑟斯（Wiser's）、加拿大 OFC（Canadian OFC）等产品。图 5-27 为加拿大俱乐部。

四、威士忌常用的饮用方法

威士忌常用的饮用方法有以下三种：

（1）净饮（纯饮）。将威士忌直接倒入威士忌杯中饮用。在酒吧服务中，常以一盎司为一个销售单位（1 份）进行销售。

（2）加冰块饮用。先在老式杯中放 4~5 块冰块，然后将威士忌倒入老式杯中饮用。

（3）威士忌兑饮。威士忌可以作调制鸡尾酒的基酒，如威士忌酸、曼哈顿等著名的鸡尾酒就是用它作基酒调制的。

（4）威士忌兑水。所兑的水可以是冰水或汽水可乐。兑苏格兰苏打，即苏格兰威士忌兑苏打水饮用；方法是：在冷饮杯中，先放入 2~3 块小冰块，再加入定量的威士忌和八分满的苏打水，以柠檬饰杯，插入吸管饮用。

问题三　伏特加是如何发明的？著名产地及品牌有哪些？又是如何饮用及服务的？

伏特加（Vodka）在俄语中有“水酒”之意。它起源于俄罗斯，通常用马铃薯或多种谷物作原料，经发酵、蒸馏过滤而成。其酒精成分较高，标准酒度一般为 50 度，也有的酒度高达 90 度以上。伏特加是一种烈性酒，不需贮存即可出售，在俄罗斯、东欧、北欧国家十分流行。

（一）伏特加的起源与发展

传说 12 世纪时，最爱饮酒的俄国沙皇下了一道命令：所有大臣都要努力为他制造一种长生不老的饮料。为此，一位叫基斯科夫的宫廷酿酒师经过一番设计后，酿制出一种以稞麦为原料、啤酒和蜂蜜酒一起蒸馏而成的“五色黄金不老”饮料，它就是现在伏特加的原型。之后玉米、土豆等农作物引进俄国，陆续成为酿酒的新原料。

18 世纪，小酒保出身的史密诺夫发明了用白桦木炭过滤伏特加原酒的方法，使得酿出的酒更加纯净、透明。1818 年，宝狮伏特加（Pierre Smirnoff Fils）酒厂就在莫斯科建成。1917年，十月革命后，它仍是一个家族的企业。1930年，伏特加的配方被带到美国，美国也建起了宝狮（Smirnoff）酒厂，所产酒的酒精度很高，在最后过程中用一种特殊的木炭过滤，以求取得伏特加酒味纯净。随着这种饮品在市场上的销售，热衷鸡尾酒的美国人发现，以伏特加为基酒所调配的"血玛丽（Bloody Mary）""螺丝刀（Screwdriver）"等混合酒，口味很好，富有特色。因此，伏特加在美国逐渐盛行起来。据统计，到1975年，伏特加在美国市场上的销售量已居各种烈性酒的首位，成为第一种在美国本土上销售量超过波本威士忌的烈性酒。当时，在美国销售的各国伏特加品牌已达200多种。

（二）伏特加的特点

伏特加是以多种谷物（马铃薯、玉米）为原料，用重复蒸馏、精炼过滤的方法除去酒精中所含毒素和其他异物的一种纯净的高酒精浓度的饮料。无色无味，没有明显的特性，但很提神。口味烈，劲大刺鼻，与软饮料混合使之变得甘冽，与烈性酒混合使之变得更烈。由于酒中所含杂质极少，口感纯净，并且可以以任何浓度与其他饮料混合饮用，所以经常用作鸡尾酒的基酒。

（三）世界著名的伏特加产地及品牌

1. 俄罗斯伏特加

俄罗斯伏特加最初用大麦为原料，以后逐渐改用含淀粉的马铃薯和玉米，制造酒醪和蒸馏原酒并无特殊之处，只是过滤时将精馏而得的原酒，注入白桦活性炭过滤槽中，经缓慢的过滤程序，使精馏液与活性炭分子充分接触而净化，将所有原酒中所含的油类、酸类、醛类、酯类及其他微量元素除去，得到非常纯净的伏特加。

俄罗斯伏特加酒液透明，除酒香外，几乎没有其他香味，口味凶烈，劲大冲鼻，火一般刺激。名品有：波士伏特加（Bolskaya）、苏联红牌（Stolichnaya）、苏联绿牌（Moskovskaya）、柠檬那亚（Limonnaya）、斯大卡（Starka）、朱波罗夫卡（Zubrovka）、俄国卡亚（Kusskaya）、哥丽尔卡（Gorilka）。图5-28为红牌，图5-29为绿牌。

2. 波兰伏特加

波兰伏特加的酿造工艺与俄罗斯相似，区别只是波兰人在酿造过程中，加入一些草卉、植物果实等调香原料，所以波兰伏特加比俄罗斯伏特加酒体丰富，更富韵味。名品有蓝牛（Blue Rison）、维波罗瓦（Wyborowa）红牌38、维波罗瓦（Wyborowa）蓝牌45、朱波罗卡（Zubrowka）。

3. 其他国家和地区的伏特加

除俄罗斯与波兰外，其他较著名的生产伏特加的国家和地区及品牌如下：

（1）英国。哥萨克（Cossack）、夫拉地法特（Viadivat）、皇室伏特加（Imperial）、西尔弗拉多（Silverad）。

（2）美国。宝狮伏特加（Smirnoff）、沙莫瓦（Samovar）、菲士曼伏特加（Fielshmann's Royal）。图5-30为宝狮伏特加。

图 5-28　红牌

图 5-29　绿牌

图 5-30　宝狮伏特加

（3）芬兰。芬兰地亚（Finlandia）。

（4）法国。卡林斯卡亚（Karinskaya）、弗劳斯卡亚（Voloskaya）。

（5）加拿大。西豪维特（Silhowltte）。

（四）伏特加的饮用方法与服务要求

标准用量为每位客人 42 毫升，用利口杯或用古典杯服侍，可作佐餐酒或餐后酒。

纯饮时，备一杯凉水，以常温服侍。快饮（干杯）是其主要饮用方式。许多人喜欢冰镇后干饮，仿佛冰融化于口中，进而转化成一股火焰般的清热。

伏特加作基酒来调制鸡尾酒，比较著名的有：黑俄罗斯（Black Russian）、螺丝刀（Screwdriver）、血玛丽（Bloody Mary）等。

问题四　金酒是如何发明的？著名产地及品牌有哪些？

金酒（Gin）有许多称谓：香港、广东地区称为毡酒，台北称为琴酒。金酒又因其含有特殊的杜松子味道，所以又被称为杜松子酒。

（一）金酒的起源与发展

据说金酒诞生于 17 世纪中叶，是由荷兰莱顿大学（Unversity of Leyden）的医学教授西尔维斯（Sylvius）首创的。最初是作为利尿、清热的药剂使用，不久人们发现这种利尿剂香气和谐、口味协调、醇和温雅、酒体洁净，具有净、爽的自然风格，很快就被人们作为正式的酒精饮料饮用。据说，1689 年流亡荷兰的威廉三世回到英国继承王位，于是杜松子酒传入英国，受到欢迎。到了英国女王安妮（Anne，1665—1714）时期，金酒已传遍苏格兰，并成为英国平民百姓的廉价酒品。

金酒进入美国后，初期并不受消费者喜欢，尤其是 20 世纪 20 年代开始的禁酒运动时期，美国人认为金酒似乎可以用任何东西来作为酿酒原料，其酿造的容器甚至可以是一个浴缸，因此，美国人称金酒为“浴缸金酒”（Bathtub Gin）。

由于金酒特有的杜松子香味，在调制鸡尾酒中起了重要的作用，因此得到了人们的青睐。爱好鸡尾酒的美国人终于发现了金酒的奥妙。随着鸡尾酒的流行，金酒制造业在欧美等国家得到了迅猛发展。现在金酒已成为酒吧、家庭必备的饮料，各国均生产金酒。

金酒的怡人香气主要来自具有利尿作用的杜松子。杜松子的加法有许多种。一般是将其包于纱布中，挂在蒸馏器出口部位。蒸酒时，其味便串于酒中。或者将杜松子浸于绝对中性的酒精中，一周后再回流复蒸，将其味蒸于酒中。有时还可以将杜松子压碎成小片状，加入酿酒原料中，进行糖化、发酵、蒸馏，以得其味。有的国家和酒厂配合其他香料来酿制金酒，如芫荽子、豆蔻、甘草、橙皮等。而准确的配方，厂家一向是严格保密的。

世界上以金酒作基酒调制出来的鸡尾酒有500多种，故有人称金酒为“鸡尾酒的心脏”。

（二）金酒的分类、世界著名金酒产地及品牌

世界上的金酒主要可分为两大类：荷兰式金酒和英国式金酒。

1. 荷兰式金酒

荷兰式金酒采用大麦、麦芽、玉米、稞麦等为原料，经糖化、发酵后，放入单式蒸馏酒器中蒸馏，然后再将杜松子果与其他的香草类加入蒸馏酒器中，重新用单式蒸馏酒器作二次蒸馏而成。这种方法制造出来的酒除香气浓郁外，还带有麦芽的香味，酒度52度左右。

金酒是荷兰的国酒，酒液无色透明，酒香与香料味突出，近乎怪异，个性强。因酒的口味过于甜浓，可以盖过任何饮料，所以只适宜单饮，不宜作调制鸡尾酒的基酒。

著名的金酒品牌有波士（Bols）、波马（Bokma）、汉克斯（Henkes）等。图5-31为波士。

2. 英国式金酒

英国式金酒以稞麦、玉米等为原料，经过糖化、发酵后，放入连续式蒸馏酒器中，蒸馏出酒度很高的玉米、稞麦酒精，然后加入杜松子和其他香料，重新放入单式蒸馏酒器中蒸馏而成。这种金酒既可以净饮，又可用作调酒。

较流行的品牌有哥顿（Gordon's）、比佛塔（Beefeater）、吉里贝（Gilibey's）等。图5-32为哥顿，图5-33为比佛塔。

图5-31　波士

图5-32　哥顿

图5-33　比佛塔

3. 其他国家的金酒

美式金酒（American Gin）因为在橡木桶中储存了一段时间，所以呈淡金黄色。美式金酒主要有蒸馏金酒（Distiled Gin）和混合金酒（Mixed Gin）两大类。通常情况下，美国的蒸馏金酒在瓶底部有“D”字，这是美国蒸馏金酒的特殊标志。混合金酒是用食用酒精和杜松子简单混合而成的，很少用于单饮，多用于调制鸡尾酒。

金酒的主要产地除荷兰、英国、美国以外，还有德国、法国、比利时等国家。比较常见和有名的金酒有：德国的辛肯哈根（Schinkenhager）、西利西特（Schlichte）、多享卡特（Doornkaat），比利时的布鲁克人（Bruggman）、菲利埃斯（Filliers）、弗兰斯（Fryns）、海特（Herte）、康坡（Kampe）、万达姆（Vanpamme），法国的克丽森（Claessens）、罗斯（Loos）、拉弗斯卡德（Lafoscade）等。

问题五　朗姆酒是如何发明的？著名产地及品牌有哪些？又是如何饮用的？

朗姆酒（Rum），又称为兰姆酒、糖酒、罗姆酒，是制糖业的一种副产品，它是用甘蔗汁或糖蜜经发酵、蒸馏，在橡木桶中储存3年以上而成的。其酿制流程如图5-34所示。

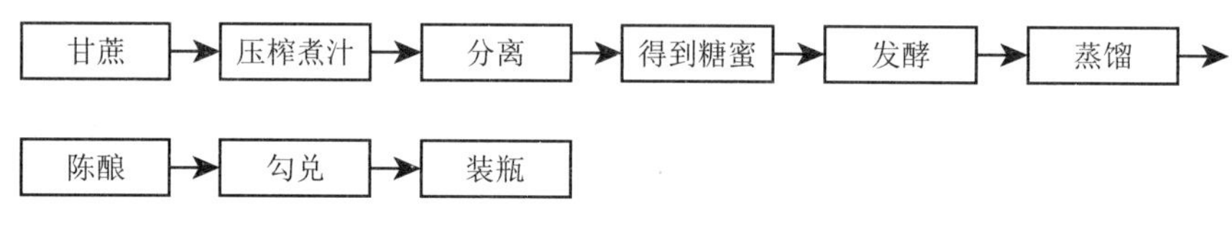

图5-34　朗姆酒的酿制工艺流程

因朗姆酒的原料为甘蔗，所以世界各地凡产甘蔗多的地区都生产朗姆酒，如西半球的西印度群岛，美国、墨西哥、古巴、牙买加、波多黎各、海地、多米尼加、特立尼达和多巴哥、圭亚那、巴西等国家。另外，非洲岛国马达加斯加也出产朗姆酒。其中，以质浓色深的牙买加朗姆酒和味淡色浅的古巴朗姆酒最为著名。朗姆酒是世界上消费量最大的酒品之一。

一、朗姆酒的起源及发展

16世纪，哥伦布发现新大陆后，在西印度群岛一带广泛种植甘蔗，榨取甘蔗制糖。在制糖时，剩下许多残渣，这种副产品称为糖蜜。人们把糖蜜、甘蔗汁在一起蒸馏，就形成新的蒸馏酒。但当时的酿造方法非常简单，酒质不好，只是种植园的奴隶们喝，而奴隶主们喝葡萄酒。后来蒸馏技术得到改进，把酒放在木桶里储存一段时间，酒就变得爽口了。17世纪，西印度群岛的欧洲移民开始以甘蔗为原料制造这种廉价的烈性酒，作为兴奋剂、万能药来饮用，这种酒即为现今朗姆酒的雏形。“Rum”一词，来自最早称呼这种酒的名称“Rumbullion”。

18世纪，随着世界航海技术的进步以及欧洲各国殖民地政策的推进，朗姆酒生产开始在世界各地兴起。据统计，到1775年止，北美洲人均年消费朗姆酒已达4加仑（约18.184升）。至今，朗姆酒仍然是英国海军的传统饮料，许多法国家庭主妇把朗姆酒作为厨房必备的调料酒。由于朗姆酒具有提高水果类饮品味道的功能，因此，朗姆酒亦成为调制混合酒的重要基酒。

二、朗姆酒的特点与分类

（一）特点

朗姆酒酒度一般为40~43度，少数酒品超过45度。朗姆酒是微黄、褐色的液体，具有细腻、甜润的口感，芬芳馥郁的酒精香味。大多数朗姆酒产于热带地区。其酒色越深，表示年份越久。

（二）分类

1. 按口味分类

（1）淡朗姆酒。无色，味道精致、清淡，是鸡尾酒基酒和勾兑其他饮料的原料。生产过程中，甘蔗糖只加酵母，发酵期短，塔式连续蒸馏，产出95%的原酒，贮存勾兑，形成浅黄色到金黄色的成品酒。以古巴朗姆酒为代表。

（2）中性朗姆酒。生产过程中，在糖蜜里加水使其发酵，然后仅取出浮在上面澄清的汁液蒸馏，陈化。出售前，用淡朗姆酒或浓朗姆酒勾兑至合适程度。

（3）浓朗姆酒。在生产过程中，首先将甘蔗糖澄清，再加入能产丁酸的细菌和产酒精的酵母菌，发酵10天以上，用壶式锅间歇蒸馏，得86%左右的无色原朗姆酒，在木桶中贮存多年后勾兑成金黄色或淡棕色的成品酒。

2. 按颜色分类

（1）白朗姆酒。无色或淡色，又叫银朗姆酒（Silver Rum）。制造时，将入桶陈化的原酒经过活性炭过滤，除去杂味。

（2）金朗姆酒（Golden Rum）。介于白朗姆酒和黑朗姆酒之间的酒，通常用两种酒混合。

（3）黑朗姆酒（Dark Rum）。实际是浓朗姆酒。浓褐色，多产自牙买加，通常用于制作点心。

三、世界著名的朗姆酒品牌

1. 百加得

百加得（Bacardi），是由西班牙移民白卡迪（Bacardi）于1862年在古巴创立的。该品牌最早将刺激性强的朗姆酒转变为纯净爽口的淡质朗姆酒（Light Rum）。目前，该品牌朗姆酒的销售量排名世界第一位。具体又分为：金色百加得，酒精度数为40度；淡质百加得，酒精度数为44度；暗色百加得，酒精度数为40度三种。如图5-35所示。

2. 美亚森

美亚森（Myers），又称美雅士，是牙买加出产的著名暗色老朗姆酒。该酒在牙买加经过蒸馏后，装桶运到英国进行 8 年的陈酿后才装瓶销售。美亚森芬芳甘醇、气味诱人，除供饮用外，还经常被用来制作糕点。酒精度数为 40 度。如图 5-36 所示。

图 5-35　百加得

图 5-36　美亚森

3. 奇峰

奇峰（Mount Gay）产自西印度群岛的巴巴多斯，始创于 1660 年。饮用该酒时，兑入苏打水或可乐风味更佳。酒精度数为 43 度，容量为 750 毫升 / 瓶。

另外，还有拉姆斯（Lambs）、哈瓦那俱乐部（Havana Club）、摩根船长（Captain Morgan）等名品。

四、朗姆酒的饮用方法

朗姆酒可以直接单独饮用，也可以与其他饮料混合成鸡尾酒，在晚餐时作为开胃酒来喝，也可以在晚餐后喝。在重要的宴会上，它是个极好的伴侣。

陈年浓朗姆酒可作为餐后酒纯饮，亦可加冰块。纯饮用利口酒杯，加冰块时用古典威士忌杯。

白色淡朗姆酒，如波多黎各的“百加得”，作调制混合酒的基酒。可兑果汁饮料、碳酸饮料，并加上冰块。金色淡朗姆酒可纯饮或加冰块。

朗姆酒与咖啡、可可或热带水果等原料配合，可以酿造出极好的利口酒（Liqueur）。

问题六　特基拉是如何发明的？著名产地及品牌有哪些？又是如何饮用及服务的？

特基拉（Tequila），又称特奇拉酒，产于墨西哥，是以墨西哥珍贵的植物龙舌兰为原料，经过发酵、蒸馏得到的烈性酒。龙舌兰属于仙人掌类，是一种怕寒的多肉花科植物，经过 10 年的栽培方能酿酒。

特基拉在制法上不同于其他蒸馏酒。龙舌兰经过10年的栽培后，在长满叶子的根部会形成大菠萝状茎块；将叶子全部切除，将含有甘甜汁液的茎块切割后，放入专用糖化锅内煮大约12小时；待糖化过程完成之后，将其榨汁注入发酵罐中，加入酵母和上次的部分发酵汁，有时为了补充糖分，还得加入适量的糖。发酵结束后，发酵汁除留下一部分作下一次发酵的配料之外，其余的在单式蒸馏器中蒸馏两次。第一次蒸馏后，将会获得一种酒精含量约25%的液体；而第二次蒸馏在经过去除首馏和尾馏的工序之后，将会获得一种酒精含量大约为55%的可直接饮用的烈性酒。虽然是经过了两次蒸馏，但最后获得的酒液，其酒精含量仍然比较低。因此，其中就含有很多原材料及发酵过程中所具备的许多成分，这些成分就使特基拉风味在特基拉酒中发挥得淋漓尽致。和伏特加酒一样，特基拉酒在完成了蒸馏工序之后，酒液要经过活性炭过滤以除去杂质。

一、特基拉的起源与发展

传说，18世纪中叶，墨西哥中部的哈利斯科州（Jalisco）阿奇塔略火山爆发。当大火过后，地面上到处是烧焦的龙舌兰，而在空气中则充满了一种怡人的香草香味。当地村民将烧焦的龙舌兰砸烂，发现里面竟流出一股巧克力色泽的汁液来，放入口中品尝后，才知道龙舌兰带有极好的甜味。于是墨西哥早期的西班牙移民就将龙舌兰通过压榨出汁，然后将汁液发酵、蒸馏，制造出无色透明的烈性酒。随后，酿造厂为了寻求上等的龙舌兰原料而来到特基拉镇（Tequila），从此以后特基拉镇成为特基拉酒最主要的产地。

1873年，特基拉酒以梅斯卡尔葡萄酒（Mescal Wine）的名字，从特基拉镇运到了美国的新墨西哥州（New Mexico），这是该酒第一次运出国境。1893年，它以梅斯卡尔白兰地酒（Mescal Brandy）的名义，参加了在芝加哥举行的世界博览会；1910年，它又以龙舌兰葡萄酒（Tequila Wine）的名义，参加了在圣安东尼（San Antonia）举行的酒类展览会，并且获得金奖。但是，直到玛格丽特（Margarita）鸡尾酒出现以后，特基拉酒才从墨西哥的当地名酒晋升为风靡世界的饮料，并在世界各地的酒吧中占有重要的席位。

二、特基拉的特点与分类

（一）特点

特基拉是一种富有个性的烈性酒。它不仅在酿造原料上独特，而且连它的酒瓶和商标设计亦体现了墨西哥当地的民族特色。特基拉酒呈浅琥珀色，香气奇异，口味凶烈，风格独特。酒精度38~44度，带有龙舌兰的独特芳香味。既可单饮，也可作调酒用。

（二）分类

1. 按原料的不同分类

可分为特基拉和麦日科两种：

（1）特基拉（Tequila）。墨西哥政府有明文规定，只有以特基拉镇周围的产区以及特帕蒂特兰（Tepatilan）周围的附属区所生产的特种龙舌兰为原料所制成的酒，才允许冠以特基拉（Tequila）之名出售，就像干邑白兰地必须是产自法国干邑地区。

特基拉酒的酒瓶上注有“DGN”或“NOM”的字样，表示经墨西哥政府酒类质量监控局核准。

（2）麦日科（Mezcal）。用特基拉地区及特帕蒂特兰附属产区以外的各种品种为原料，经发酵、蒸馏而成的酒统称为麦日科酒。该种类型的酒因所用的龙舌兰原料不如特基拉地区，所以酒质较劣。“麦日科”是早期西班牙人对龙舌兰所蒸馏的酒的称呼，这个名字已属于一般的酒业术语。

2. 按贮藏方式及成熟度分类

（1）白色特基拉。又称透明或银色特基拉，带有强烈的青草气味。

（2）金色特基拉。又称为 Tequila Reposado。蒸馏后放入桶中，贮藏成熟后呈金黄色。基本上金色特基拉酒必须放入木桶中 2 个月以上，才可以饮用。

（3）古老特基拉。Axejo 在西班牙语中有“古老”之意，其贮藏于木桶内超过 1 年以上，由于经长时间酝酿，其强烈的味道已冲淡，口感非常温和爽口，与白兰地非常相近。

3. 按颜色分类

可分成白色和金黄色两种：

（1）白色特基拉（White Tequila）。又称“银色特基拉”（Silver Tequila），是把制成的特基拉酒存在瓷制的酒缸内，一直保持无颜色。其酒体外观清亮、透明，加上酒瓶凹凸的表面，更显得银光闪亮。部分白色特基拉没经过贮存，即装瓶出售，酒质较粗劣。

（2）金黄色特基拉（Gold Tequila）。属陈年特基拉酒，是在旧橡木桶中贮存陈酿至少 1 年，但多数达 3 年或更长的时间，因而带有来自橡木桶的金黄色泽和甜润味道。此类酒柔顺醇和，酒香较浓。

三、世界著名的特基拉品牌介绍

1. 科尔沃

科尔沃（Cuervo），又称豪帅快活。公司创立于 1795 年。Cuervo 是西班牙语“乌鸦”的意思。该酒分为以下三种：

（1）Cuervo White，是不经酿藏、直接过滤装瓶销售的。此类酒酒精度数为 40 度，味道纯净。

（2）Cuervo Gold，是指在橡木桶中酿藏两年的酒。该酒味道浓厚，酒精度数也为 40 度。

（3）Cuervo 1800，是该公司的纪念酒，酒精度数为 38 度。

2. 卡米诺

卡米诺（Camino）是包装比较具有民族特色的特基拉酒。酒瓶造型采用墨西哥帽子作为瓶塞，瓶身以布披肩围着，宛如一个墨西哥人。酒精度数为 40 度。如图 5-37 所示。

图 5-37　卡米诺

3. 奥米加

奥米加（Olmeca）的命名起源于奥米加的土著文化。该酒分为无色特基拉和金色特基拉两种，酒精度数为 40 度。

另外，还有白金武士（Conquistador）、百灵崎（Palenque）、道梅科（Domeco）、斗牛士（El Toro）等众多品牌。图 5-38 为白金武士。

图 5-38　白金武士

四、特基拉的饮用方法与服务要求

一般特基拉酒都在常温下纯饮，尤其是陈年金黄色特基拉更是如此。可用利口酒杯或烈酒杯盛酒。

作为餐后酒时，特基拉可兑上冰块，用古典威士忌杯盛酒。

制作混合饮料时，特基拉可用来兑果汁饮料、碳酸饮料，并加上冰块。用容量较大的高身杯盛酒。

在墨西哥，传统的特基拉酒喝法十分特别，也颇需一番技巧。首先把盐和辣椒粉撒在手背虎口上，用拇指和食指握一小杯纯龙舌兰酒，再用无名指和中指夹一片柠檬片，迅速舔一口虎口上的盐和辣椒粉，接着把酒一饮而尽，再咬一口柠檬片，整个过程一气呵成，无论风味或是饮用技法，都堪称一绝。

任务三　熟悉外国配制酒

15 世纪，意大利已经成为生产配制酒的主要国家。1533 年，意大利美第奇家族出身的凯瑟琳（Catherine de Medici）远嫁给法国王储多芬（Dauphin）。在凯瑟琳的推崇下，意大利配制酒大行其道，并逐渐在法国流行起来。1749 年意大利人查世特尼（Justerini）应邀来到英国伦敦，建立了“J & B”（Justerini & Brooks）制造厂。之后，英国人才开始饮用并逐渐生产配制酒。随着欧洲配制酒的发展，其生产方法逐渐传到了世界各地。

配制酒种类庞杂，风格各异，较难分类。一般将配制酒划分为三大类：开胃酒（Aperitif）、甜食酒（Dessert Wine）、利口酒（Liqueur）。

问题一　开胃酒如何分类？其著名产地及品牌有哪些？

从广义上说，开胃酒是指能够增进食欲的餐前酒，如白兰地、香槟酒、威士忌、金酒、伏特加以及某些品种的葡萄酒和果酒。从狭义上说，开胃酒主要是指以酿制酒或蒸馏酒为酒基础，调入各种香料，并具有开胃功能的酒。现代开胃酒有三种重要类型：味美思（Vermouth）、比特酒（Bitters）、茴香酒（Anisette）。

一、味美思的分类及其世界著名品牌

“Vermouth”一词源自德语（Wermut），意为苦艾（Wormwood）。故味美思又被称为苦艾酒。我国音译为“味美思”，意指它因特殊的植物芳香而“味美”，因“味美”而被人们“思念”不已，译名真是妙极了。

味美思有悠久的历史。据说古希腊王公贵族为滋补健身，长生不老，用各种芳香植物调配开胃酒，饮后食欲大振。到了欧洲文艺复兴时期，意大利的都灵等地渐渐形成以“苦艾”为主要原料的加香葡萄酒，叫作“苦艾酒”，即味美思（Vermouth）。至今世界各国所生产的味美思，都是以苦艾为主要原料制作的。所以，人们普遍认为味美思起源于意大利。目前，味美思的著名产地是意大利和法国。

生产味美思的配方从来都是保密的。味美思的生产工艺要比一般的红、白葡萄酒复杂。它首先要生产出干白葡萄酒作原料。优质、高档的味美思，要选用酒体醇厚、口味浓郁的陈年干白葡萄酒，然后选取20多种芳香植物，或者把这些芳香植物直接放到干白葡萄酒中浸泡，或者把这些芳香植物的浸液调配到干白葡萄酒中去，再经过多次过滤和热处理、冷处理，经过半年左右的贮存，生产而成。

（一）味美思的分类

味美思的分类方法依据标准不同有许多种。一种是以产地不同划分，分为两种类型：意大利型味美思、法国型味美思。意大利型的味美思，以苦艾为主要调香原料，具有苦艾的特有芳香，香气强，稍带苦味；法国型的味美思，苦味突出，更具有刺激性。

常见的分类方法，是按颜色和含糖量来分类的，可分为以下四种：

（1）干性（Dry，意大利文Secco，法文Sec）味美思。含糖量4%以下，酒度为18度，色泽淡金黄绿色。

（2）白色（White，意Bianco，法Blanc）味美思。又译成“比安科”味美思，含糖量12%以下，属半甜型酒，酒度为16~18度，色泽淡金黄色。

（3）红色（Red，意Rosso，法Rouge）味美思。该酒加入焦糖调色，因此色泽棕红，有焦糖的风味，含糖量15%，酒度为18度。

（4）玫瑰红（Rose）味美思。该酒以红葡萄酒为酒基，调入香料配制而成。口味微苦带甜，酒度为16度，酒液呈玫瑰红。

（二）世界著名的味美思品牌

1. 马天尼和罗西

马天尼和罗西（Martini & Rosso）产自意大利，是世界著名的味美思酒。该品牌味美思酒种类齐全，是酒吧常备酒水品牌之一。如图5-39所示。

2. 仙山露

仙山露（Cinzano）出自意大利仙山露（Cinzano）公司，是世界著名的味美思酒。该公司创立于1754年，生产干、白、红三种类型的味美思。如图5-40所示。

3. 诺利·普拉

诺利·普拉（Noilly Prat），又称奈利·帕莱托味美思酒，由法国诺利（Noilly）公司生产。种类包括干、白、红三种类型。一般调配辣味马天尼时，使用诺利·普拉作为基酒。

图 5-39 马天尼和罗西

图 5-40 仙山露

4. 干霞

干霞（Gancia）是产自意大利的世界著名的味美思酒。

5. 香百丽

香百丽（Chambery）是法国生产的著名的味美思酒。

此外，还有意大利的卡帕诺（Carpano）、利凯多纳（Riccadonna），法国的杜瓦尔（Duval）等著名的味美思酒。

二、比特酒的分类及其世界著名品牌

比特酒，又称苦酒或必打士，是在葡萄酒或蒸馏酒中加入树皮、草根、香料及药材浸制而成的酒精饮料。该酒从古药酒演变而来，有滋补作用。配制比特酒的主酒是葡萄酒和食用酒精，用于调味的原料是带苦味的花卉和植物的茎、根、皮，如阿尔卑斯草、龙胆皮、苦橘皮、柠檬皮等。比特酒的酒度为 16~40 度。

比特酒品种很多，有清香型、浓香型，颜色有深有浅，还有不含酒精的比特酒。比特酒的共同特点是有苦味和药味。

较有名气的比特酒主要产自意大利、法国、古巴、荷兰、英国、德国、美国、匈牙利等国家。其中著名的比特酒产于法国、意大利。世界著名品牌如下：

（1）金巴丽（Campari）。产于意大利米兰，是由橘皮和其他草药配制而成的。酒液呈棕红色，药味浓郁，口感微苦（苦味来自金鸡纳霜），酒度为 26 度。如图 5-41 所示。

图 5-41 金巴丽

（2）西娜尔（Cynar）。产自意大利，是由蓟和其他草药浸泡于酒中制成的。蓟味浓，微苦，酒度为 17 度。

（3）菲奈特·布郎卡（Fernet Branca）。产于意大利米兰，是意大利最有名的比特酒。由多种草木、根茎植物为原料调配而成，味很苦，号称苦酒之王，但药用功效显著，尤其适用于醒酒和健

图 5-42　安高斯杜拉

胃。酒度为 40 度。

（4）苦彼功（Amer Picon）。产于法国，配制原料主要有金鸡纳霜、橘皮和其他多种草药。酒液酷似糖浆，以苦著称。饮用时只用少许，再掺和其他饮料共进。酒度为 21 度。

（5）苏士（Suze）。产于法国，配制原料是龙胆草的根块。酒液呈橘黄色，口味微苦、甘润。糖分 20%，酒度为 16 度。

（6）杜本内（Dubonnet）。产于法国巴黎，主要将金鸡纳皮浸于白葡萄酒，再配以其他草药而成。酒色深红，药香突出，苦中带甜，风格独特。有红、黄、干三种类型，以红杜宝内最出名。酒度为 16 度。

（7）安高斯杜拉（Angostura）。产于古巴特立尼达，以朗姆酒为酒基，以龙胆草为主要调制原料。酒液呈褐红色，药香悦人，口味微苦，但十分爽适。在拉美国家深受欢迎。酒度为 44 度。如图 5-42 所示。

三、茴香酒及其世界著名品牌

茴香酒是欧美国家比较流行的一种餐前开胃酒。该酒是以茴香为主要香料，再加上少量的其他配料如白芷根、柠檬皮等在蒸馏酒中浸制而成的一种酒精饮料。茴香里的茴香油中含有大量的苦艾素，浓度 45% 的酒精可以溶解茴香油。茴香酒有无色和有色之分，酒液光泽较好，茴香味浓郁，口感不同寻常，味重而有刺激，酒度为 25~30 度。世界著名的茴香酒品牌如下：

1. 潘诺

潘诺（Pernod）为法国出产的著名苦味酒，具有较强的兴奋作用。在鸡尾酒调制过程中，常用来作为调制开胃类鸡尾酒的材料。如图 5-43 所示。

2. 里卡德

里卡德（Ricard）是产于法国马赛的世界著名茴香酒，属于染色类茴香酒。如图 5-44 所示。

图 5-43　潘诺

图 5-44　里卡德

3. 白羊倌

白羊倌（Berger Blanc）是法国生产的名牌茴香酒。

问题二 甜食酒及其世界著名品牌有哪些？

甜食酒（Dessert Wine），一般是西餐用甜食时饮用的酒品。严格来说，甜食酒应该属于葡萄酒类的强化葡萄酒。它以葡萄酒为基酒，即在葡萄酒的发酵过程中，为了保留葡萄酒中所含的天然葡萄糖分，勾兑葡萄蒸馏酒（白兰地）来终止葡萄酒的发酵过程，从而酿制成的一种酒精含量较高的葡萄酒。甜食酒的酒精含量一般为15%~22%，几乎是一般葡萄酒酒精含量的一倍。较高的酒精度数，使得甜食酒在开瓶后仍能保存，因此，在国外一些餐馆、酒吧，常有此类存酒。甜食酒以西班牙和葡萄牙出产的最为著名，常见的品种有雪利（Sherry）、波特（Port）、马德拉（Madeira）、玛尔萨拉（Marsala）等。

（一）雪利酒及其世界著名品牌

雪利酒产于西班牙的加的斯，属于强化葡萄酒，用葡萄酒和白兰地兑和而成。

从制造方法上，分有淡色的菲奴（Fino）和浓色的欧罗索（Oloroso）两种。先把巴罗米诺葡萄（Palomino）制成干性葡萄酒，装入桶中七八成满，让酒液在桶中酝酿，葡萄酒的表面会繁殖出一层白膜——酒花（Flor）。如制造菲奴雪利酒，则添加15%以下的酒度的酒精，使白膜得以继续繁殖；如果制造欧罗索，则要添加16%以上的酒度的酒精，使白膜终止繁殖，使酒液的颜色加深。

雪利酒的陈化有一种独特的“索乐拉方式（Solera System）”。在陈化过程中，将酒桶叠成数层。每年的销售是从最下面那两层的酒中每桶取出1/3去销售，然后用最下面第二层的酒注满最底层的桶，第三层的又注满第二层，如此类推，这样保证了酒质的稳定和香醇。雪利酒在最后一道混合工序时，必须把酒度调至30度左右，陈酿时间长达15年左右。

菲奴（Fino）呈明亮的淡黄色，给人以清新之感；欧罗索（Oloroso）呈金黄棕红色，透明度极好，香气浓郁扑鼻，具有典型的核桃仁香味，越陈越香。

雪利酒的著名品牌有：天杯（Tiopepe）、潘马丁（Pemartin）、布里斯托（Bristol）等。

（二）波特酒及其世界著名品牌

波特酒，也称钵酒，是葡萄牙的国酒，产自位于葡萄牙多鲁杜罗河（Douro）地带的葡萄牙第二大城市波尔图（Porto），属于强化葡萄酒，用葡萄酒和白兰地兑和而成。

根据葡萄牙政府的政策，如果酿酒商想在自己的产品上写“波特”（Port）的名称，必须具备三个条件：第一，用多鲁罗河上游的上多鲁（Alto Douro）葡萄酒产区所种植的葡萄酿造；为了提高产品的酒度，所用来勾兑的白兰地也必须是这个地区的葡萄酿造的。第二，必须在多鲁罗河口的维拉·诺瓦·盖亚酒库（Vila Nova de Gaia）内陈化和贮存，并从对岸的波特港口运出。第三，产品的酒度为16.5度以上。如不符合三个条件中的任何一条，即使是在葡萄牙出产的葡萄酒，都不能冠以“波特酒”。

波特酒的制法是：先将葡萄捣烂，发酵，等糖分在10%左右时，添加白兰地酒终止发酵，但保持酒的甜度。经过二次剔除渣滓的工序后，运到维拉·诺瓦·盖亚酒库里陈化和贮存（一般的陈化要 2~10 年）。最后按配方混合调出不同类型的波特酒。

图 5-45　波特酒

波特酒酒味浓郁芬芳，在世界上享有很高的声誉。波特酒也以陈化时间长为佳，通常在商标纸上标有陈化年份。

波特酒大都为红葡萄酒，根据生产工艺的不同，有陈酿波特、酒垢波特、宝石红波特和茶色波特等，也有少量干白波特酒。干白波特酒适宜作开胃酒品，而茶色波特酒则宜在食用奶酪时饮用。

世界著名的波特酒品牌有：道斯（Dow's）、克罗夫特（Croft）、泰勒（Taylors）、西法（Silva）、方斯卡（Fonseca）、圣地门（Sandeman）等。图 5-45 为波特酒。

（三）马德拉酒及其世界著名品牌

图 5-46　马德拉酒

马德拉酒产于大西洋葡萄牙属马德拉岛上，是用当地产的葡萄酒和蒸馏酒为基酒勾兑而成的。酿造方法是：在发酵后的葡萄汁上，添加烈酒，然后放在 50℃的高温室（Estufa）中贮存数月，这时马德拉酒会呈现出淡黄、暗褐色，并散发出马德拉酒的特有香味。

马德拉酒酒色金黄，酒味香浓、醇厚、甘润，是一种优质的甜食酒。酒色从淡琥珀色到暗红褐色，味型从干型到甜型。它既是世界上优质的甜食酒，又是上好的开胃酒。酒精含量为 16~18 度。

马德拉酒的主要品牌有：马德拉酒（Madeira Wine）、鲍尔日（Borges）、巴贝王冠（Crown Barbeito）、利高克（Leacock）、法兰西（Franca）。图 5-46 为马德拉酒。

问题三　利口酒及其世界著名品牌有哪些？

（一）利口酒及其分类

利口酒（Liqueur），又称利乔酒或香甜酒，是一种以食用酒精和其他蒸馏酒为主酒，配以各种调香材料，并经过甜化处理的含酒精饮料。利口酒的酒度为 17~55 度。利口酒色泽娇艳、气味芳香，有较好的助消化作用，主要用作餐后酒或调制鸡尾酒。

Liqueur 是指欧洲国家出产的利口酒，美国产品通常称为 Cordial，而法国产品则称为克罗美（Creme）。

利口酒从其本身的产品特征上看，与我国现在的酒类行业划分的配制酒中的果露酒极为相近。其多以芳香及药用植物的根、茎、叶、果和果浆作为添加料，个别品种如蛋黄酒则选用鸡蛋作为添加料。利口酒在外观上呈现出包括红、黄、蓝、绿在内的纯正鲜艳的或复合的色彩。

利口酒按照配制时所用的调香材料，分为果实利口酒、药草利口酒和种子利口酒三种。

（二）世界著名的利口酒品牌

世界上利口酒有几千个品种，其中以法国和意大利的产品最有名。现仅将著名的、常见常用的部分品种或品牌介绍如下：

（1）荷兰蛋黄酒（Advocaat）。酒体蛋黄色、不透明，采用鸡蛋黄、芳香酒精或白兰地经特殊工艺制成，营养丰富，避光冷冻存放。产地是荷兰。如图 5-47 所示。

（2）意大利杏红利口酒（Amaretto）。这种酒是用杏仁（Almonds）和杏子（Apricot）为主要原料配制而成的。饮用时，可兑入冰激凌、咖啡。可以作为蛋糕、苹果派（Apple Pie）等甜点的调香料。

（3）杏子白兰地（Apricot Brandy）。采用新鲜杏子与法国干邑白兰地加工调制而成。酒体呈琥珀色，果香清新。产地是荷兰。如图 5-48 所示。

图 5-47 荷兰蛋黄酒

图 5-48 杏子白兰地

（4）茴香利口酒（Anisette）。这是最古老、最普遍的利口酒类之一。用茴香籽为主要香料，辅以柠檬皮，兑入蒸馏酒调制而成。属精制的餐后甜酒。茴香利口酒主要生产国集中在欧洲，其中以法国和意大利的产品最有名。

（5）法国本尼迪克特酒（Benedictine）。又称修士酒、当酒或泵酒，是最古老、最著名的利口酒类之一。它是用白兰地、蜂蜜及 20 多种草药精制而成的。酒液呈琥珀色，气味浓烈芳香，口味很甜，酒度为 40 度。如图 5-49 所示。

（6）法国修道院酒（Chartreuse）。1607 年产于法国格勒诺布尔（Grenoble）的卡尔特教团大修道院（Carthusian Monastery）内，至今仍由该修道院专门经营生产。该酒以白兰地为酒基，调入 130 多种草料配制而成。至今其配方仍高度保密。

（7）咖啡甜酒（Coffee Liqueur）。采用上等咖啡豆，经熬煮、过滤等工艺精酿而成。酒色如咖啡，芳香、浓郁。属餐后用酒。产地是荷兰。如图 5-50 所示。

图 5-49　法国本尼迪克特酒

图 5-50　咖啡甜酒

（8）君度酒（Cointreau）。又译成“冠特鲁酒”或“库安特洛酒”，商业习惯沿用香港的叫法为“君度”。该酒是一种橙皮酒，由法国和美国君度酒厂生产，是世界同类产品中最有名气的利口酒。该酒无色透明，橙皮香味突出，酒度为 40 度，适宜作为餐后酒或调制鸡尾酒用。如图 5-51 所示。

（9）薄荷利口酒（Crème de Menthe）。按色泽可分为红、绿、白等。糖度很高，浓稠，不宜直接饮用，可用于兑制鸡尾酒。

（10）可可甜酒（De Cacao）。采用上等可可豆及香兰果原料酿制，分棕、白两种颜色；棕色酒作为餐后酒，白色酒则制作西点用。产地是荷兰。如图 5-52 所示。

（11）金标利口酒（Drambuie）。原产于英国苏格兰，是世界上最著名的利口酒之一。用苏格兰威士忌为酒基，调入草药、蜂蜜配制而成。酒液呈浅金黄色，口味甜美醇正。酒度为 40 度。

（12）金万利（Grand Marnier）。这是法国生产的一种橘子利口酒，采用干邑地区生产的白兰地浸泡苦橙皮配制而成。酒液呈琥珀色，酒度为 34~40 度。

图 5-51　君度酒

图 5-52　可可甜酒

问题四　配制酒的饮用方法与服务要求分别是什么？

公元前 420 年前后，古希腊人希波克拉底（Hippocrates）首先利用葡萄酒为酒基，调入肉桂等香料，制成一种药酒。这就是最早配制酒的雏形。此后，欧洲各国修道院的僧侣竞相仿制这种饮料，作为治病或强身健体的“万能药”，并不断推陈出新，创制出各种配制酒品。

现在多数配制酒作为餐后酒饮用。药酒服用时机应以其药性功能及个人身体状况而定，滋补型药酒可在进餐、餐后或睡前适量饮用。

花类、果实类配制酒，可冰镇或加冰块后饮用，用利口酒杯盛酒。这类酒在我国多数单饮，很少用作调制鸡尾酒的调料酒。

滋补型配制酒，不宜存放太长的时间。

场景回顾

调制鸡尾酒的关键在于，要了解制作鸡尾酒所用的最重要的原料——外国酒的基本知识，掌握它们的酿制原料、制作工艺、口味特点、酒品分类、品牌常识和各类蒸馏酒的服务方法、饮用要求等。

项目小结

外国酒按制造方法可分为酿造酒、蒸馏酒和配制酒。目前，国际上最为流行的鸡尾酒，大多数都是以它们作基酒调制而成的，比如白兰地、威士忌、金酒、伏特加、朗姆酒、特基拉及各种利口酒。本项目详细介绍了外国各类酒的特点、分类、著名的代表品牌及其饮用方法和服务要求。学习本项目，对于成为合格的餐厅服务员或调酒师具有非常重要的意义。

思考与练习题

一、填空题

1. 酿造啤酒的主要原料有 __________、__________、__________、__________。

2. 法国最著名的葡萄酒产区是 __________、__________、__________ 三个地区。

3. 白兰地起源于法国 __________。

4. 特基拉酒产于 __________，是以 __________ 为原料，经过发酵、蒸馏得到的烈性酒。

5. 甜食酒以 __________ 和 __________ 出产的最为著名。

二、单项选择题

1. 被称为“液体面包”的是（　　）。

A. 啤酒　　B. 葡萄酒　　C. 黄酒　　D. 米酒

2. 按西餐餐饮搭配习惯分类，比特酒属于（　　）。

A. 餐前开胃酒　　B. 佐餐酒　　C. 甜食酒　　D. 餐后酒

3. 杜本内（Dubonnet）是一种（　　）。

A. 味美思　　B. 软饮料　　C. 葡萄酒　　D. 比特酒

4. 白兰地酒瓶标签上的 VSOP 表示该酒至少陈放了（　　）年。

A. 5　　B. 4　　C. 12~20　　D. 20~30

5. 伏特加酒源于俄罗斯，通常呈（　　）色。

A. 粉红　　B. 红　　C. 金黄　　D. 无

三、简答题

1. 请列举世界著名啤酒品牌（中英文）。

2. 请列举世界著名威士忌品牌（中英文）。

3. 特基拉的饮用方法与服务要求有哪些?

安排两节实操课程：任课老师教授学生品尝常用于调制鸡尾酒的基酒，让学生熟练掌握各类基酒的性质、特点及其酿制原料和产地。

项目六　软饮料服务知识与技能

项目学习目标

1. 熟悉乳饮料、矿泉水、碳酸饮料与果蔬饮料的分类；
2. 熟悉咖啡和可可的发展历史及其世界名品；
3. 熟悉咖啡的分类和可可的分布状况；
4. 掌握世界著名的咖啡品种和冲泡方法；
5. 熟悉咖啡、可可的功用。

任务场景

教师节快到了，某酒吧欲推出一系列以非酒精饮料为主料的鸡尾酒。酒吧主管王先生和实习生小陈负责这项工作，他们需要如何做呢？

软饮料，又称非酒精饮料，是指一种酒精浓度不超过 0.5%（容量比）的提神解渴饮料。绝大多数无酒精饮料不含有任何酒精成分，但也有极少数软饮料含有微量酒精成分，其作用也仅是调剂饮品的口味或改善饮品的风味而已。常见的软饮料有乳饮料、矿泉水、碳酸饮料与果蔬饮料及咖啡和可可。

任务一　熟悉乳饮料

乳饮料，是指以牛奶或奶制品为主要原料，经过消毒、杀菌等工艺处理后的一种饮料。乳饮料被人们称作完全营养食物，所含营养价值几乎能全部被人体消化吸收，并无废弃排泄物。牛奶含有丰富的蛋白质（含量约 3.1%）、脂肪（含量 3.4%~3.8%）、乳糖（含量约 4.7%）和人体所需的最主要的矿物质钙、磷以及维生素。牛奶还可制成不同风味的饮料，是人类最理想的天然饮品之一。

目前，市场上的牛奶饮品形形色色，光从名称上看就有纯牛奶、纯鲜牛奶、鲜牛奶、酸奶、风味牛奶、含乳饮料等。根据配料的不同，乳饮料可分为纯牛奶和含乳饮料两大类。

问题一　纯牛奶包括哪些品种?

（一）乳粉类

乳粉类产品是以乳为原料，经过巴氏杀菌、真空浓缩、喷雾干燥而制成的粉末状产品。乳粉类产品是一种常见的固体饮料，一般水分含量在4%以下。乳粉类产品常见的品种有：全脂乳粉、全脂和糖乳粉、脱脂乳粉、婴儿配方乳粉等。包装方式为真空袋装或铁听罐装两种。

（二）液态乳

液态乳，又称水奶，是以牛乳为原料，经标准化、均质、杀菌工艺，基本保持了牛乳原有风味和营养物质的乳饮料。液态乳根据杀菌工艺和包装特点分为巴氏消毒奶、保鲜奶、超高温灭菌乳、发酵乳等。包装方式为瓶装以及现在乳制品行业广泛采用的“利乐无菌包装”等。

（三）酸奶

酸奶是以新鲜牛乳为原料，添加适量的砂糖，经巴氏杀菌和冷却后，加入纯乳酸菌发酵剂，经保温发酵而制成的产品。由于酸奶是用纯牛奶发酵而成的，所以酸奶也属纯牛奶中液态奶的一种。

根据所有原料中脂肪的多少，酸奶可分为全脂酸奶、低脂酸奶、脱脂酸奶；按生产工艺，酸奶可分为凝固型酸奶、搅拌型酸奶；按含糖量的多少，可分为淡酸奶和甜酸奶。另外，还有果粒酸奶等。包装方式为瓶装、袋装以及现在乳制品行业广泛采用的“利乐无菌包装”等。

和新鲜牛奶相比，酸奶不但具有新鲜牛奶的全部营养成分，而且相比新鲜牛奶，还具有下列营养特点：

（1）能将牛奶中的乳糖和蛋白质分解，使人体更易消化和吸收；

（2）酸奶有促进胃液分泌、提高食欲、加强消化的功效；

（3）乳酸菌能减少某些致癌物质的产生，因而有防癌作用；

（4）能抑制肠道内腐败菌的繁殖，并减弱腐败菌在肠道内产生的毒素，防止衰老；

（5）有降低胆固醇的作用，特别适宜高血脂的人饮用；

（6）维护肠道菌群生态平衡，形成生物屏障，抑制有害菌对肠道的入侵；

（7）一方面通过产生大量的短链脂肪酸促进肠道蠕动，另一方面通过菌体大量生长改变渗透压，从而防止便秘；

（8）乳酸菌可以产生一些增强免疫功能的物质，可以提高人体免疫功能，防止疾病。

（四）冰激凌及其制品

冰激凌是以牛奶、奶油为主要原料，加入糖、食用香精、食用乳化稳定剂等，经过混合搅拌、杀菌、冷冻等工艺制成的一种美味可口的乳类冷饮。冰激凌营养价值极为丰富，有全脂、低脂、脱脂和各种果味冰激凌、夹心冰激凌、果仁冰激凌、蔬菜冰激凌等不同风味的品种，可一年四季享用。

优质的冰激凌应具有以下特点：感官色泽均匀一致，柔和自然；形态完整，组织细腻光滑，无冰结晶体；具有天然食品特有的颜色和香味，并带有浓浓的乳香；甜度适中，口感细腻，奶油味浓但不油腻。

目前流行的冰激凌制品有圣代、巴菲、奶昔等。

1. 圣代

圣代（Sunday），又称新地，始创于美国。传说，美国有一个州的州长认为星期日是休息日，于是逢星期日就禁止销售冰激凌。但是，星期日想买冰激凌的人很多，于是商贩就想出办法，把各种糖浆淋在冰激凌上，盖上一层切碎的新鲜水果粒，使冰激凌改头换面，以避免禁售，取名为圣代（Sunday 一词的音译）。圣代又分为英式圣代和法式圣代。现在我们称的圣代即英式圣代，是由冰激凌和压碎的水果、核桃仁或果汁等原料做成的冷冻饮品。

2. 巴菲

巴菲是法语 Parfait 的音译，是一种用糖浆或甜酒、冰激凌、鲜果、奶油做成的冰甜点。

3. 奶昔

奶昔（Milk Shake）是把冰激凌、奶油或鲜奶等加以搅拌，待起泡沫后，放入玻璃杯里的冷冻食品。奶昔具有清凉可口、香滑宜人的特点，是夏令消暑的佳品。

问题二　什么是含乳饮料？

含乳饮料是以新鲜的牛奶为主要原料，添加各种调味剂、食品添加剂等，经灭菌等工艺而制成的。含乳饮料允许加水制成，从配料表上可以看出，这种牛奶饮品的配料除了鲜牛奶以外，一般还有水、甜味剂、果味剂等，而水往往排在第一位（国家要求配料表的各种成分要按由高到低的顺序依次列出）。国家标准要求含乳饮料中牛奶的含量不得低于 30%，也就是说，水的含量不得高于 70%。因为含乳饮料不是纯奶做的，所以其营养价值不能与纯牛奶相比。这种奶制品与灭菌纯牛奶的不同处在于，由于添加了巧克力、草莓等，它既有奶的原味，又有巧克力、草莓等的味道。

含乳饮料可分为配制型含乳饮料和发酵型含乳饮料。配制型成品中蛋白质含量不低于 1% 的，称为乳饮料；发酵型成品中蛋白质含量不低于 0.7% 的，称为乳酸菌饮料。

乳酸菌饮料，主要是以鲜乳或乳粉、植物蛋白乳（粉）、果蔬汁或糖类为原料（有的添加食品添加剂与辅料），经杀菌、冷却、接种乳酸菌发酵剂、培养发酵、稀释而制成的活性饮料。含乳饮料中的营养成分含量仅有酸牛奶的 1/3 左右，并且很少含有活体乳酸菌。

任务二　熟悉矿泉水

水是人体液的主要成分，是人体机体代谢反应的基础，是生命之源。所以，科学饮水就显得格外重要。矿泉水以含有一定量的有益于人体健康的矿物质、微量元素或游离二氧化碳气体而区别于普通的地下水。人体需要矿物质，本身却不能制造矿物质，只有通过饮水、食物来获得，以维持人体正常的生理功能。矿泉水由于没有受到外来的污染，不含热量，且含有一定量的有益于人体健康的矿物质，所以是人类理想的保健饮料。

从 1868 年法国佩里埃公司生产第一瓶饮用天然矿泉水开始，矿泉水的商业化运营至今已有 140 多年的历史。到 20 世纪三四十年代，矿泉水的生产与消费已遍及欧洲各国。20 世纪 70 年代以后，又遍及美洲、亚洲各国，年平均增长速度达到了 10% 以上，大大超过了同期其他工业的发展速度。

瓶装矿泉水越来越受到人们的欢迎，法国、意大利是世界上最大的瓶装矿泉水生产国和消费国，同时也是世界最大的出口国。始建于 1905 年的青岛崂山矿泉水有限公司（原青岛汽水厂），是我国最早生产瓶装矿泉水的企业。

问题一　矿泉水可以分为哪些类型？

（一）按矿物质含量分

我们通常见到的矿泉水以矿物质含量大致可分为以下四种类型：

1. 重碳酸盐类矿泉水

阴离子以重碳酸盐为主，主要有重碳酸钠矿泉水、重碳酸钙矿泉水，以及它们的复合型矿泉水。

2. 碳酸矿泉水

矿泉水中含有大量的二氧化碳气体，饮之有特殊的碳酸饮料刺激性气味。

3. 医疗矿泉水

因为矿泉水中含有对某种疾病有特殊治疗成分的矿泉水，是天然合成“药水”。我国东北地区和西南地区的一些矿泉水具有特殊的医疗效果。

4. 特殊成分矿泉水

特殊成分矿泉水如铁矿泉水、硅矿泉水、锂矿泉水等。

（二）按国内外矿泉水的生产状况分

从国内外矿泉水的生产状况来看，矿泉水可分为天然和人造两大类。

1. 天然矿泉水

天然矿泉水（Natural Mineral Water），是指通过人工钻孔的方法引出的地下深层未受污染的水。这种矿泉水常以原产地命名，并在矿泉所在地直接生产包装。由于受产地地质结构和水文状况的影响，这种水在矿物质成分含量上差别很大，因此，它们的生物效应也不尽相同。

（1）不含气矿泉水。

目前最为流行的矿泉水。原矿泉水中不含有二氧化碳气体，只需将矿泉水用泵抽出，经沉淀、过滤，加入适量稳定剂后就可装瓶，以保证矿泉水中的有益成分不致损失。如原矿泉水中含有二氧化碳等气体，脱除气体，即为不含气矿泉水。

（2）含气矿泉水。

将天然矿泉水及所含的碳酸气一起用泵抽出，通过管道进入分离器，使水气分离。气体进入气柜进行加压。矿泉水自分离器底部流出，经泵打入储罐进行消毒处理，然后进入沉淀池除去杂质，再过滤到另一储缸。经过滤处理后的矿泉水，须加入柠檬酸、抗坏血酸等稳定剂，以保留矿泉水中适量的有益元素。

装瓶前，将过滤后的矿泉水导入气液混合器中与二氧化碳气体混合，最后装瓶。

2. 人造矿泉水

人造矿泉水，是指将优质泉水、地下水或井水用人工的方法经过滤、矿化、除菌等加工而成的水。人造矿泉水所含的成分可通过人为的选择来调整，并使其成分能保持相对稳定。

人工矿化有两种方法：一是直接强化法，即将优质天然泉水、井水或其他地下水进行杀菌和活性炭吸附，使之成为不含杂质、无菌、无异味的纯净水；然后加入含有特种成分的矿石和无机盐，经过一定时间的溶解矿化，再进行过滤；装瓶前以紫外线杀菌，最后装瓶。二是二氧化碳浸蚀法，即在一定的压力下使含二氧化碳的原料水与一定浓度的碱土金属盐相接触，使碱土金属盐中有关成分与含二氧化碳的原料水反应，生成碳酸氢盐于水中，使原水矿化；待达到预期矿化度时，经过滤、杀菌后，再行装瓶。人造矿泉水的生产可以不受地区及其他自然因素的影响，是矿泉水生产的趋势。

❓问题二 矿泉水有哪些保健作用?

矿泉水对人体有较明显的营养保健作用。以我国天然矿泉水含量达标较多的偏硅酸、锂、锶为例，这些元素具有与钙、镁相似的生物学作用，能促进骨骼和牙齿的生长发育，有利于骨骼钙化，防治骨质疏松，还能预防高血压，保护心脏，降低心脑血管的患病率和死亡率。因此，偏硅酸含量高低，是世界各国评价矿泉水质量最常用、最重要的界限指标之一。矿泉水中的锂和溴能调节中枢神经系统的活动，具有安定情绪和镇静作用。长期饮用矿泉水还能补充膳食中钙、镁、锌、硒、碘等营养素的不足，对于增强机体免疫功能，延缓衰老，预防肿瘤，防治高血压、痛风与风湿性疾病有着良好作用。此外，绝大多数矿泉水属微碱性，适合于人体内环境的生理特点，有利于维持正常的渗透压和酸碱平衡，促进人体的新陈代谢。

❓问题三 世界著名矿泉水品牌有哪些?

1. 阿波利纳斯

阿波利纳斯（Apollinaris），产自德国莱茵地区的著名瓶装矿泉水。该矿泉水含有天然的碳酸气体，具有较好的口感。

2. 依云

依云（Evian），又称埃维昂，产自法国，为重碳酸钙镁型矿泉水。依云矿泉水以纯净、无泡、略带甜味而著称于世。

3. 佩里埃

佩里埃（Perrier），又称巴黎水，是法国出产的高度碳酸型矿泉水，是世界最著名的矿泉水品牌之一。除直接饮用外，还适合与威士忌酒兑饮，甚至在法国的许多酒吧，俱乐部将其作为苏打水来使用。

4. 维特尔

维特尔（Vittel）是产自法国的无泡型矿泉水，属于重碳酸钙镁型矿泉水，略带咸味，是世界公认的最佳天然矿泉水。非常适合在就餐时饮用，冰镇口感更佳。

5. 维希

维希（Vichy）是法国著名的重碳酸钙镁型淡矿泉水。矿泉水略带咸味，口感上佳。该矿泉水以其医药价值而闻名全球，是世界著名的瓶装矿泉水品牌。

6. 圣培露

圣培露（San Pellegrino）是产自意大利的起泡型天然矿泉水。矿泉水富含有矿物质，口感甘洌而味美。

除了上述品种之外，世界著名的矿泉水品牌还有德国的德劳特沃（Gerolsteiner）、俄罗斯北高加索的纳尔赞（Narzan）、法国的康翠克斯（Contrex）、美国的山谷（Mountain Valley）以及中国的农夫山泉和昆仑山等。

问题四　其他饮用水有哪些类型？

随着人们的消费水平和生活质量的提高，人类对饮用水的质量和重视程度也日益提高，从过去传统饮用的井水、自来水、矿泉水到现在名类繁多的纯净水、蒸馏水、离子水以及活性水等，人们对饮用水的挑选范围进一步扩大，同时对饮用水的质量和健康要求也越来越高。

1. 纯净水

纯净水（Purified Water）是以符合生活饮用水卫生标准的水为原料，通过电渗析法、离子交换法、反渗透法、蒸馏法及其他适当的加工方法制得的，密封于容器中且不含任何添加物，可直接饮用的水。

大多数正规的纯净水生产厂家均采用反渗透法生产纯净水。反渗透是一种净化水的方法，即将水加压通过孔径为 0.0001 微米的反渗透膜，颗粒直径大于此孔径的各种离子、分子及颗粒物均被阻于膜的一侧，透过膜的即为纯净的反渗透水。此法可将水中的细菌、病毒等微生物除去，各种化合物、氯消毒副产物和其他有机物绝大部分被去除，故可生饮，口感较好。

2. 蒸馏水

蒸馏水（Distilled Water），是指将原水经过过滤、净化、软化和高温蒸馏使水汽化再冷凝制成的水。目前许多人认为，饮用太纯的水对身体不利，这实际上是没有太多科学依据的。有关人士研究认为，人在吃各种食物的时候体内已摄取到足够多的营养元素，饮水的作用只是补充体内的水分需要，已无必要过分强调添加其他微量元素，此时对饮水的最重要的要求是水质的纯与净。而蒸馏水经过蒸馏后可有效地将细菌、悬浮物等杂质去除，正好符合“纯与净”的标准。

3. 离子水

离子水（Ion Water）是将原水（自来水、地下水）经过净化装置过滤去除水中的余氯、铁锈等多种有机毒物和原水中的杂质，再经过矿化处理，使许多人体必需的矿物质及微量元素进入水中，而后进入电解槽进行电解，从而制成的水。电解时所有菌类均已被杀死，而带正电的矿物质则集于阴极成为碱性离子水，带负电的矿物质则集于阳极成为酸性离子水。供饮用的主要是碱性离子水，长期饮用具有降血脂、降血糖、抗疲劳及抗氧化的作用，而酸性离子水则具有漂白、杀菌、收敛和美容、洁肤的作用。

我国比较著名的饮用水品牌有：屈臣氏、娃哈哈、乐百氏、怡宝、百岁山、农夫山泉、康师傅等。另外，国际知名的雀巢公司也在国内许多地方设立了现代化的水厂。

任务三 熟悉碳酸饮料与果蔬饮料

问题一 什么是碳酸饮料？有哪些类型？著名品牌有哪些？

碳酸饮料是在经过纯化的饮用水中压入二氧化碳气体，并添加甜味剂和香料制成的一种饮料。因含有二氧化碳气体，所以在我国的许多地区又称之为“汽水”。这类饮料重要的质量特征是，具备其特有的甜度、酸感和二氧化碳的清凉口感。在制造过程中，要添加酸味剂、无机盐类，在低温、低压的条件下，充入二氧化碳气体，使二氧化碳气体溶于饮料之中。碳酸饮料除糖外，其他营养成分的含量很少或者就没有其他营养成分。因含二氧化碳，可助消化，并能促进体内热气排出，喝后有清凉、爽快的感觉，所以碳酸饮料具有清凉解暑的功能。

（一）碳酸饮料的分类

碳酸饮料按是否含有香料，分为含香料的碳酸饮料和不含香料的碳酸饮料。按其原料不同，分成可乐型碳酸饮料、果汁型碳酸饮料、果味型碳酸饮料和苏打水等几种类型。

1. 可乐型碳酸饮料

可乐型碳酸饮料是用可乐果（或其他类似辛香的果香混合香气）、柠檬酸、月桂、香精并以焦糖着色调制而成的一种含有咖啡因的碳酸饮料。世界著名的品牌有可口可乐和百事可乐。

2. 果汁型碳酸饮料

果汁型碳酸饮料，是指原果汁含量不低于 2.5% 的碳酸饮料，如橘汁汽水、菠萝汽水等。

3. 果味型碳酸饮料

果味型碳酸饮料，是指以食用香精为主要赋香剂，原果汁含量低于 2.5% 的碳酸饮料，如柠檬汽水等。名品有雪碧、七喜等。

4. 苏打水

苏打水，是指含有碳酸氢钠的弱碱性水。不含任何其他香味剂和糖分，可直接饮用，同时又是调制各种碳酸饮料的必备原料。

（二）碳酸饮料的名品

整个世界的碳酸饮料市场基本上是被美国的“可口可乐”和“ 百事可乐”这两大厂商垄断着，它们在世界范围内的碳酸饮料市场上都占据着极大的份额。

1. 可口可乐

可口可乐（Coca-Cola）是一种世界闻名的饮料。Cola 是指非洲所出产的可乐树，树上所长的可乐果内含有咖啡因，可乐果是制作可乐饮料的主要原料。

可口可乐起源于 1886 年美国佐治亚州亚特兰大城一家药品店。店里的药剂师约翰・彭伯敦（John Pemberton）自制了一种有提神作用的药水，且销售不错。一天，彭伯敦在匆忙中，不小心将另一种褐色溶液加入药水中，不料顾客喝后竟然大加赞赏。彭伯顿把握机会，将这种药水冲淡变成饮料，命名为可口可乐（Coca-Cola），并扩大销售。

1888 年 4 月，彭伯顿将 1/3 的股权悄悄地卖给艾萨・凯德勒（Asa Candler）。1888 年 8 月，艾萨・凯德勒争取到了可口可乐的全部股权。原因是，他有一天头痛的毛病又发作了，仆人拿来一杯热可乐，喝下之后就好了。从此艾萨・凯德勒就开始大力投资可口可乐。1892 年，艾萨・凯德勒成立了可口可乐有限公司。1899 年他又将装瓶权利卖出，但保留神秘配方及可口可乐名称的所有权，开创了可口可乐公司和装瓶厂合作的历史。1919 年，凯德勒家族以 2500 万美元将股份卖给了欧尼斯・伍德瑞夫（Ernest Woodruff）所属集团。此后可口可乐开始迅猛发展。目前，可口可乐是美国第五大国际性公司，也是世界最大的饮料公司。其拥有的碳酸饮料品牌除“可口可乐”以外，还包括“健怡可口可乐（Diet-Coka）”“雪碧”“醒目”等。

1928 年，可口可乐开始在我国天津及上海装瓶生产。

2. 百事可乐

百事可乐是 19 世纪 90 年代由美国北加州一位名为卡尔・伯莱汉姆（Caleb Bradham）的药剂师发明的，以碳酸水、糖、香草、生油、胃蛋白酶（Pepsin）及可乐坚果制成。该药物最初是用于治疗胃部疾病，后来被命名为“Pepsi”，并于 1903 年 6 月 16 日注册商标。由于经营不善，百事可乐于 1923 年宣布破产。1931 年，百事可乐被 Loft 糖果公司收购，使它再度在市场上出现。

百事可乐价格比可口可乐便宜，因此曾被喻为“低下阶层的饮品”，在美国被视为黑人的饮品。为了改造形象，百事可乐于 20 世纪 50 年代大卖广告，又找来了不少名人做产品代言人，使其销量直逼可口可乐，但始终没有超越。20 世纪 60 年代起，百事开始改变策略，将年轻人作为主要销售对象。

目前，百事公司（Pepsico.Inc.）是世界上最成功的消费品公司之一，在全球 200 多个国家和地区拥有 14 万雇员，为全球第四大食品和饮料公司。其拥有的碳酸饮料品牌还包括“七喜”“美年达”等。

问题二　果蔬饮料有哪些类型？各有什么特点？

（一）果汁类饮料

果汁饮料是用成熟适度的新鲜或冷藏果实为原料，经机械加工所得的果汁或混合果汁类制品，或加入糖液、酸味剂等配料所得的制品。其成品可供直接饮用或稀释后饮用。果汁饮料的范围很广，包括浓缩果汁、纯天然果汁、果汁饮料、水果饮料、天然果浆、果肉果汁、发酵果汁等饮料。果汁饮料由于含有丰富的有机酸，可刺激胃肠分泌，助消化，有助于钙、磷的吸收。但也因果汁中含有一定水分，具有不稳定，易发酵、生霉，因此要特别注意此类饮料的保质期和保存条件，以防造成不必要的浪费。

1. 浓缩果汁

浓缩果汁是用新鲜水果榨汁后加以浓缩的，即用物理方法除去原果汁中的水分，含有100% 原果汁并具有该种水果原汁应有特征的制品。浓缩果汁不得加糖、色素、防腐剂、香料、乳化剂及人工甘味剂，但须冷冻保存，以防变质。这种浓缩果汁可以作为果汁饮料的基本原料，也可加水稀释直接饮用，同时也是酒吧调酒的基本原材料之一。

2. 纯天然果汁

纯天然果汁，是指由新鲜成熟果实直接榨汁后不经稀释、不发酵的纯果汁，也指由浓缩果汁加以稀释复原成原榨汁状态的果汁。在酒吧中，此类果汁可以是包装制品，也可以由酒吧工作人员使用新鲜水果在宾客面前现榨获取。常见的有橙汁、苹果汁、草莓汁、水蜜桃汁、葡萄汁、梨汁、猕猴桃汁以及具有热带风味的菠萝汁、杧果汁、西番莲汁（百香果）和野生的沙棘、野蔷薇、黑加仑汁等。

3. 果汁饮料

果汁饮料是用天然果汁加入糖、水、柠檬酸、香料及其他原料调配至适宜的酸甜度的饮品。其原果汁含量不少于 10%。目前，此类饮品较为流行，基本上各大饮料厂商均生产诸多系列口味的果汁饮料。

4. 水果饮料

水果饮料是在果汁（或浓缩果汁）中加入糖液、水、酸味剂等调制而成的清汁或混汁制品。成品中果汁的含量不低于 5%。如橘子饮料、菠萝饮料、苹果饮料等。

5. 天然果浆

天然果浆，是指水分较低或黏度较高的果实，经破碎筛滤后所得的稠厚状加工制品。一般供宾客稀释后饮用。

6. 果肉果汁

果肉果汁，又叫带果肉果汁。果肉经打浆、粉碎后呈微粒化混悬液，再添加适量的糖、香料、酸味剂调制而成。一般要求原果浆含量 45% 以上，果肉细粒含量 20% 以上，并具有一定的稠度。“粒粒橙”即属此类饮料。

7. 发酵果汁

发酵果汁是在果汁中加入酵母进行发酵，得到含酒精量 5% 左右的发酵液，再将所得的发酵液添加适量的柠檬酸、糖、水，调配成酒精含量低于 0.5% 的软饮料。这种饮料具有鲜果的香味，又略带醇香的味道，常加入碳酸气体，使口感爽适。

果汁类饮料饮用时需先放入冰箱冷藏，最佳饮用温度为10℃左右。而鲜果汁很难保鲜，接触日光和空气的时间一长，其所含的维生素等营养物质就会受到损害，原有风味也就会消失。即使及时冷藏，日后食用时，口味也不似即榨即饮般新鲜和醇正，甚至可能会发生变质，饮用后影响健康。所以，鲜榨果汁保鲜时间为24小时。罐装果汁开启后可保存3~5天；稀释后的浓缩果汁只能存放两天，所以应尽量做到用多少兑多少，以免浪费。

因此，在购买鲜果汁的过程中，对包装的选择就尤为重要。考虑到果汁的新鲜度和避光要求，除了关心果汁的生产日期外，还要特别观察它包装时严密的阻光程度。目前，欧美先进国家的绝大部分鲜果汁都采用了最先进的利乐砖型无菌包装技术。它采用特殊的复合包装材料，有极佳的阻光性和隔氧性，能有效保护果汁免受光线、空气和微生物的侵入，即使在常温下也能长时间地保持果汁的新鲜和品质，喝起来和现榨的一样。

（二）蔬菜汁饮料

蔬菜汁饮料是使用一种或多种新鲜蔬菜汁（或冷藏蔬菜汁）、发酵蔬菜汁，加入食盐或糖等配料，经脱气、均质及杀菌后所得的饮品。常见的有胡萝卜汁、番茄汁、西芹汁、南瓜汁、芦荟汁等。蔬菜汁饮料具有一定的营养价值。但是，由于我国长期以来对蔬菜有鲜食的习惯，蔬菜汁饮料在我国的发展十分有限。因此，目前多数厂商以生产销售果蔬复合型饮料为主，以满足消费者群体的需要。

？问题三　其他软饮料还包括哪些？

（一）植物蛋白饮料

以植物果仁、果肉等为原料（如大豆、花生、杏仁、核桃仁、椰子汁等），经纯化、研磨、去残渣，加入（或不加入）风味剂（糖类、乳、咖啡、可可、果蔬汁液、着色剂和食用香精等），经脱臭、均质等后制得的高压杀菌或无菌包装制得的乳状饮料。植物蛋白饮料含有植物蛋白等多种营养成分。常见的有椰子汁、杏仁露、花生奶、豆奶，等等。

（二）运动饮料

运动饮料是针对体育运动而研制的一种饮料。该类饮料具有较好的口感，含有适量的糖（6%）、钠（0.05%）、无碳酸盐和咖啡因，不含防腐剂，可补充人体因激烈运动流汗所失掉的钠、钾、镁和碳水化合物，减少因疲劳和体温上升所造成的消耗。

由于运动饮料中的糖是葡萄糖、果糖和蔗糖混合物，有利于小肠的吸收，尽快恢复肌糖原，从而能起到补充能量和改善口感的作用；饮料成分中含有适量的钾、钠等，可以补充人在运动中出汗丢失掉的钠盐，同时又可以刺激口渴，增加液体饮用量，帮助肌体存留水分；良好的口感可以刺激人体对液体的摄入量，有助于身体及时补充水分。

运动饮料的营养素成分和含量能够满足运动员或参加体育锻炼人群的特殊营养需求，并能相对提高一定的运动能力。这种饮料也适用于劳动强度大的从业人员，以及高温条件下失汗较多的人员。运动饮料含钠量较高，患有高血压的人运动后喝运动饮料会使血压升高，所以高血压患者不宜多饮运动饮料。

（三）功能饮料

功能饮料，又称保健饮料，是指通过调整饮料中营养的成分和含量比例，从而在一定程度上达到调节人体功能目的的饮料。广义的功能饮料包括运动饮料、能量饮料和其他有保健作用的饮料。功能饮料大致可分为两类：补充型饮料和功能型饮料。

补充型的饮料的作用是，有针对性地补充人体运动时丢失的营养。

功能型的饮料通过在饮料中添加维生素、矿物质等各种功能成分，使之具有某种功能，以满足特定人群的保健需要。

功能饮料是继碳酸饮料、果蔬饮料后的新型饮品。功能饮料能够帮助饮用者获得和补充有效营养成分，促进神经、肌肉的功能，尽快消除疲劳，提高大脑工作效率，改善工作状态和体力，被誉为 21 世纪的饮料，是当今饮料行业发展的新趋势。

我国有得天独厚的自然条件和丰富的资源，有数不尽的中医民间秘方，加上现代科学技术，功能性饮料发展前景可谓广阔。

（四）花粉饮料

花粉饮料，是指以植物花粉为原料，经脱腥、提炼，配以蜂蜜、糖及其他调味剂等制成的饮料。主要产品种类有花粉汽水、花粉汽酒、花粉口服液及花粉晶等。花粉饮料的色、香、味均具有花粉的特征。花粉饮料富含蛋白质、多种氨基酸、维生素及有益人体健康的微量元素，是一种良好的天然保健饮料。

另外，还有根据某些特殊需要研制成的具有针对性的新型饮料，如我国南方传统的凉茶饮料（如夏桑菊、王老吉、加多宝）以及专供老人、幼儿饮用的无咖啡因、无钠、低糖、无化学添加剂的饮料等。

任务四　熟悉咖啡

问题一　什么是咖啡？它是如何发明与发展的？

咖啡树是生长在热带和亚热带高原上的一种常绿灌木，栽种 3 年后开始结果。果实呈深红色，内有两颗种子，即为生咖啡豆（Coffee Bean）。咖啡豆经焙炒、研磨成粉，即可制成咖啡饮料。咖啡是世界上历史最悠久、消费量最大的饮料之一。图 6-1 为咖啡豆。目前，世界上咖啡种植带（Coffee Belt）主要分布在北纬 25 度、南纬 30 度的热带和亚热带地区。

图 6-1　咖啡豆

世界上第一株咖啡树是在非洲之角发现的。

当地土著部落经常把咖啡的果实磨碎，与动物脂肪掺在一起揉捏做成许多球状的丸子。这些土著部落的人将这些咖啡丸子当成珍贵的食物，专供那些即将出征的战士享用。

所有的历史学家似乎都同意咖啡的诞生地为埃塞俄比亚的咖发（Kaffa）。咖啡这个名称，则是源自阿拉伯语“Qahwah”，即植物饮料的意思。

后来咖啡流传到世界各地，就采用其来源地“Kaffa”命名，直到18世纪才正式以“Coffee”命名。

当时，人们不了解咖啡食用者表现出亢奋是怎么一回事——他们不知道这是由咖啡的刺激性引起的；相反，人们把这当成是咖啡食用者所表现出来的宗教狂热，觉得这种饮料非常神秘，于是咖啡成了牧师和医生的专用品。

咖啡的种植始于15世纪。几百年的时间里，阿拉伯半岛的也门是世界上唯一的咖啡出产地，市场对咖啡的需求非常旺盛。在也门的穆哈（Mokha，又译为摩卡）港，当咖啡被装船外运时，往往需用重兵保护。同时，也门也采取种种措施来杜绝咖啡树苗被携带出境。

尽管有许多限制，来圣城麦加朝圣的穆斯林香客还是偷偷地将咖啡树苗带回了自己的家乡，因此，咖啡很快就在世界其他地方落地生根。当时，意大利的威尼斯，有无数的商船队与来自阿拉伯的商人进行香水、茶叶和纺织品交易。这样，咖啡就通过威尼斯传播到了欧洲的广大地区。许多欧洲商人渐渐习惯饮用咖啡这种饮料了。后来，在许多欧洲城市的街头，出现了兜售咖啡的小商贩，咖啡在欧洲得到了迅速普及。

人们对咖啡的强劲需求，为咖啡在原产地以外的其他地区迅速扩展打下了坚实的基础。17世纪，荷兰人将咖啡引到了自己的殖民地印度尼西亚。与此同时，法国人也开始在非洲种植咖啡。时至今日，咖啡成了地球上仅次于石油的第二大交易品！咖啡已是人们生活中不可或缺的饮料。

咖啡的由来

一位埃塞俄比亚沙漠的牧羊人注意到这样一个现象：他的羊群在食用了野生咖啡树上的果实之后变得格外亢奋。出于好奇，他也尝了尝咖啡果。一尝之后，由于咖啡豆的作用，他也像那些乱撞乱跳的山羊一样，开始手舞足蹈起来。发生在牧民身上的这一幕，恰恰被一群僧侣撞个正着。于是，每当有必要在夜间举行宗教仪式时，这些僧侣都用咖啡豆煮成汤水喝下，用这种方法来使自己保持清醒。

还有一个说法：一位穆斯林被他的敌人赶入沙漠。在精神错乱的状态下，他听到声音，提示他采食身边的咖啡果。他把咖啡果放在水里，想把它们泡软，由于咖啡果过于坚硬，他没有成功。不得已，他只好将浸泡咖啡豆的水喝了下去。最后，这个穆斯林就靠这种手段存活下来。当这位穆斯林走出沙漠之后，他觉得自己能够幸存，并且自己身上之所以能够获得神奇的能量，全都是真主安拉相助的结果。于是，他就不停地向别人讲述这个故事，并且把这种配制饮料的方法介绍给了别人。

问题二 咖啡的特点有哪些？

一方面，咖啡里含有的咖啡因有刺激中枢神经或肌肉的作用，可使头脑反应灵敏，使肌肉或疲劳恢复，工作效率提升。另一方面，咖啡也能提高心脏机能，使血管扩张、血液循环良好，平定头痛，精神舒畅。此外，由于刺激交感神经，可以抑制副交感神经的兴奋引起的气喘。咖啡也有帮助消化的效果，特别是食用过多肉类时，胃液分泌多，饮用咖啡可促进消化。咖啡还有脱臭效果：将研磨咖啡、冲泡过的残渣放于容器中干燥，放入冰箱里或鞋箱中，可以当作脱臭剂。

问题三 咖啡是如何分类的？

咖啡的分类方法很多，我们日常生活中所见到的咖啡无外乎两种：一是焙炒咖啡，也就是我们所讲的咖啡豆。饮用起来较为麻烦，需要研磨和使用专用的器皿才能喝到一杯香浓的咖啡。所以，在我国很多人是在酒吧或咖啡厅里享用它的。二是速溶咖啡，又被称为“即溶咖啡”，是旅居芝加哥的美籍日本人佳藤牾里在 1901 年发明的。1938 年，雀巢公司第一次将速溶咖啡推向市场。速溶咖啡的口味和品种已经经历了很多次改进和变革，所以，今天我们完全可以由速溶咖啡冲调出一杯香浓可口的咖啡。它的优点是保鲜期长，口味经久，而且最重要的是更快捷、更经济，也更干净。

咖啡也可以从产地和品种两个方面来进行分类。

（一）按产地分类

1. 巴西

巴西是世界第一咖啡生产、出口国。这个最大的咖啡生产地，各种等级、种类的咖啡占全球 1/3 的消费量，在全球的咖啡交易市场上占有一席之地。虽然巴西的天然灾害比其他地区高上数倍，但其可种植的面积已经足以弥补。

这里的咖啡种类繁多，其中最出名的就是桑托斯咖啡（Santos Coffee）。它的口感香醇，中性，可以直接煮，或和其他种类的咖啡豆相混成综合咖啡。其他种类的巴西咖啡，如里约、巴拉那等地的因不需过多地照顾，可以大量生产。虽然这些咖啡味道较为粗糙，但物美价廉。

几乎所有的阿拉比卡种的品质良好，价格也很稳定，最有名的就是“巴西桑托斯”。自古以来，桑托斯就是混合式咖啡的必需品，为大众所熟悉。

2. 哥伦比亚

哥伦比亚是产量仅次于巴西的第二大咖啡工业国。较有名的产地有麦德林、马尼萨雷斯、波哥大、亚美尼亚等。这些地方所栽培的咖啡豆皆为阿尼卡比种：味道相当浓郁，品质、价格也很稳定。从低级品至高级品都能生产，其中有些是世上少有的好货，味道香醇，令人爱不释手。

3. 墨西哥

墨西哥是中美洲主要的咖啡生产国。这里产出的咖啡口感舒适，芳香迷人。上选的墨西哥咖啡有科特佩（Coatepec）、华图司科（Huatusco）、欧瑞扎巴（Orizaba），其中科特佩被认为是世上最好的咖啡之一。

墨西哥的咖啡栽培地带，无论是地理条件或气候条件都与南方的危地马拉类似，故将之纳入“中美”的范围内。主要产地分布于南部的恰帕斯（Chiapas）、瓦哈卡（Oaxaca）等各州，尤其是产于高地的水洗式咖啡豆，其香味与酸味特优。产品多销往美国。

4. 危地马拉

危地马拉的中央地区种植着世界知名、风味绝佳的好咖啡。这里的咖啡豆多带有炭烧味、可可香，唯其酸度稍强。第一产地位于紧邻墨西哥山岳地带的圣马科斯，第二产地为南部的克萨尔德南戈。危地马拉咖啡微酸，香醇且顺口，是混合式咖啡的最佳材料。其分类依海拔标高分为七个等级：产地高地者越为香醇，而产地低地者品质则较低。

5. 萨尔瓦多

萨尔瓦多是中美洲重要的咖啡生产国。境内多火山，因火山土而成就了优质的咖啡树。产地高地者，为大小匀称的大颗咖啡豆，香浓，口感温和。这里的咖啡也是依据标高而分为三个等级：高地咖啡豆 SHG（Strictly High Grown）、中高地咖啡豆 HGC（High Grown Central）、低地咖啡豆 CS（Central Standard）。

6. 洪都拉斯

洪都拉斯是中美洲重要的咖啡生产国。山岳地带的水洗咖啡豆较受好评，而产于低地的咖啡豆则品质略逊一筹。优质产品也按产地的海拔分为三个等级。咖啡大部分销往美德两国。

7. 哥斯达黎加

哥斯达黎加的高纬度地方所生产的咖啡豆，世上赫赫有名，浓郁，味道温和，但极酸。这里的咖啡豆都经过细心地处理，正因如此，才有高品质的咖啡。著名的咖啡是中部高原（Central Plateau）所出产的，这里的土壤都是好几层厚的火山灰和火山尘。

咖啡生产地大致可分为太平洋沿岸、大西洋沿岸及中间地带三个地区，并且按标高而分其等级。所有的咖啡豆都相当大颗，尤其是太平洋沿岸高地带所产的咖啡豆酸且香浓，是上等的咖啡豆。大西洋沿岸低地的咖啡豆酸而不醇，并无特别之处。

8. 古巴

以出产糖、烟和咖啡而闻名的古巴，由西印度群岛中最大岛古巴及其他属岛组成。咖啡是 18 世纪中叶由法国人从海地引进的。中大颗粒、颜色明亮绿色的为优质咖啡豆。等级依咖啡豆的大小而分成特级、中级、普通三个级别。

9. 牙买加

牙买加由位于加勒比海上的大小岛屿组成。咖啡则都是栽培于横断岛上的山脉斜坡上，产地可分为三个地区：BM（蓝山）和 HM（高山）及 PM（普莱姆水洗咖啡豆），而这些也是咖啡的品牌名。品质与价格的排名是 1、2、3，生产量的排名则是 3、2、1。其中蓝山最为有名。产品几乎销往日本。

作为牙买加的国宝，蓝山咖啡在各方面都堪称完美无瑕。由于价格十分昂贵，因此市场上已经很难见到。

10. 也门

也门为阿拉比卡种的发祥地，曾以“摩卡咖啡”之名，而风靡一时，而今盛况不再了。政治的动荡及没有规划的种植之下，摩卡的产量十分地不稳定。但其所产的摩卡仍是用来搭配其他咖啡豆或综合咖啡豆的灵魂。

除上述国家外，还有一些非洲国家的咖啡亦相当有名，这些国家是：加纳、科特迪瓦、几内亚等，其咖啡豆的特征就不一一介绍了。

（二）按咖啡品种分类

1. 蓝山咖啡

蓝山（Blue Mountain）咖啡是咖啡中的极品，产地牙买加，得名于加勒比海环抱之中的蓝山。蓝山咖啡拥有所有好咖啡的特点，不仅口味浓郁香醇，而且其酸味、甜味、苦味均十分调和又有极佳风味及香气，适合做单品咖啡，宜做中度烘焙。因产量极少，价格昂贵无比，所以市面上一般都以味道近似的咖啡调制。如图 6-2 所示。

图 6-2 蓝山咖啡

2. 摩卡咖啡

摩卡（Mokha）咖啡原产地为埃塞俄比亚。摩卡是也门的一个港口，当年阿拉伯地区种植的咖啡豆通过摩卡港运出，所以人们把阿拉伯地区产的咖啡统称为摩卡咖啡。摩卡咖啡豆小而香浓，其酸味优雅，酸味强，甘味适中，风味独特，含有巧克力的味道，是极具特色的一种纯品咖啡。中度烘焙有柔和的酸味，深度烘焙则散发出浓郁香味，偶尔会作为调酒用。

3. 曼特宁咖啡

曼特宁（Mandeling）咖啡原产地为印度尼西亚苏门答腊。气味香醇，酸度适中，苦味丰富，十分耐人寻味。适合深度烘焙，散发出浓厚的香味。为印度尼西亚生产的咖啡中品质最好的一种咖啡，是苦味咖啡的代表。

4. 哥伦比亚咖啡

哥伦比亚（Colombia）咖啡产地是哥伦比亚。具有独特的酸味及醇味，品质及香味稳定，是用以调配综合咖啡的上品。

5. 桑托斯咖啡

巴西桑托斯（Santos）是巴西最大的海港，是世界上最大的咖啡输出港，最大的咖啡交易地。其咖啡豆的等级由第二等至第八等，以第二等最好。由于巴西咖啡的味道柔和、微酸、微苦，口味特殊、高雅，为中性咖啡之代表，是调配温和咖啡不可或缺的品种。几乎所有的混合豆中，都有巴西咖啡豆，而且比例很高。

6. 炭烧咖啡

炭烧（Charcoalfire）咖啡是一种重度烘焙的咖啡，味道焦、苦、不带酸，咖啡豆有出油的现象，极适合用于蒸汽加压咖啡。

7. 夏威夷康娜咖啡

夏威夷康娜（Konafancy）咖啡产地是夏威夷康娜地区。口味浓郁芳香，并带有肉桂香料的味道，酸度也较均衡适度。现在市面上大多数自称为“康娜”的咖啡，只含有不到5% 的真正夏威夷康娜咖啡。

8. 爪哇咖啡

爪哇（Java）咖啡产地是印度尼西亚爪哇岛，属于阿拉比卡种。烘焙后苦味极强而香味极清淡，但感觉不到任何酸味。这种口味深受荷兰人的喜爱。此种咖啡豆常用于混合咖啡与即溶式冲泡咖啡。

9. 肯尼亚咖啡

肯尼亚（Kenya）咖啡是非洲高地栽培的代表性咖啡。最好的咖啡等级是豆型浆果咖啡。上等咖啡光泽鲜亮，肉质厚，呈圆形，味道芳香、浓郁，酸度均衡可口，具有极佳的水果风味，口感丰富完美。

10. 危地马拉咖啡

危地马拉（Cuatemala）咖啡产于危地马拉，咖啡树种属于阿拉比卡种咖啡的波旁树，是酸味中强的品种之一。味道香醇而略具野性，曾享有世界上品质最佳的声望。

（三）按流行情况分类

1. 卡布奇诺

20 世纪初，意大利人阿奇・加贾（Achille Gaggia）发明蒸汽压力咖啡机的同时，也发明出了卡布奇诺（Cappuccino）咖啡。卡布奇诺是在偏浓的咖啡上，倒入以蒸汽发泡的牛奶。此时咖啡的颜色就像卡布奇诺教会的修士在深褐色的外衣上覆上一条头巾一样，咖啡因此而得名。

2. 意大利浓咖啡

意大利浓咖啡（Espresso Coffee）具有浓郁的香味及强烈的苦味，适合那些追求强烈味觉感受的人。咖啡的表面浮现一层薄薄的咖啡油，这层油正是意大利咖啡诱人香味的来源。

3. 爱尔兰咖啡

爱尔兰咖啡（Irish Coffee）是一种既像酒又像咖啡的咖啡。原料是爱尔兰威士忌加咖啡豆。特殊的咖啡杯、特殊的煮法，认真而执着，古老而简朴。爱尔兰咖啡杯是一种方便于烤杯的耐热杯。烤杯可以去除烈酒中的酒精，让酒香与咖啡更能够直接调和。爱尔兰人最了解威士忌拥有一股独特而浓烈的薰香和淡淡甜味，威士忌调成的爱尔兰咖啡，更能将咖啡的酸甜味道衬托出来。

4. 皇家咖啡

皇家咖啡（Royal Coffee）据说与拿破仑有关：在远征俄国时，因遇到酷寒的冬天，拿破仑命人在咖啡中加入白兰地以取暖，于是有了这道咖啡。刚冲泡好的皇家咖啡，在舞动的蓝白火焰中，猛然蹿起一股白兰地的芳醇，勾引着期待中的味觉，雪白的方糖缓缓化为诱人的焦香甜味，一小口一小口品啜着，令人喜悦无比。

5. 维也纳咖啡

维也纳咖啡（Vienna Coffee）是奥地利最著名的咖啡。据说是一个名叫爱因·舒伯纳的马车夫发明的，也许是由于这个原因，今天，人们偶尔也会称维也纳咖啡为“单头马车”。

6. 冰咖啡

冰咖啡（Iced Coffee）源于日本，并成为日本人的流行饮品。其制作方法是，用深度烘焙的咖啡豆调制出热浓咖啡饮料，并马上投入冰块使其快速冷却。此时，要用打蛋器搅动冰块，使咖啡形成泡沫，再用细目过滤网将咖啡泡沫捞出即成。此法可去除咖啡的苦涩味，制成的冰咖啡口感滑润、细腻。

问题四　咖啡的冲泡方法有哪些？

（一）滤纸冲泡

1. 特点

滤纸冲泡是最简单的咖啡冲泡法。滤纸可以使用一次立即丢弃，比较卫生，也容易整理。且开水的量与注入方法也可以调整。一人份也可以冲泡，此乃人数少的最佳冲泡法。

2. 器具

滴漏器有一孔与三孔之分。注入开水用的壶口最好是口尖细小，可以使开水垂直地倒于咖啡粉上，比较适当。

3. 冲泡重点

（1）一人份的咖啡粉分量为10~12克，而开水是100℃。

（2）喜欢清淡咖啡的人，分量约一人8克即可。

（3）喜欢浓苦味的人，分量可一人12克，并充分地蒸煮。

（4）开水量依人数多寡而准备。

（5）过滤的抽出液不要滴到最后一滴止（倘若全部滴完可能有杂味或杂质等）。

4. 冲泡程序

（1）过滤纸的接着部分沿着缝线部分折叠再放入滴漏中。

（2）以量匙将中研磨的咖啡粉依人数份（一人份10~12克）倒入滴漏之中，再轻敲几下使表面平坦。

（3）用茶壶将水煮开后，倒入细嘴水壶中；由中心点轻稳地注入开水，缓慢地以螺旋方式使开水渗透且遍布咖啡粉为止。

（4）为了将可口的成分抽出，应将已膨胀起来的咖啡粉多蒸一下（停留约20秒钟）。

（5）第二次从咖啡粉的表面慢慢地注入开水。注入水量的多寡必须与抽出咖啡液的用量一致。

（6）抽出液达到人数份时即可停止，滤纸即可丢弃。

（二）法兰绒滤网冲泡

1. 特点

以法兰绒滤网冲泡出的咖啡，最香醇可口。不过，滤网的整理与保管要特别注意，否则会有损咖啡的味道。

2. 冲泡前的准备事项

（1）开水注入后咖啡粉会膨胀，因此要选择稍大些的滤网。

（2）滤网的起毛面做外侧，充分将水拧掉皱纹弄直后使用。

使用新的法兰绒滤网时，为了除去布上残留着的水糊或味道，可使用刷子洗（此时不可使用肥皂或肥皂粉，因为味道无法散去）。之后，以使用过的咖啡粉加水煮沸 5 分钟，再用水洗。

滤布使用后，要用水好好地清洗；为了防止氧化，要加水放在冷藏库里，而且必须每天换水，否则会起水垢，导致滤网孔堵塞。使用时，用温开水冲泡，充分拧干后再使用。

3. 冲泡程序

（1）在滤网的内侧，将咖啡粉一人份 10~12 克放入滤布中，再将咖啡粉弄平。

（2）浅烘焙的咖啡开水温度约 95℃，而深烘焙要低些。最初细线般地注入开水，边控制开水量边画圆注入。咖啡粉起细泡后焖蒸 20 秒钟。第二次以后，每次用等量的开水以旋涡状注入，从中心到外侧再回到中心。

（3）抽出液达到人数份即可停止，滤布即可取出。

（4）抽出终了，咖啡液的温度降低时要加温而不使其沸腾。

（5）轻摇后再倒入杯子里。

（三）蒸汽加压煮咖啡器

1. 特点

蒸汽加压煮咖啡器的原理，乃是利用蒸汽压力瞬间将咖啡液抽出。

2. 器具

有两种：直台式咖啡器（家庭用）与自动式咖啡器（主要是营业用）。在此介绍直台式咖啡器的使用方法。

3. 冲泡前的准备

（1）为了提高抽出效果，要将放入桶内的咖啡粉压实。而上半部的水壶蒸汽不要使其漏掉，要好好地盖住。

（2）配合人数使用。须使用比人数分量还大的容量器具。若蒸汽压微弱，所抽出的咖啡会不太可口。

4. 冲泡程序

（1）下半部的袋子里注入所需人数分量的开水，再将深烘焙与细研磨的咖啡粉放入桶内，一人份为 6~8 克，从上面轻轻压挤。

（2）上半部的壶和桶与下半部的壶组合，特别是上半部的壶须好好地拴紧。

（3）给组好后的器具加火。下半部水壶中的开水沸腾后水柱会上升，水柱通过粉层，喷到上半部水壶中，咖啡液抽出。

（4）器具非常烫，注意不要烫伤。

（5）将咖啡液注入咖啡杯里。

（四）水滴式咖啡器

1. 特点

使用冷水，花时间抽出的方法。前一天晚上准备好，翌晨也可以享受香浓的咖啡。喝热咖啡时，注意不要使其沸腾。

2. 冲泡前的准备

为了使抽出过程中点滴的速度不变，活栓不要松弛。咖啡豆以深烘焙细研磨的较好。

3. 冲泡程序

（1）在滴漏里放入咖啡粉（分量按人数计算）后，轻轻地压挤，注入少量的水使其全部浸湿。

（2）在烧杯上放好滴漏，在其上的槽桶里注入所需人数份的水（三人份 300~350 毫升）。

（3）盖好盖子。本器具 3~4 小时才可制成咖啡。

（4）喝咖啡时，将盖子、桶槽、滴漏取掉，倒入烧杯内加热（勿使沸腾）后，再倒入杯中。

（五）伊芙利克咖啡器具

1. 器具

土耳其咖啡器具，多由纯铜或黄铜制成，有长柄，统称为伊芙利克。

2. 冲泡重点

三次调煮，在沸腾前从火避开，加少量的水。

3. 冲泡程序

（1）准备深烘焙的咖啡豆（一人份约 5 克），放入乳钵或（磨子）里研磨成粉状。

（2）咖啡粉（分量按人数计算）加上适量的开水，同时加入香料。

（3）开文火，起泡后沸腾前的状态从火中拿开，加点水，沸腾静止后再加火，如此重复三次。

（4）待咖啡粉沉下后，再注入杯中。

（六）虹管咖啡煮沸器

1. 特点

也称为虹吸式冲泡咖啡壶。可以边欣赏抽出过程边享受咖啡的乐趣，此乃虹管的魅力。当作装饰品也可以。

2. 器具

（1）玻璃制品要注意不要使其破损。

（2）使用后过滤嘴要仔细清洗，并用清水浸泡，然后保存在冰箱里。

3. 冲泡前的准备

（1）底部的开水完全沸腾后，再将上半部插入；太早插入无法使咖啡好好地抽出。

（2）搅拌咖啡粉时，时间不宜太长，否则会使咖啡浑浊，香味消失。

4. 冲泡方法

图 6–3　虹吸式冲泡咖啡壶

（1）在底部倒入刚由水壶煮沸的开水，将外侧的水滴擦拭干净，再以酒精灯加热。接着上面的漏斗装入滤嘴，拉下弹簧使其固定。之后，将粗研磨咖啡粉按人数分量倒入。

（2）待底部的开水充分沸腾后，将倒着咖啡粉的漏斗转入（插进使固定）。

（3）开水上升至漏斗时，以竹匙子将浮上来的咖啡粉搅拌几下，使其沉下。

（4）约经过 1 分钟后将火熄灭。火熄灭后，咖啡液会由滤布滤过而流至底部。

（5）咖啡液流下后，从上面将漏斗取下。

（6）轻轻摇晃后使咖啡液均匀，加温后再倒入杯中。

图 6–3 所示为虹吸式冲泡咖啡壶。

（七）咖啡渗滤壶

1. 特点

这种冲泡方法现在已很少见了，不过，从前在美国是深受欢迎的咖啡器具，在日本也曾风靡一时。

2. 冲泡方法

（1）水壶里按人数分量倒入开水并加热，其间将粗研磨的咖啡粉（一人份 10~12 克）放入后盖上盖。

（2）待水壶的开水沸腾后，先将火熄灭。

（3）再以文火加热，根据抽出情况决定是否熄火。

任务五　熟悉可可

可可的英文名称“Cacao”，来自拉丁文的学名“Theobroma Cacao”。可可又称为“巧克力”（Chocolate），该名称源于墨西哥当地土著的阿兹特克语“Xocolatl”，意思为苦水“Bitter Water”。当时墨西哥土著人喝可可豆榨出的汁液，不加糖而加入香料，他们坚信这种可可豆是“神赐给的食物”。

问题一　可可是如何发明与发展的?

最早食用可可的是墨西哥的阿兹特克人（Aztec）。1492 年，哥伦布发现美洲新大陆后，可可豆被带到了西班牙。1657 年，英国伦敦出现了第一家可可商店（Cacao House），专卖可可饮料，当时的售价相当昂贵。到了 18 世纪，可可在欧洲开始流行起来。此后，可可逐渐传播到世界各地。

可可从南美洲外传到欧洲、亚洲和非洲的过程是曲折而漫长的。16 世纪前，可可还没有被生活在亚马孙平原以外的人所知晓。因为种子十分稀少珍贵，所以当地人把可可的种子（可可豆）作为货币使用，名叫“可可呼脱力”。

16 世纪上半叶，可可通过中美地峡传到墨西哥，接着又传入印加帝国（今巴西南部的领土），很快为当地人所喜爱。他们采集野生的可可，把种仁捣碎，加工成一种名为“巧克脱里”（意为“苦水”）的饮料。16 世纪中叶，欧洲人来到美洲，发现了可可并认识到这是一种宝贵的经济作物，他们在“巧克脱里”的基础上研发了可可饮料和巧克力。16 世纪末，世界上第一家巧克力工厂由当时的西班牙政府建立起来，可是一开始一些贵族并不愿意接受可可做成的食物和饮料，甚至到 18 世纪，英国的一位贵族还把可可看作是“从南美洲来的痞子”。

可可定名很晚，直到 18 世纪瑞典的博物学家林奈才为它命名。后来，由于巧克力和可可粉在运动场上成为最重要的能量补充剂，发挥了巨大的作用，人们便把可可树誉为“神粮树”，把可可饮料誉为“神仙饮料”。

随着世界可可饮料及可可类食品的产量不断增长，可可成为世界食品工业中一种重要的原料。然而，世界可可的总产量却相当低。据统计，20 世纪 70 年代，全世界可可豆年平均总产值为 60 万吨，进入 90 年代后，年均总产量也只不过为 180 万吨。因此，可可豆的价格相当昂贵。

可可的由来

可可树是一种热带常绿乔木，它的故乡在拉丁美洲。“可可”一词源于印第安人的语言。考古学家认为，居住在现今墨西哥的恰帕斯东南端的玛雅人，最早从野生可可树中选择并培育了可可树；后来由阿兹特克人传播到中美洲广大地区。从那时起，阿兹特克人就把可可与玉米粉做成饮料，并称它为“巧克力”，意思就是“苦水”。长期以来，印第安人就喜欢饮用这种有浓郁苦味而又芳香的饮料。15 世纪末，美洲大陆的发现，为欧洲新兴资产阶级广开了殖民掠夺之门。古代印第安人选择和培育的可可树，以及用可可豆加工制成的“巧克力”引起了欧洲殖民者的极大兴趣。1516 年，西班牙殖民军统帅费尔南德·高尔斯坦在写给西班牙国王的报告中说，在墨西哥的广大地区，“出产一种可可豆，谁要是喝上一杯这种名贵的饮料，就足以使人在全天的行军中精神饱满”。他还特地奉献给国王一匣精制的可可粉。差不多在整整一个世纪之后，欧洲人学会了在焙干的可可粉里添加白糖和香兰草，之后可可那妙不可言的芳香美味和提神解倦的功效才为人们所赞赏。饮可可之风迅速在欧洲上层社会传播开来。随着人们消费可可数量的增加，南美洲种植可可树的面积迅速扩大，可可产品源源不断地运往欧洲。

图 6-4　可可树及果实

问题二　可可树的特征与特性有哪些？

可可树属常绿乔木，树冠繁茂；树皮厚，暗灰褐色；嫩枝褐色，被短柔毛；叶具短柄，卵状长椭圆形至倒卵状长椭圆形；聚伞花序，花瓣淡黄色。果椭圆形或长椭圆形，成熟时为深黄色或近于红色，干燥后成褐色，果皮厚，肉质，种子卵形，稍呈压扁状。

可可喜温暖湿润的气候和富有机质的缓坡，在排水不良和重黏土上或常受强风侵袭的地方都不适栽种。多用种子繁殖，亦有用芽接的；植后4~5年开始结果，10年以后收获量大增，到40~50年以后则产量逐渐减少。图6-4为可可树及果实。

问题三　可可树的分布状况如何？

可可树原产于南美洲亚马孙河上游的热带雨林，主要分布在赤道南北约10度以内较狭窄地带。主产国为加纳、巴西、尼日利亚、科特迪瓦、厄瓜多尔、多米尼加和马来西亚。主要消费国是美国、德国、俄罗斯、英国、法国、日本和中国。其中，非洲的加纳是最大的生产国，“Forastero”这种优质品种的可可豆即产于这个国家。1922年，我国台湾地区引种试种成功，中国大陆现主要种植地在海南。

问题四　可可的主要成分及其作用有哪些？

可可豆（生豆）含水分5.58%，脂肪50.29%，含氮物质14.19%，可可碱1.55%，其他非氮物质13.91%，淀粉8.77%，粗纤维4.93%。可可豆中还含有咖啡因等神经中枢兴奋物质以及单宁酸，单宁酸与巧克力的色、香、味有很大关系。其中可可碱、咖啡因会刺激大脑皮质，消除睡意、调整心脏机能，又有扩张肾脏血管、利尿等作用。可可豆为制造可可粉和可可脂的主要原料。可可脂与可可粉主要用作饮料，制造巧克力糖、糕点及冰激凌等食品。干可可豆可作病弱者的滋补品与兴奋剂，还可作饮料。

场景回顾

作为调酒师，应熟悉各种饮料，包括咖啡和可可。以非酒精饮料为主要原料来调制鸡尾酒（习惯上被称为宾治）在西方国家非常盛行，适于女士，也适合教师这类职业人群。

项目小结

软饮料是日常生活中补充人体水分的来源之一，碳酸饮料和其他的非碳酸饮料如茶、果汁等，不仅能解渴，而且在饮用时还能使人产生舒畅的愉快感。成人每天需饮用八大杯水，而体力劳动者及处于高温条件下的人，则需要补充更多的水分。饮料的良好滋味能促使人们愿意更多地去摄取水分，这对于人体的身体健康来讲非常重要。咖啡和可可作为世界三大饮料的其中两种，在人们的日常生活，以及休闲和社会交往中发挥着重要作用。

思考与练习题

一、填空题

1. 世界三大饮料是指 ＿＿＿＿＿、＿＿＿＿＿、＿＿＿＿＿。

2. 根据配料的不同，乳饮料可分为 ＿＿＿＿＿ 和 ＿＿＿＿＿ 两大类。

3. 目前流行的冰激凌制品有 ＿＿＿＿＿、＿＿＿＿＿、＿＿＿＿＿ 等。

4. 矿泉水按生产状况可分为 ＿＿＿＿＿、＿＿＿＿＿ 两大类。

5. 碳酸饮料按其原料不同分成 ＿＿＿＿＿、＿＿＿＿＿、＿＿＿＿＿、＿＿＿＿＿ 等几种类型。世界名品有 ＿＿＿＿＿ 和 ＿＿＿＿＿。

二、单项选择题

1. 依云矿泉水产于（　　）。

A. 意大利　　B. 德国　　C. 法国　　D. 墨西哥

2. 冰咖啡（Iced Coffee）起源于（　　）。

A. 日本　　B. 美国　　C. 英国　　D. 古巴

3. 咖啡原产于（　　）。

A. 特立尼达　　B. 埃塞俄比亚　　C. 爪哇　　D. 古巴

4. 蓝山咖啡产自（　）。

A. 巴西　　B. 牙买加　　C. 危地马拉　　D. 哥伦比亚

5. 可可最大的生产国是（　　）。

A. 巴西　　B. 科特迪瓦　　C. 加纳　　D. 尼日利亚

三、简答题

1. 什么叫作软饮料？哪些饮料属于软饮料？

2. 什么是果蔬饮料？它们的代表名品有哪些？

3. 世界流行的咖啡品种有哪些？

4. 可可的主要成分及其作用有哪些？

实训项目

由任课老师示范制作流行的六种咖啡，学生品尝并练习。

模块四　鸡尾酒调制技能

项目七　鸡尾酒的调制

项目学习目标

1. 熟悉鸡尾酒的由来及发展；
2. 熟悉鸡尾酒的分类和特点；
3. 熟悉调酒常用的器具和设备；
4. 掌握鸡尾酒的调制及创作艺术；
5. 了解花式调酒的技法。

任务场景

某职业学校酒店管理专业学生参加某酒店酒吧调酒师岗位的招聘，他们被要求现场调制出一款指定鸡尾酒。那么，要调制好一款鸡尾酒，需要哪些知识呢？

鸡尾酒（Cocktail），是由两种或两种以上的饮料，按一定的配方、比例和调制方法，混合而成的一种含酒精的饮料。由于鸡尾酒历史悠久、影响深远、品种繁多，使其几乎成为混合酒的代名词。

任务一　熟悉鸡尾酒

问题一　鸡尾酒何时出现的？

最早记载鸡尾酒的文字出现于1806年，当时美国的一本叫《平衡》的杂志中写道：鸡尾酒是一种用酒精、糖、水（或冰）或苦味酒混合的饮料。

鸡尾酒起源于美洲，这是大部分史料所承认的，时间大约是18世纪末或19世纪初期。

问题二　鸡尾酒的特点有哪些？它是如何分类的？

一、鸡尾酒的特点

经过200多年的发展，现代鸡尾酒已不再是若干种酒及乙醇饮料的简单混合物，如今的鸡尾酒种类繁多，配方各异，都是调酒师精心设计的佳作，色、香、味兼备，盛载考究，装饰华丽、圆润，味道协调，甚至其独特的载杯造型、简洁妥帖的装饰点缀都充满诗情画意。现代鸡尾酒有如下特点：

1. 花样繁多，调法各异

用于调酒的原料有很多类型，各酒所用的配料种数也不相同，如两种、三种甚至五种以上。就算以流行的配料种类确定的鸡尾酒，各配料在分量上也会因地域不同、人的口味各异而有较大变化，从而冠用新的名称。

2. 具有刺激性

鸡尾酒具有一定的酒精浓度，能使饮用者兴奋。适当的酒精度可使饮用者紧张的神经得到和缓，肌肉得以放松。

3. 能够增进食欲

鸡尾酒是增进食欲的滋润剂。饮用后，因酒中含有的微量调味饮料如酸味、苦味等的作用，饮用者的食欲有所改善。

4. 色泽优美

鸡尾酒具有细致、优雅、匀称的色调。常规的鸡尾酒有澄清型鸡尾酒和浑浊型鸡尾酒两种类型。澄清型鸡尾酒应色泽透明，除极少量鲜果带入的固形物外，没有其他沉淀物。

5. 口味优于单体组分

鸡尾酒必须有卓越的口味，而且这种口味应该优于单体组分。品尝鸡尾酒时，舌头的味蕾应该充分扩张，这样才能尝到刺激的味道。如果调制的鸡尾酒过甜、过苦或过香，就会影响品尝的风味。

6. 冷饮性质

鸡尾酒需足够冰冻。如朗姆类混合酒，以热水调配，自然不属典型的鸡尾酒。当然，也有些酒种既不用热水调配，也不强调加冰冷冻，其某些配料是温的或处于室温状态，这类混合酒属于广义的鸡尾酒范畴。

7. 盛载考究

鸡尾酒由式样新颖大方、颜色协调得体、容积大小适当的载杯盛载，并配有装饰品，显得魅力无限。

二、鸡尾酒的分类

（一）按使用时间和地点分类

1. 餐前鸡尾酒

餐前鸡尾酒是以促进食欲为目的的鸡尾酒。口味分甜和不甜两种，甜味的饰以樱桃，不甜的饰以橄榄。餐前鸡尾酒如马天尼（Martini）和曼哈顿（Manhattan）。图 7-1 为马天尼。

2. 俱乐部鸡尾酒

俱乐部鸡尾酒是在正餐（午晚餐）时代替头盘、汤菜而上的具有丰富滋养成分的鸡尾酒。略带刺激性，色泽鲜艳，功能在于调和入口饭菜，如三叶草俱乐部（Colver Club）。

3. 餐后鸡尾酒

餐后鸡尾酒以甜味酒为主，用以促进消化。

4. 晚餐鸡尾酒

晚餐鸡尾酒是在晚餐时饮用的辣口鸡尾酒。

5. 睡前鸡尾酒

在晚间睡觉前饮用睡前鸡尾酒，可促进睡眠。睡前鸡尾酒多用具有滋补性的茴香、鸡蛋等材料调配。

6. 香槟鸡尾酒

香槟鸡尾酒在庆祝宴会或任务日里饮用，主要用香槟调配，香气清爽、典雅。

（二）按所用的基酒分类

可分为金酒类、威士忌类、白兰地类、伏特加类、朗姆类、特基拉类鸡尾酒等。

图 7–1　马天尼

（三）按混合方法分类

1. 短饮类鸡尾酒

酒精含量较高，香料味较重。如马天尼（Martini）和曼哈顿（Manhattan）等。

2. 长饮类鸡尾酒

用烈酒加果汁或汽水混合而成的，酒精含量较低，是一种温和的混合酒。如柯林斯、菲兹、宾治等。

3. 热饮类鸡尾酒

热饮类鸡尾酒是一种用烈酒加沸水冲兑的混合酒精含量较低的鸡尾酒，如托地、高罗等。

任务二　熟悉调酒常用的器具和设备

问题一　调酒常用的器具有哪些？

一、玻璃器皿

玻璃器皿包括在酒吧内部使用的烟灰缸、酒杯等，数量最多的是酒杯。

酒杯是用来盛放酒水的容器，是直接供客人使用的。酒杯有一般平光玻璃杯、刻花玻璃杯和水晶玻璃杯等，根据酒杯的档次、级别和格调选用。每一种杯都有许多不同的样式。

酒杯的容量习惯用盎司（oz）计算，现在又统一按毫升（ml）来计算。换算公式为：

1 盎司（oz）= 28.4 毫升（ml）。

酒杯的主要类型如下：

（1）烈酒杯（Shot Glass）。容量规格一般为 56 毫升，用于各种烈性酒（喝白兰地除外），只限于在净饮（不加冰）的时候使用。如图 7-2 所示。

（2）老式洛克杯（Old Fashioned Rock Glass）。又叫古典杯，容量规格一般为 224~280 毫升，大多用于喝加冰块的酒和净饮威士忌酒，有些鸡尾酒也使用这种酒杯。如图 7-3 所示。

（3）果汁杯（Juice Glass）。容量规格一般为 168 毫升，喝各种果汁用。如图 7-4 所示。

图 7-2 烈酒杯

图 7-3 古典杯

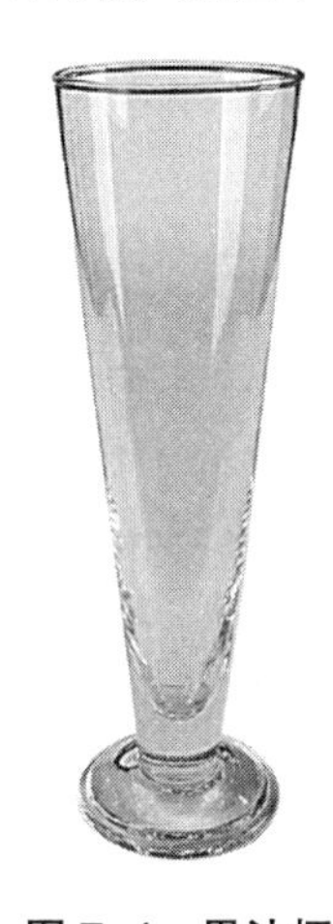

图 7-4 果汁杯

（4）高杯（High Ball Glass）。容量规格一般为 224 毫升，用于特定的鸡尾酒或混合饮料，有时果汁也用高杯。

（5）柯林斯杯（Collins Glass）。容量规格一般为 280 毫升，用于各种烈酒加汽水等软饮料的混合饮料、各类汽水、矿泉水和一些特定的鸡尾酒［如各种长饮（Long Drink）］。

（6）阔口香槟杯（Champagne Saucer Glass）。容量规格一般为 126 毫升，用于喝香槟酒和某些鸡尾酒。

（7）郁金香形香槟杯（Champagne Tulip Glass）。容量规格一般为 126 毫升，用于喝香槟酒。如图 7-5 所示。

（8）白兰地杯（Brandy Snifter）。容量规格为 224~336 毫升，净饮白兰地酒时使用。

（9）水杯（Water Glass）。容量规格为 280 毫升，喝冰水和一般汽水时使用。

（10）啤酒杯（Beer Mug）。容量规格为 336~504 毫升，在酒吧中喝生啤酒用。

（11）比尔森型高脚啤酒杯（Pilsener）。容量规格为 280 毫升，餐厅里喝啤酒用；在酒吧里，女士们常用这种杯喝啤酒。如图 7-6 所示。

图 7-5　郁金香形香槟杯

图 7-6　比尔森型高脚啤酒杯

（12）鸡尾酒杯（Cocktail Glass）。容量规格为 98 毫升，调制鸡尾酒以及喝鸡尾酒时使用。如图 7-7 所示。

（13）餐后甜酒杯（Liqueur Glass 或 Cordial Glass）。容量规格为 35 毫升，用于喝各种餐后甜酒，如彩虹鸡尾酒、天使之吻鸡尾酒等。

（14）白葡萄酒杯（White Wine Glass）。容量规格为 168 毫升，用于喝白葡萄酒。如图 7-8 所示。

（15）红葡萄酒杯（Red Wine Glass）。容量规格为 224 毫升，用于喝红葡萄酒。如图 7-9 所示。

图 7-7　鸡尾酒杯

图 7-8　白葡萄酒杯

图 7-9　红葡萄酒杯

（16）雪利酒杯（Sherry Glass）。容量规格为 56 毫升或 112 毫升，专门用于喝雪利酒。如图 7-10 所示。

（17）波特酒杯（Port Wine Glass）。容量规格为 56 毫升，专门用于喝波特酒。如图 7-11 所示。

图 7-10 雪利酒杯

图 7-11 波特酒杯

（18）特饮杯（Hurricane Glass）。容量规格为 336 毫升，喝各种特色鸡尾酒。

（19）酸酒杯（Sour Glass）。容量为 112 毫升，喝酸酒威士忌鸡尾酒用。

（20）爱尔兰咖啡杯（Irish Coffee Glass）。容量规格为 210 毫升，喝爱尔兰咖啡用。

（21）果冻杯（Sherbert Glass）。容量规格为 98 毫升，吃果冻、冰激凌用。

（22）苏打杯（Soda Glass）。容量规格为 448 毫升，用于吃冰激凌。

（23）水罐（Water Pitcher）。容量规格为 1000 毫升，装冰水、果汁用。

（24）滤酒器（Decanter）。有几种规格，如 168 毫升、500 毫升、1000 毫升等，用于过滤红葡萄酒或出售散装红、白葡萄酒。

二、其他用具

酒吧工具很多，一般根据酒吧的需要选用。

（1）酒吧开刀（Waiter's Knife，俗称 Waiter's Friend）。用于开启红、白葡萄酒瓶的木塞，也可用于开汽水瓶、果汁罐头。如图 7-12 所示。

（2）T 形起塞器（Cork Serew）。用于开启红、白葡萄酒瓶的木塞。如图 7-13 所示。

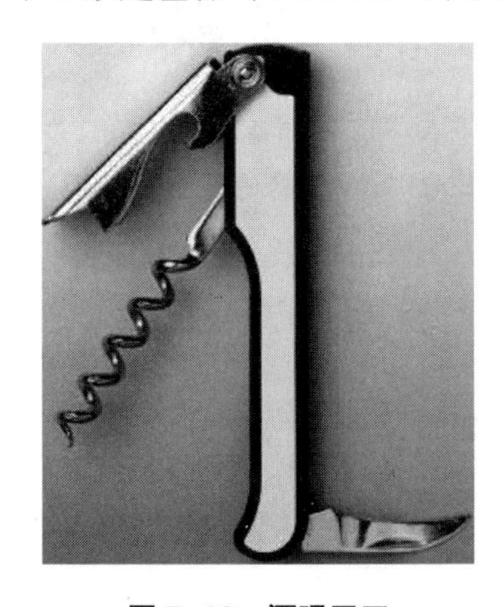

图 7-12 酒吧开刀

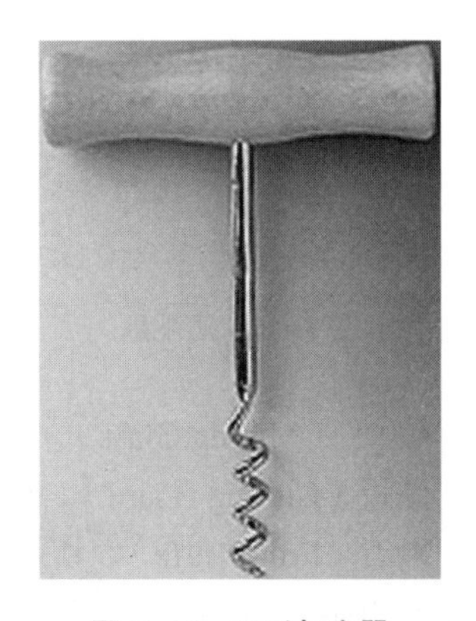

图 7-13 T 形起塞器

（3）量杯（量酒器）（Jigger）。用于度量酒水的分量。如图 7-14 所示。

（4）滤冰器（Strainer）。调酒时用于过滤冰块。如图 7-15 所示。

图 7-14　量杯（量酒器）

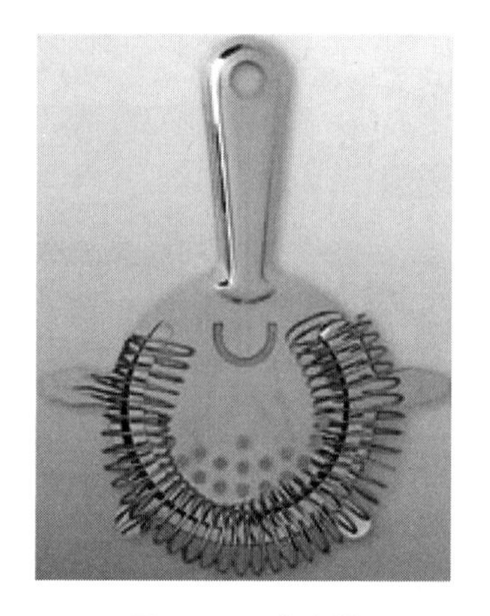

图 7-15　滤冰器

（5）开瓶器（Bottle Opener）。用于开启汽水、啤酒瓶盖。

（6）开罐器（Can Opener）。用于开启各种果汁、淡奶等罐头。

（7）酒吧匙（Bar Spoon）。分大、小两种，用于调制鸡尾酒或混合饮料。如图 7-16 所示。

（8）摇酒器（Shaker），用于调制鸡尾酒，按容量分大、中、小三种型号。如图 7-17 所示。

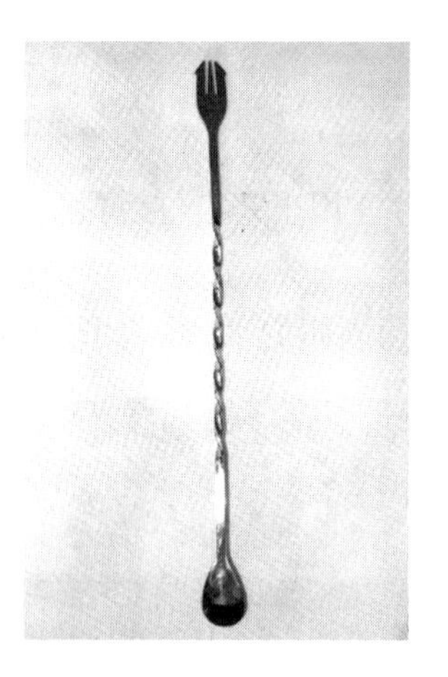

图 7-16　酒吧匙

图 7-17　摇酒器

（9）调酒杯（Mixing Glass）。用于调制鸡尾酒。如图 7-18 所示。

（10）砧板（Cutting Board）。切水果等装饰物。

（11）果刀（Fruit Knife）。切水果等装饰物。

（12）调酒棒（Stirrer）。调酒用。

（13）鸡尾酒签（Cocktail Pick）。穿装饰物用。

（14）挤柠檬器（Lemon Squeezer）。挤新鲜柠檬汁用。

（15）吸管（Straw）。客人喝饮料时用。

（16）杯垫（Coaster）。垫杯用。

（17）冰夹（Ice Tong）。夹冰块用。如图 7-19 所示。

图 7-18　调酒杯

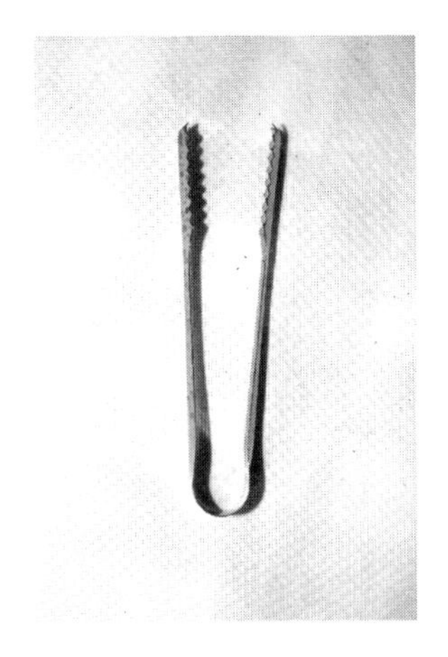

图 7-19　冰夹

（18）柠檬夹（Lemon Tongs）。夹柠檬片用。

（19）冰铲（Ice Container）。装冰块用。

（20）宾治盆（Punch Bowl）。装什锦果宾治或冰块用。

（21）冰桶（Ice Bucket 或 Wine Cooler）。客人饮用白葡萄酒或香槟酒时作冰镇用。

（22）漏斗（Funnel）。倒果汁、饮料用。

（23）香槟塞（Champagne Bottle Shutter）。打开香槟后，用作瓶塞。

问题二　调酒常用的设备有哪些？

一、制冷设备

1. 冰箱（雪柜、冰柜）

冰箱（雪柜、冰柜）是酒吧中用于冷冻酒水饮料，保存适量酒品和其他调酒用品的设备。冰箱的大小、型号可根据酒吧规模、环境等条件选用。柜内温度要求保持在 4~8℃。冰箱内部分层，以便存放不同种类的酒品和调酒用品。通常白葡萄酒、香槟、玫瑰红葡萄酒、啤酒需放入柜中冷藏。

2. 立式冷柜

立式冷柜（Wine Cooler），专门存放香槟和白葡萄酒用。其全部材料是木制的，里面分成横竖成行的格子，香槟及白葡萄酒横插入格子存放。温度保持在 4~8℃。

3. 制冰机

制冰机（Ice Cube Machine）是酒吧中制作冰块的机器。可自行选用不同的型号。冰块形状也可分为四方体、圆体、扁圆体和长方条等多种。四方体形的冰块使用起来较好，不易融化。如图 7-20 所示。

4. 碎冰机

酒吧中因调酒需要许多碎冰。碎冰机（Crushed Ice Machine）也是一种制冰机，但制出来的冰为碎粒状。如图 7-21 所示。

图 7-20　制冰机

图 7-21　碎冰机

5. 生啤机

生啤酒为桶装，而一般客人喜欢喝冰的生啤酒，生啤机（Draught Machine）专为此设计。生啤机分为两部分：气瓶和制冷设备。气瓶装二氧化碳用，输出管连接到生啤酒桶，有开关控制输出气压。工作时输出气压保持在 25 个大气压（有气压表显示）。气压低表明气体已用完，须另换新气瓶。制冷设备是急冷型的。整桶的生啤酒无须冷藏，连接制冷设备后，输出来的便是冷冻的生啤酒，泡沫厚度可由开关控制。生啤机不用时，必须断开电源并取出插入生啤酒桶口的管子。生啤机需每 15 天由专业人员清洗一次。

二、清洗设备

洗杯机（Washing Machine）是专用的清洗设备。洗杯机中有自动喷射装置和高温蒸汽管。较大的洗杯机，可放入整盘的杯子进行清洗。一般将酒杯放入杯筛中再放进洗杯机里，调好程序按下电钮即可清洗。有些较先进的洗杯机还有自动输入清洁剂和催干剂的装置。洗杯机有许多种，型号各异，可根据需要进行选用。如一种较小型的、旋转式洗杯机，每次只能洗一个杯，一般装在吧台的边上。

在许多酒吧中，因资金和地方限制，还得用手工清洗酒吧设备。手工清洗需要有清洗槽盘。

三、其他常用设备

（1）电动搅拌机（Blender）。调制鸡尾酒时，用于较大分量搅拌或搅碎某些食品。

（2）果汁机（Juice Machine）。有多种型号，主要作用有两个：一是冷冻果汁，二是自动稀释果汁（浓缩果汁放入后可自动与水混合）。

（3）榨汁机（Juice Squeezer）。用于榨鲜橙汁或柠檬汁。如图 7–22 所示。

（4）奶昔搅拌机（Blender Milk Shaker）。用于搅拌奶昔（一种用鲜牛奶加冰激凌搅拌而成的饮料）。

（5）咖啡机（Coffee Machine）。煮咖啡用，有许多型号。如图 7–23 所示。

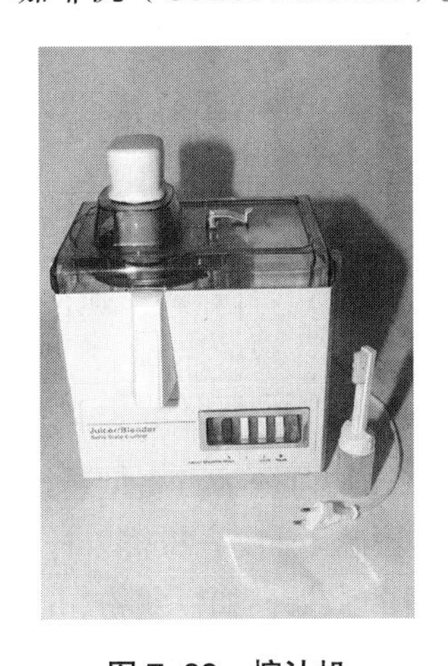

图 7–22　榨汁机

图 7–23　咖啡机

（6）咖啡保温炉（Coffee Warmer）。将煮好的咖啡装入大容器放在炉上保持温度。

（7）电源设施。

（8）收款机。

另外，还有舞池、演出台、视听设备、台球设施、游戏机、简便的烹调设备、酒水服务车、酒水展示架等。

任务三　掌握鸡尾酒的调制方法

问题一　鸡尾酒的基本结构有哪些？

鸡尾酒的基本结构是基酒、辅料、配料和装饰物。

1. 基酒

基酒，又称为鸡尾酒的酒基或酒底，以烈性酒为主，如伏特加（Vodka）、威士忌（Whisky）、白兰地（Brandy）、朗姆酒（Rum）、金酒（Gin）、特基拉（Tequila）等蒸馏酒，也有少量的鸡尾酒是以开胃酒、葡萄酒、利口酒等为基酒的。通常中式鸡尾酒以茅台、汾酒、五粮液、竹叶青等高度酒作为基酒。

基酒是鸡尾酒的主体，决定鸡尾酒的口味和特点。基酒的含量一般不应少于一杯鸡尾酒总量的 1/3。

2. 辅料

辅料，又称调和料，是指用于冲淡、调和基酒的原料。辅料一般有味美思、利口酒、红石榴汁、橙汁、柠檬汁、西柚汁、柳橙汁、菠萝汁、番茄汁、苹果汁、杨桃汁、椰子汁、小红莓果汁、汤力水、苏打水、七喜汽水、干姜水、雪碧、可口可乐、运动饮料等。

辅料能缓和基酒的刺激性，还可用来衬托、引导出基酒的韵味，增强鸡尾酒的品尝层次，使其成为更加可口的中性饮品。

3. 配料

配料，是指一些用量较少但又能体现鸡尾酒特色的材料。鸡尾酒常用的配料有红石榴汁（Grenadine）、柠檬汁（Lenmon）、酸橙汁（Lime）、鲜奶油（Gream）、鲜奶（Milk）、椰奶（Pina Colada）、蓝柑汁（Blue Curacao Syrup）、蜂蜜（Honey）、薄荷蜜（Peppermint Syrup）、葡萄糖浆（Grape Syrup）以及糖、盐、奶油、豆蔻粉、月桂粉、鸡蛋、杏仁露、芹菜粉、红樱桃、绿樱桃、香草片、洋葱粒、橄榄粒、辣椒酱、辣椒油等。

4. 装饰物

装饰物主要对鸡尾酒起点缀、增色的作用。常用的装饰物可分为点缀型装饰物、调味型装饰物、实用型装饰物三大类。点缀型装饰物有红绿樱桃、橙皮、橄榄、柠檬、菠萝、西芹、鲜薄荷等；调味型装饰物，是指有特殊风味的调料和水果，如豆蔻粉、盐、糖、草莓、薄荷叶等；实用型装饰物，是指吸管、酒签、调酒棒等。

装饰物的颜色和口味应与鸡尾酒酒液保持和谐一致，外观色彩缤纷，给人以赏心悦目的艺术享受。

❓问题二　调制鸡尾酒的主要原则是什么？

鸡尾酒通常都用烈酒（金酒、威士忌、朗姆酒、伏特加、白兰地和特基拉酒等）作为基酒，再加入其他的酒或饮料如果汁、汽水和香料等配制而成。

（1）调制时，烈酒可以与任何味道的酒或其他饮料相搭配，调和成鸡尾酒。

（2）味道相同或近似的酒或饮料可以互相混合，调制成鸡尾酒。

（3）味道不相同的酒或饮料，如药味酒与水果酒，一般不宜互相混合。

（4）清淡、有汽的酒水，在调制鸡尾酒时只采用兑和法与调和法进行调制。

（5）调制任何鸡尾酒时，冰块应首先放入，然后是基酒，最后放配料。

❓问题三　鸡尾酒的调制规则有哪些？

一、调制鸡尾酒的基本要求

（1）饮料混合均匀。

（2）调制前，杯应先洗净、擦亮。酒杯使用前需冰镇。

（3）按照配方的步骤逐步调配。

（4）量酒时，必须使用量器，以保证调出的鸡尾酒口味一致。

（5）搅拌饮料时，应避免时间过长，防止冰块融化过多而淡化酒味。

（6）摇晃时，动作要自然优美、快速有力。

（7）用新鲜的冰块。冰块大小、形状与饮料要求一致。

（8）用新鲜的水果装饰。切好后的水果应存放在冰箱内备用。

（9）使用优质的碳酸饮料。碳酸饮料不能放入摇壶里摇。

（10）最好使用新鲜柠檬和柑橘挤汁；挤汁前，应先用热水浸泡，以使能多挤出汁。

（11）装饰要与饮料要求一致。

（12）上霜要均匀，杯子不可潮湿。

（13）蛋清是为了增加酒的泡沫，要用力摇匀。

（14）调好的酒应迅速服务。

（15）动作规范、标准、快速、美观。

二、鸡尾酒调制的标准要求

（1）时间。调完一杯鸡尾酒规定时间为 1 分钟。吧台的实际操作中要求，一位调酒师在 1 小时内能为客人提供 80~120 杯饮料。

（2）仪表。调酒师必须身着白衬衣、马夹和领结。调酒师的形象不仅影响酒吧的声誉，而且还影响客人的饮酒情趣。

（3）卫生。多数饮料是不需加热而直接提供给客人的，所以操作上的每个环节都应严格按卫生要求和标准进行。任何不良习惯，如手摸头发、脸部等都可能直接影响客人的健康。

（4）姿势。动作熟练、姿势优美，不能有不规范动作。

（5）载杯。所用的杯与饮料要求一致，不能用错杯。

（6）用料。要求所用原料准确，少用或错用主要原料都会破坏饮品的标准味道。

（7）颜色。颜色深浅程度与饮料的味道正常，不能偏重或偏淡。

（8）味道。调出饮料的味道正常，不能偏重或偏淡。

（9）调法。调酒方法与饮料要求一致。

（10）程序。要依次按标准要求操作。

（11）装饰。装饰是饮料服务的最后一环，不能缺少。装饰与饮料要求一致、卫生。

三、鸡尾酒调制方法

1. 兑和法

把各种饮料成分依次放入杯中，之后即可服务。兑和法调制而成的混合饮料有彩虹、漂漂酒等，如七色彩虹。有时这类饮料还需要简单的搅拌，如海波饮料、果汁饮料等。如图 7-24 所示。

兑和法

图 7-24　兑和法

2. 调和法

把各种饮料成分和冰块放进调酒杯中，然后搅拌混合物，调制鸡尾酒。搅拌的目的是，在最少稀释的情况下，把各种成分迅速冷却混合，如马天尼。如图 7-25、图 7-26 所示。

调和法（1）

调和法（2）（滤冰法）

图 7-25　调和法

图 7-26　马天尼

3. 摇和法

饮料放进调酒壶中用手摇动混合。不能通过搅拌来混合的成分，如糖、奶油、鸡蛋和部分果汁等用这种方法调制，如红粉佳人。如图 7-27 所示。

摇和法

图 7-27　摇和法

4. 电动调和法

即电动搅拌机搅拌法。用电动果汁机或搅拌器调制混合而成，主要是用来混合固定食物和冰块饮料，如波斯猫漫步。如图 7-28 所示。任何摇混饮料都可用这种方法，但不如手摇的效果好。

图 7-28 电动调和法（电动搅拌机搅拌法）

电动搅拌机搅拌法

从绝大多数饮料的调制来看，一般都使用以上的两种或两种以上的方法来完成。

四、调制鸡尾酒的一般步骤

调制鸡尾酒的一般步骤如下：

选择相应名称、形状、大小的酒杯→杯中放入所需的冰块→确定调酒方法及盛酒容器（调酒壶或酒杯）→量入所需基酒（基酒的数量与载杯容量有关）→量入少量的辅助成分→调制→装饰→服务。

五、鸡尾酒调制的规范动作

（一）传瓶→示瓶→开瓶→量酒

1. 传瓶

传瓶，是指把酒瓶从酒柜或操作台上传到手中的过程。传瓶一般有从左手传到右手和从下方传到上方两种情形。用左手拿瓶颈部传到右手上，用右手拿住瓶的中间部位。或直接用右手从瓶的颈部上提至瓶中间部位。要求动作快、稳。

2. 示瓶

示瓶，是指把酒瓶展示给客人。方法是用左手托住瓶下底部，右手拿住瓶颈部，呈 45 度角把商标面向客人。

传瓶到示瓶是一个连贯动作。

3. 开瓶

用右手拿住瓶身，左手中指逆时针方向向外拉酒瓶盖（用力得当时可一次拉开），并用左手虎口即拇指和食指夹起瓶盖。开瓶是在酒吧没有专用酒嘴时使用的方法。

4. **量酒**

开瓶后，立即用左手中指和食指与无名指夹量杯（根据需要选择量杯大小），两臂略微抬起呈环抱状，把量杯放在靠近容器的正前上方约 1 寸处，量杯要端平；然后右手将酒倒入量杯，倒满后收瓶口，右手同时将酒倒进所用的容器中；用左手拇指顺时针方向向盖盖，然后放下量杯和酒瓶。

（二）握杯、溜杯、温烫

1. **握杯**

古典杯、海波杯、柯林斯杯等平底杯，应握杯子下底部，切忌用手掌拿杯口。高脚杯应拿其细柄部。白兰地杯用手握住杯身，通过手热使其芳香溢出（指客人饮用时）。

图 7–29　冰镇

2. **溜杯**

将酒杯冷却后用来盛酒。通常有以下几种情况：

- 冰镇杯：将酒杯放在冰箱内冰镇。
- 放入上霜机：将酒杯放入上霜机内上霜。
- 加冰块：有些可加冰在杯内冰镇。如图 7–29 所示。
- 溜杯：杯内加冰块使其快速旋转至冷却。

3. **温烫**

温烫，是指将酒杯烫热后用来盛饮料。

- 火烤：用蜡烛来烤杯，使其变热。
- 燃烧：将高酒精烈酒放入杯中燃烧，至酒杯发热。
- 水烫：用热水将杯烫热。

（三）搅拌

搅拌是混合饮料的方法之一。即用吧勺在调酒杯或饮用杯中搅动冰块，使饮料混合。具体操作要求：用左手握杯底，右手按握毛笔姿势，使吧勺勺背靠杯边按顺时针方向快速旋转。搅动时只有冰块转动声。搅拌五六圈后，用滤冰器迅速将调好的饮料滤出调酒杯。

（四）摇壶

摇壶是使用调酒壶来混合饮料的方法。具体操作形式有单手、双手两种。

1. **单手握壶**

右手食指按住壶盖，用拇指、中指、无名指夹住壶体两边，手心不与壶体接触。摇壶时，尽量使手腕用力。手臂在身体右侧自然上下摆。要求：力量要大，速度快、节奏快，动作连贯。手腕可使壶按 S 形、三角形等方向摇动。

2. **双手握壶**

左手中指按住壶底，拇指按住壶中间过滤盖处，其他手指自然伸开。右手拇指按壶盖，其余手指自然伸开固定壶身。壶头朝向自己，壶底朝外，并略向上方。摇壶时，可在身体左上方或正前上方。要求：两臂略抬起，呈伸曲动作，手腕呈三角形摇动。

（五）上霜

上霜，是指在杯口边沾上糖粉或盐粉。具体要求：用柠檬皮擦杯口中边，要求匀称。操作前要把酒杯空干，然后将酒杯放入糖粉或盐粉中，沾完后把多余的糖粉或盐粉弹去。

（六）调酒全过程

1. 短饮

选杯→放入冰块→溜杯→选择调酒用具→传瓶→示瓶→开瓶→量酒→搅拌或摇壶→装饰→服务。

2. 长饮

选杯→放入冰块→传瓶→示瓶→量酒→搅拌或兑和→装饰→服务。

问题四　鸡尾酒的色彩和口味是如何配制的？

一、鸡尾酒色彩的配制

鸡尾酒之所以如此具有诱惑力，是与其五彩斑斓的颜色分不开的。色彩的配制在鸡尾酒的调制中至关重要。

（一）鸡尾酒原料的基本色

鸡尾酒是通过基酒和各种辅料调配混合而成的。原料的不同颜色是构成鸡尾酒色彩的基础。下面就原料的基本色彩做一下介绍。

1. 糖浆

糖浆是由各种含糖比重不同的水果制成的，颜色有红色、浅红色、黄色、绿色、白色等。较为熟悉的糖浆有红石榴糖浆（深红）、山楂糖浆（浅红）、香蕉糖浆（黄色）、猕猴桃糖浆（绿色）等。糖浆是鸡尾酒中的常用调色辅料。

2. 果汁

果汁是通过水果挤榨而成的，具有水果的自然颜色，含糖量比糖浆要少得多。常见的有橙汁（橙色）、香蕉汁（黄色）、椰汁（白色）、西瓜汁（红色）、草莓汁（浅红色）、西红柿汁（粉红色）等。

3. 利口酒

利口酒颜色十分丰富，几乎包括赤色、橙色、黄色、绿色、青色、蓝色、紫色。有些利口酒同一品牌有几种不同颜色，如可可酒有白色、褐色，薄荷酒有绿色、白色，橙皮酒有蓝色、白色等。利口酒也是鸡尾酒调制中不可缺少的辅料。

4. 基酒

基酒除伏特加、金酒等少数几种无色烈酒外，大多数酒都有自身的颜色，这也是构成鸡尾酒色彩的基础。

（二）鸡尾酒颜色的调配

鸡尾酒的颜色，需按色彩配比的规律调制。调配的主要注意内容如下：

（1）在调制彩虹酒时，首先，要使每层酒为等距离，以保持酒体形态的稳定和平衡；其次，应注意色彩的对比，如红与绿、黄与蓝是接近补色关系的一对色，白与黑是色明度差距极大的一对色；最后，将暗色、深色的酒置于酒杯下部，如红石榴汁，明亮或浅色的酒放在上部，如白兰地、浓乳等，以保持酒体的平衡。只有这样调出来的彩虹酒才会给人观感美。

（2）在调制有层色的部分海波饮料、果汁饮料时，应注意颜色的比例配备。一般来说，暖色和纯色的诱惑力强，应占面积小一些，冷色和浊色面积可大一些。如特基日出，红石榴汁用量 3/4 盎司（约 21 克），小沉杯底，上面大部分为淡橙色，这样就比较平衡，产生一种美感。

在鸡尾酒家族中，绝大部分鸡尾酒都是将几种不同颜色的原料混合调制成某种颜色的。鸡尾酒的色彩混合调配，需注意以下几点：

（1）需要事先了解不同的两种或两种以上的颜色混合后产生的新颜色。例如，黄、蓝混合呈绿色，红与蓝混合呈紫色，红、黄混合呈橘色，绿、蓝混合呈青绿色等。

（2）在调制鸡尾酒时，应把握好不同颜色原料的用量。颜色原料用量过多则色深，量少则色浅，酒品就达不到预想的效果。如红粉佳人，主要用红石榴汁来调出粉红色的酒品效果，在标准容量鸡尾酒杯中一般用量为 1 吧匙，多于 1 吧匙颜色为深红，少于 1 吧匙颜色呈淡粉色，体现不出“红粉佳人”的魅力。

（3）注意不同原料对颜色的作用。冰块是调制鸡尾酒不可缺少的原料，不仅对饮品起冰镇作用，对饮品的颜色、味道也起稀释作用。冰块在调制鸡尾酒时的用量、时间长短，直接影响到饮品颜色的深浅。另外，冰块本身具有透亮性。在古典杯中加冰块的饮品，更具有光泽，更显晶莹透亮，如君度加冰、金巴利加冰、加拿大雾酒等。

（4）乳、奶、蛋等均具有半透明的特点，且不易同饮品的颜色混合。调制中用这些原料，主要是奶起增白效果，蛋清增加泡沫，蛋黄增强口感，使调出的饮品呈朦胧状，增加饮品的诱惑力，如青草蜢、金色菲士等。

（5）碳酸饮料配制饮品时，一般在各种原料成分中所占的比重较大，酒品的颜色都较浅或味道较淡。碳酸饮料对饮品颜色有稀释作用。

（6）果汁原料因其所含色素的关系，本身具有颜色，注意颜色的混合变化。例如，日月潭库勒，绿薄荷和橙汁一起搅拌，使其呈草绿色。

（三）鸡尾酒的情调创造

酒吧是最讲究氛围的场所。酒吧通过鸡尾酒的不同色彩来传达不同的情感，以创造特殊的酒吧情调。

红色鸡尾酒和混合饮料，表达一种幸福和热情、活力和热烈的情感；紫色饮品给人高贵而庄重的感觉；粉红色的饮品传达浪漫、健康的情感；黄色饮品给人一种辉煌、神圣的感觉；绿色饮品使人联想起大自然，产生平静、希望的情感；白色饮品给人纯洁、神圣、善良的感觉。

二、鸡尾酒的口味调配

人们对味道的感受，是通过鼻（嗅觉）和舌（味觉）来体验的。鸡尾酒的味道是由具有各种天然香味的饮料成分来调配的，所以，它的味道调配过程不同于食品的烹调。食品一般需要在烹调过程中通过煎、炒、熏、炸等加热方法，使其不同风味的物质挥发；而调酒时，酒和果汁的温度过高，芳香物质会很快挥发，香味会消失。鸡尾酒需加冰块，在最佳的保持芳香味的温度下完成调制。鸡尾酒调出的味道一般都不会过酸、过甜，比较适中。

（一）基本味及原料

（1）酸味，如柠檬汁、青柠汁、西红柿汁等。

（2）甜味，糖、糖浆、蜂蜜、利口酒等。

（3）苦味，金巴利苦味酒、苦精及新鲜橙汁等。

（4）辣味，辛辣的烈酒，以及辣椒、胡椒等辣味调料。

（5）咸味，盐。

（6）香味，酒及饮料中有各种香味，尤其是利口酒中有多数水果和植物香味。

（二）口味调配

将以上不同味道的原料进行组合，调制出具有不同风味和口感的饮品。

（1）绵柔香甜的饮品。用乳、奶、蛋和具有特殊香味的利口酒调制而成的饮品，如白兰地亚历山大、金色菲士等。

（2）清凉爽口的饮品。用碳酸饮料加冰与其他酒类配制的长饮，具有清凉解渴的功效。

（3）酸味圆润的饮品。以柠檬汁、西柠汁和利口酒、糖浆为配料与烈酒调配出的酸甜鸡尾酒，香味浓郁，入口微酸，回味甘甜。此类酒在鸡尾酒中占有很大比重。酸甜味比例根据饮品及各地人们的口味不同，并不完全一样。

（4）酒香浓郁的饮品。基酒占绝大多数比重，使酒体本味突出，配少量辅料增加香味，如马天尼、曼哈顿。这类酒辅料含量少，口感甘冽。

（5）微苦香甜的饮品。以金巴利或苦精为辅料调制出来的鸡尾酒，如亚美利加诺、尼格龙尼等。这类饮品入口虽苦，但持续时间短，回味香甜，并有清热的作用。

（6）果香浓郁丰满的饮品。新鲜果汁配制的饮品，酒体丰满具有水果的清香味。

不同地区的人们对鸡尾酒口味的要求各不相同，在调制鸡尾酒时，应根据顾客的喜好来调配。一般欧美人不喜欢含糖或含糖高的饮品，为他们调制鸡尾酒时，糖浆等甜物要少放，碳酸饮料最好用不含糖的。东方人，如日本、我国港台顾客，喜欢甜口，可使饮品甜味略突出。在调制鸡尾酒时，还应注意世界上各种流行口味的鸡尾酒，如酸甜类鸡尾酒或含苦味鸡尾酒是目前较流行的饮品。对于有特殊口味要求的顾客，可征求客人意见后调制。

（三）不同场合的鸡尾酒口味

鸡尾酒种类五花八门，尽管在鸡尾酒酒吧中，应有尽有，但是某些特定的场合对鸡尾酒的品种、口味也有特殊的要求。

（1）餐前鸡尾酒。餐前鸡尾酒，是指在餐厅正式用餐前或者是在宴会开始前提供的鸡尾酒。这类鸡尾酒首先要求酒精含量较高，具有开胃作用的酸味、辣味饮品，如马天尼、吉姆莱特等。

（2）餐后鸡尾酒。这是在正餐后饮用的鸡尾酒，要求口味较甜，具有助消化功能，如黑俄罗斯等。

（3）休闲场合鸡尾酒。这主要是在游泳池旁、保龄球馆、台球厅等场所提供的鸡尾酒。要求酒精含量低或者无酒精饮料，以清凉、解渴的饮料为佳，一般为果汁混合饮料、碳酸混合饮料等。

问题五　如何品尝鸡尾酒？

作为调酒师，特别是有经验的调酒师，不但要懂得如何调制鸡尾酒，而且要会品尝、鉴别调制好的鸡尾酒品种。

品尝分为三个步骤：观色、嗅味、尝试。

调好的鸡尾酒都有一定的颜色，观色可以断定配方分量是否准确。例如，红粉佳人调好后呈粉红色，青草蜢调好后呈奶绿色，干马天尼调好后清澈透明如清水一般。如果颜色不对，则整杯鸡尾酒就要重新做，不能售给客人，也不必再去试味了。更明显的如彩虹鸡尾酒，只从观色便可断定是否合格，任意一层混浊了都不能再出售。

嗅味是用鼻子去闻鸡尾酒的香味，但在酒吧进行时不能直接拿起整杯酒来嗅味，要用酒吧匙。凡鸡尾酒都有一定的香味，首先是基酒的香味，其次是所加进的辅料酒或饮料的香味，如果汁、甜酒、香料等各种不同的香味。变质的果汁会使整杯鸡尾酒报废。

品尝鸡尾酒时，不能像喝开水那样，要一小口一小口地喝，喝入口中要停顿一下再吞咽，如此细细地品尝，才能分辨出多种不同的味道。

问题六　调制鸡尾酒有哪些应掌握的换算关系？

各国调制鸡尾酒的度量单位不太一样，通常英美配方中用盎司（oz），德国用厘升（cl），其他国家用毫升（ml）。它们之间的换算关系如下：

1 厘升（cl）= 10 毫升（ml）

美制 1 盎司（oz）= 29.6 毫升（ml）

英制 1 盎司（oz）= 28.4 毫升（ml）

1 茶匙（Tea Spoon）= 1/8 盎司（oz）

1 品脱（pt）= 16 盎司（oz）

1 夸脱（qt）= 32 盎司（oz）

任务四 了解鸡尾酒的创作艺术

鸡尾酒自诞生以来，经过人们不断地创作和发展，已形成30多种类型，几千个配方。这些配方不仅体现了调酒师精湛的调制技术，也融合了其丰富的调酒创造艺术。因此，鸡尾酒创作不仅是调酒师调制技术的体现，更是其创作灵感、创作理念和艺术修养的完美呈现。

问题一 鸡尾酒的创作原则是什么？

鸡尾酒是一种自娱性很强的混合饮料，不同于其他任何一种产品的生产，它可以由调制者根据自己的喜好和口味特征来尽情地想象，尽情地发挥。但是，如果要使它成为商品，在酒店、酒吧中进行销售，那就必须符合一定的规则，必须适应市场的需要，满足消费者的需求。因此，鸡尾酒的调制必须遵循一些基本的原则。

1. 新颖性

任何一款新创鸡尾酒首先必须突出一个“新”字，即在已流行的鸡尾酒中没有记载的。此外，创作的鸡尾酒无论在表现手法，还是在色彩、口味等方面，以及酒品所表达的意境等方面，都应令人耳目一新，给品尝者以新意。

鸡尾酒的新颖，关键在于其构思的奇巧。构思是人们根据需要而形成的设计导向，这是鸡尾酒设计制作的思想内涵和灵魂。鸡尾酒的新颖性原则，就是要求创作者能充分运用各种调酒材料和各种艺术手段，通过挖掘和思考，来体现鸡尾酒新颖的构思，创作出色、香、味、形俱佳的新酒品。

鸡尾酒融多种艺术特征为一体，形成自己的艺术特色，从而给消费者以视觉、味觉和触觉等的艺术享受。因此，在鸡尾酒创作时，要将这些因素综合起来进行思考，以确保鸡尾酒的新颖、独特。

2. 易于推广

任何一款鸡尾酒的设计都有一定的目的，要么是设计者自娱自乐，要么是在某个特定的场合为渲染或烘托气氛进行即兴创作，但更多的是专业调酒师为了酒店、酒吧经营的需要而进行的专门创作。创作的目的不同，决定了创作者的设计手法也不完全一样。作为经营所需而设计创作的鸡尾酒，在构思时必须遵循易于推广的原则，即将它当作商品来进行创作。

（1）鸡尾酒的创作不同于其他商品，它是一种饮品，它首先必须满足消费者的口味需要。因此，创作者必须充分了解消费者的需求，使自己创作的酒品能适应市场的需要，易于被消费者接受。

（2）既然创作的鸡尾酒是一种商品，就必须要考虑其盈利性质，必须考虑其创作成本。鸡尾酒的成本由调制的主料、辅料、装饰品等直接成本和其他间接成本构成。成本的高低尤其是直接成本的高低，直接影响到酒品的销售价格。价格过高，消费者接受不了，会严重影响到酒品的推广。因此，在进行鸡尾酒创作时，应当选择一些口味较好，价格又不是很昂贵的酒品作基酒进行调配。

（3）配方简洁是鸡尾酒易于推广和流行的又一因素。从以往的鸡尾酒配方来看，绝大多数配方都很简洁，易于调制，即使以前比较复杂的配方，随着时代的发展、人们需求的变化，也变得越来越简洁。如“新加坡司令”，当初发明的时候，调配材料有 10 多种，但由于其复杂的配方很难记忆，制作也比较麻烦，因此，在推广过程中被人们逐步简化，变成了现在的配方。所以，在设计和创作新鸡尾酒时，配方必须简洁——一般每款鸡尾酒的主要调配材料应控制在五种或五种以内，这样既利于调配，又利于流行和推广。

（4）遵循基本的调制法则，并有所创新。任何一款新创作的鸡尾酒，要易于推广，易于流行，还必须易于调制。在调制方法的选择上也不外乎摇混、兑和等方法。当然，创新鸡尾酒，在调制方法上也是可以创新的，如将摇混与漂浮法结合，将摇混与兑和法结合调制酒品等。

3. 色彩鲜艳、独特

色彩是表现鸡尾酒魅力的重要因素之一，任何一款鸡尾酒都可以通过赏心悦目的色彩来吸引消费者，并通过色彩来增加鸡尾酒自身的鉴赏价值。因此，鸡尾酒的创作者们在创作鸡尾酒时，都特别注意酒品颜色的选用。

鸡尾酒中常用的色彩有红、蓝、绿、黄、褐等几种。在以往的鸡尾酒中，出现得最多的颜色是红、蓝、绿以及少量黄色，而在鸡尾酒创作中，这几种颜色也是用得最多的，使得许多酒品在视觉效果上不再有什么新意，缺少独创性。因此，创作时应考虑到色彩的与众不同，增加酒品的视觉效果。

4. 口味卓绝

口味是评判一款鸡尾酒好坏以及能否流行的重要标志。因此，鸡尾酒的创作必须将口味作为一个重要因素加以认真考虑。

口味卓绝的原则是，要求新创作的鸡尾酒在口味上，首先，必须诸味调和，酸、甜、苦、辣诸味必须相协调，过酸、过甜或过苦，都会影响人的味蕾对味道的品尝能力，从而降低酒的品质。其次，新创鸡尾酒在口味上还需满足消费者的口味需求。虽然不同地区的消费者在口味上有所不同，但作为流行性和国际性很强的鸡尾酒，在设计时必须考虑其广泛性要求，在满足绝大多数消费者共同需求的同时，再适当兼顾本地区消费者的口味需求。

此外，在口味方面还应注意突出基酒的口味，避免辅料喧宾夺主。基酒是任何一款酒品的根本和核心，无论采用何种辅料，最终形成何种口味特征，都不能掩盖基酒的味道，造成主次颠倒。

❓问题二　创作鸡尾酒应当明确哪些内容？

鸡尾酒的创作过程实际是一件艺术品的创造过程。在设计创作鸡尾酒之前，应当明确以下内容：

1. 鸡尾酒创作的目的

通常，人们出于以下目的创作设计鸡尾酒：一是自我感情的宣泄，二是刺激消费。要达到自我感情宣泄的目的，只要不违背鸡尾酒的调制规律，在调制创新鸡尾酒的过程中，得到快感的诱发和移情，便可以了。而要达到刺激消费的目的，则要把新设计的鸡尾酒先看成是商品，那就要求设计者更好地认识与把握消费者的心理需求，善于发现人们潜在的需求，从而有效地促进消费。

2. 鸡尾酒创作的创意

创意是人们根据需要而形成的设计理念，而理念是一款新型鸡尾酒设计的灵魂。鸡尾酒的创意，对能否创作出具有非凡的艺术感染力的作品有重大的影响。创意一定要新颖，创作时创作者的思路一定要清楚，并善于思考和挖掘，善于想象，不断形成新的理念。

3. 鸡尾酒创作的个性与特点

鸡尾酒创作要突出个性、突出特点，一杯好鸡尾酒的调制，需要多方面相互联系、相互作用的个性成分。每个人的个性都具有无限的丰富性和巨大的差异性。在设计新款鸡尾酒时，所面对的材料都是有限的，而设计是无限的。只有设计者把握住表现对象的特征，才能创作出有特色的产品。为此，应充分发挥设计者的主观能动性，促使其发挥才能，并形成自己的风格。

4. 创造的联想

联想是内在凝聚力的爆破和情感的释放，是激发感染力的动力。鸡尾酒之所以能超出酒的自然属性，以其艺术魅力吸引消费者，很重要的原因是鸡尾酒凝聚了设计者的联想。一款鸡尾酒的设计，以色彩、形体、嗅觉、口感为媒介，来表现深藏在设计者内心中的各种情感。如果失去联想力，鸡尾酒也就丧失了价值，恢复到它的原始属性——仅是个饮料而已。

❓问题三　鸡尾酒设计从哪些方面寻求灵感？

设计鸡尾酒时，可以从多方位、多层次，从很多侧面，去寻求灵感，体现创造的需要。

1. 时间

时间伴着人生，丰富人生，充实季节，编织年轮。时间与生命紧紧地交织在一起，与人类生存息息相关。透过这个侧面，任何人都会有所思、有所想，也就为新款鸡尾酒的设计带来取之不尽的素材与灵感。

2. 空间

空间给我们无限的遐想，结构、材料构成空间，色彩体现空间。我们从天、地、日、月、朝、暮、风、云、雨、露……中寻求灵感，设计出表现空间美的鸡尾酒。

3. 博物

世界万物都有其美丽、神奇的方面，无论是日、月、水、土还是风、霜、雨、雪，无论是绿草还是鲜花，对万千事物的各种理解，都可以赋予鸡尾酒设计者以美丽、神奇的联想，从而创造出独具魅力的新款鸡尾酒。

4. 典故

精彩的典故，仅凭只言片语，就能形象地点明历史事件，揭示出耐人寻味的人生哲理。巧妙运用典故，会形成内涵丰富的鸡尾酒。外国也多运用这种手法。例如，“古巴自由军”这款鸡尾酒，就是源于古巴挣脱西班牙统治，争取独立时的口号——“自由古巴万岁”这样一个典故。古巴独立战争后期，据说美国有一艘名叫“缅因号”的战舰因故沉没，美军便趁此机会登陆古巴。在 8 月一个炎热的午后，一位美军少尉走进哈瓦那一家由美国人经营的酒店，向服务员点叫罗姆酒。此时，刚好有位同僚在喝可乐，于是少尉灵机一动，将可乐掺在罗姆酒中并举杯说：“自由古巴。”这样一款新型鸡尾酒就产生了。另外，在设计鸡尾酒时，设计者还可以从诸如人物、文学、历史、军事、伦理等方面展开一系列的联想，创作鸡尾酒。

问题四　鸡尾酒的命名方法有哪些？

认识鸡尾酒的途径因人而异，一般先从其名称入手。鸡尾酒的命名五花八门、千奇百怪，有植物名、动物名、人名，从形容词到动词，从视觉到味觉等。同一种鸡尾酒叫法可能不同；反之，名称相同，配方也可能不同。鸡尾酒一般按以下几种方式命名：

（一）以鸡尾酒的基本结构与调制原料命名

1. 金汤力

金汤力（Gin Tonic），即金酒加汤力水兑饮。19 世纪晚期，英军在印度为预防热带地区的疟疾，在英式干金酒中加入味苦的药液奎宁混合饮用。如今酒吧所采用的奎宁水（汤力水）中奎宁的含量已很少，作为一种碳酸饮料已无药效，只是作为金酒的调缓剂，使酒液显示出清爽的苦味。

2. B & B

B & B 是由白兰地和 16 世纪法国诺曼底地区本尼迪克特修道院所生产的香草利口酒（Benedictine DOM）混合而成，其命名采用两种原料酒名称 Brand 和 Benedictine DOM 的缩写而合成。

3. 香槟鸡尾酒

香槟鸡尾酒（Champagne Cocktail）主要以香槟、葡萄汽酒为基酒，添加苦精、果汁、糖等调制而成，其命名较为直观地体现了酒品的风格。

4. 宾治

宾治（Punch）类鸡尾酒源于印度。“Punch”一词，来自印度语中的“Panji”，有“五种原料混配调制而成”之意。

根据鸡尾酒的基本结构与调制原料来命名鸡尾酒，范围广泛，直观鲜明，能够增加饮者对鸡尾酒风格的认识。除上述列举之外，诸如特基拉日出（Tequila Sunrise）、葡萄酒冷饮（Wine Cooler）、爱尔兰咖啡（Irish Coffee）等，均采用这种命名方法。

（二）以时间、季节命名

用创作的时间或季节来命名鸡尾酒是一种常用的方法。如九月的早晨（September Morning）、六月玫瑰菲兹（Rose in June Fizz）、清凉夏日（Cooler Summer）等。用此法来命名，常表示某个时间场景的特点，作者通过丰富的生活经历和创作的灵感，抒发自己真实的情感。

（三）以地名命名

鸡尾酒是世界性的饮料，多以地名命名。饮用颇具地域和民族风情的鸡尾酒，犹如环游世界。

1. 马天尼

1867年，美国旧金山一家酒吧的领班为一名酒醉将去马天尼（Martini）的客人解醉而即兴调制的鸡尾酒，遂以“马天尼”这一地名命名。

2. 曼哈顿

据说，这一款经典的鸡尾酒是英国首相丘吉尔的母亲杰妮创制的，她在曼哈顿（Manhattan）俱乐部为自己支持的总统候选人举办宴会，并用此酒招待来宾。该酒以黑麦威士忌、甜苦艾酒、苦精等调制而成，以地名“曼哈顿”命名。

以地名命名鸡尾酒的典型还有：环游世界（Around the World）、布朗克斯（Bronx）、横滨（Yokohama）、长岛冰茶（Long Island Iced Tea）、新加坡司令（Singapore Sling）、阿拉斯加（Alaska）等。

（四）以自然景观命名

以自然景观命名的鸡尾酒数量多，表现内容广，内涵丰富，名称优雅，富有吸引力，如蓝色夏威夷（Blue Hawaiian）、加勒比日落（Caribben Sunset）、热带黎明（Tropical Dawn）、牙买加之光（Jamaica Glow）等。鸡尾酒的名称常被冠上地名，加上当地的景观特点，容易联想，方便记忆。

（五）以人名命名

以人名命名鸡尾酒等混合饮料，是一种传统的命名法，它反映了一些经典鸡尾酒产生的渊源。

1. 基尔

基尔（Kir），又译为吉尔。该酒是1945年法国勃艮第地区第戎市（Dijon）市长诺菲利克斯·基尔先生创制的，是以勃艮第阿利高（Aligote，白葡萄品种）白葡萄酒和黑醋栗利口酒调制而成的。

2. 血玛丽

血玛丽（Bloody Mary）这一款鸡尾酒，据说是对16世纪中叶英格兰都铎王朝为复兴天主教而迫害新教徒的玛丽女王的蔑称。该酒诞生于20世纪20年代美国禁酒时期，含义耐人寻味。

3. 汤姆·柯林斯

汤姆·柯林斯（Tom Collins）是19世纪在伦敦担任调酒师的约翰·柯林斯（John Collins）首创的，最初使用的是荷兰金酒，用自己的姓名命名，称为约翰·柯林斯，后逐渐采取英国的老汤姆金酒加糖、柠檬汁、苏打水调制而成，故称为汤姆·柯林斯（Tom Collins）。

（六）以颜色命名

以颜色命名的鸡尾酒占很大部分，它的基酒可以是伏特加、金酒、威士忌等，配以下列带色的溶液，像画家一样调出五颜六色的鸡尾酒。

1. 红色

最常见的是由艳红欲滴的石榴榨汁而成的石榴糖蜜、樱桃白兰地、草莓白兰地等。常用于红粉佳人（Pink Lady）等酒的调制。

2. 绿色

用的是薄荷酒，薄荷酒分绿色、透明色和红色三种，尤以绿色和透明色使用居多。常用于调制蚱蜢（Grasshopper）等鸡尾酒。

3. 蓝色

采用透明宝石蓝的蓝色柑橘酒。常用于调制蓝焰（Blue Blazer）等酒。

4. 黑色

用各种咖啡酒，其中最常用的是一种叫甘露（也称卡鲁瓦）的墨西哥咖啡酒。其色浓黑如墨，味道极甜，带浓厚的咖啡味，专用于调配黑色的鸡尾酒，如黑俄罗斯（Black Russian）等。

5. 褐色

由可可酒、可可豆及香草做成。由于欧美人对巧克力偏爱异常，配酒时常常大量使用，或用透明色淡的，或用褐色的，如调制天使之吻（Angle's Kiss）等鸡尾酒。

6. 金色

用带茴香及香草味的加里安奴酒（Galliano），或用蛋黄、橙汁等做成。常用于金色的梦（Gold Dream）等的调制。

带色的酒多半具有独特的风味。一味地知道调色而不知调味，可能调出一杯中看不中喝的饮品；反之，只重味道而不讲色泽，也可能成为一杯无人问津的杂色酒。此中分寸，需经耐心细致地摸索、实践来寻求，不可操之过急。

除上述六种常用方法以外，还有很多命名方法。例如，威士忌酸（Winsky Sour）等鸡尾酒是根据主要口味来命名的，马颈（Horse Neck）等鸡尾酒是根据装饰的特点来命名的，椰林飘香（Pina Colada）等鸡尾酒是根据饮品的典故来命名的，雾酒（Misa）等鸡尾酒是根据酒品的某些特征来命名的。总之，鸡尾酒命名方法并没有特别的规定，各种方法均可采用，但必须讲究思想内容和艺术品位。

问题五 鸡尾酒的创作步骤有哪些？

1. 确定创作意图和内容

鸡尾酒的创作内容非常广泛，创作者可以根据自己的兴趣爱好、生活经历、艺术特长、思维特点去确定。通过观察思考、触景生情、联想发挥等方法去寻找创作的灵感。可以选择几个创作内容，再进行筛选，最后确定。在实际调制过程中，还可根据具体情况作适当的调整。

2. 选择主题原材料

创作意图和内容明确后，关键是选择何种基酒和辅料来表现作品的内容。原则上，基酒必须为创意和内容服务；辅料要与基酒相辅相成，不能喧宾夺主；所有原材料的选择要考虑成本核算。

3. 确定酒品名称

可根据创作意图确定作品名称，然后选择主辅原料；亦可先根据创作内容选定主辅原料，再确定作品的中英文名称。中文名称要简练含蓄，英文则需准确易懂。根据中文来确定英文名称时，最好意译，以避免英文生硬别扭。如果先确定英文名称，则中文意思与英文要一致。

4. 选择载杯和装饰物

载杯的大小和形状必须为创意和内容服务，酒品的分量与载杯的容量要一致；装饰物与创意、内容要相符，酒品的口味与装饰物必须协调。总之，鸡尾酒是一种完整的艺术品，每一个细节都应给予认真地考虑。

5. 制定配方

每一款鸡尾酒都应有一个完整的配方，其中包括：酒品的中英文名称、原材料的中英文名称及分量、调制方法、载杯、装饰物等。如果是以比赛为目的，还要增加创意说明；以商业为目的，要写出成本核算分析；以教学和考试为目的，则需要写出比较全面的分析说明。

6. 实际调制

制定配方后必须进行调制试验，尤其酒品的口感和口味，需要通过品尝才能确定。同时，基酒与辅料在混合过程中，有时颜色会产生变化，达不到所预期的效果。因此，必须进行实际调制以检验真实效果。另外，装饰物也需要现场试制，才能看出实际效果。总之，在实际调制过程中，容易发现作品的缺点和不足，并从中得到启发和思考，通过不断地修改和完善，才能使作品臻于完美。

鸡尾酒创新实例

——2008年港中旅维景杯全国鸡尾酒大赛冠军作品

参赛品名：同舟共济

参赛选手：南航明珠大酒店西餐厅　颜旺彪

指导老师：广东省旅游职业技术学校　徐明

配方：

基酒：1 盎司（约 28 克）剑南春　　辅料：适量冰块、雪梨汁、红糖水、雪碧

装饰物：柠檬片　　载杯：特饮杯

方法：摇晃法及漂浮法

背景及喻义说明：

我国汶川大地震，造成了极大的人员伤亡，举国上下无比悲痛。

选用产于重灾区之一——绵竹的“剑南春”为主要基酒，用其代表灾区；雪梨汁，取“梨”的谐音“离”，意指地震使无数家庭妻离子散，痛失亲人；最后倒入的红糖水，渐渐上浮，表示拨开乌云见天；挂在杯口的柠檬片象征冉冉升起的红日，意指全国人民万众一心，抗震救灾，灾后重建工作蒸蒸日上；船形装饰碟，意指大灾有大爱，风雨同舟。

此款酒品既具剑南春的芳香浓郁，又有雪梨汁的甜冽净爽和雪碧的清凉口感，是夏天的理想饮品，属典型的中华鸡尾酒。

任务五　了解花式调酒技法

花式调酒是在传统鸡尾酒调制的基础上逐渐演变发展起来的一种调酒形式。调酒师为营造酒吧气氛，在调制鸡尾酒的过程中，利用酒瓶、酒杯、摇酒壶等器具，以及斟酒、摇酒的姿势，伴随着激情的音乐，做出一系列连贯并具有观赏性的表演动作。由于表演者动作快，花样多，变幻莫测，故被称为花式调酒。

花式调酒给酒文化注入了时尚元素，让酒吧的气氛骤然热烈起来。成为一名合格的调酒师，首先需要激情。调酒界盛传的一句话如是说：好的调酒师既会调酒又会“调情”。其次，一名合格的调酒师，一定要记得所有的调酒配方，要在感官上取悦客人，合理地搭配颜色。最后，作为调酒师要性格开朗，善于沟通。

问题一　花式调酒是如何起源与发展的？

花式调酒最早起源于美国的“Friday”（星期五餐厅），20 世纪 80 年代开始盛行于欧美各国，后来广传世界各地，深受调酒师和年轻人的喜爱。早期的调酒配方简单，调制方法和动作比较单一。随着世界各国酒吧业的发展以及调酒从业人员水平的提高，酒吧不仅仅是个饮酒的场所，而且是个娱乐、休闲的场所。酒吧融入了歌舞、演唱、奏乐等娱乐项目，以及调酒师魔术般的调酒表演，从而极大地活跃了酒吧的气氛。

花式调酒

问题二　花式调酒的基本动作技法有哪些？

花式调酒主要是手部的动作表演，辅以身体姿势的变换及脚步的移动。因此，根据抛瓶的位置和手部的动作，可归纳为以下 15 种技法：

1. **上抛**

上抛酒瓶，让其随重心滚动式翻转下落。操作时，右手指捏住瓶颈上端，向上后勾抛起，使瓶子向后翻转下落后，再用右手接住。这是花式调酒的一项基本动作，难度小，成功率高，容易学。如图 7-30 所示。

图 7-30 上抛

2. **侧抛**

侧抛酒瓶，让其随重心滚动式翻转下落。操作时，右手四个指头合拢并与大拇指分开，握住瓶颈中部，然后向左侧上方勾抛，使瓶子从右向左弧线形滚动下落后，用左手接住瓶颈。如用左手握瓶侧抛，则必须改右手接瓶。侧抛与上抛法相似，只是瓶子移动的方向不同，但必须注意左手接瓶能力的训练。如图 7-31 所示。

3. **背抛**

背后抛瓶。右手捏住瓶颈，绕往背部向左侧上方斜抛，并迅速用左手接住瓶身，或使瓶子停立于手背之上。如果用左手持瓶，则改为右手接瓶。此法因操作者难以用眼睛观察，全凭手部控制抛动的力度。如图 7-32 所示。

图 7-31 侧抛

图 7-32 背抛

4. **后勾**

后勾抛瓶。左手捏住瓶颈上部，顺右臂腋下向后勾抛，瓶子绕过右侧肩部上方后，用右手迅速接住瓶颈或使瓶子停立于右手背上。此法应注意利用手腕的力气，上下臂不要过多摆动，整体保持相对的稳定。如图 7-33 所示。

5. **直立**

酒瓶直立于手背之上，即将瓶子抛起，自由落下后瓶底朝下停立于手背之上。操作者可通过各种手法抛动瓶子，使其下落后停立于手背上。接瓶时，手臂和手要做出缓冲的动作，使瓶子轻巧地停立于手背上，以防碰伤手背。如图 7-34 所示。

图 7-33　后勾

图 7-34　直立

6. **倒立**

酒瓶倒立于手背之上，即将瓶子抛起，自由落下后瓶口朝下停立于手背上。操作者可通过各种手法抛动瓶子，使其下落后倒立于手背上。由于瓶口面积很小，停立难度很大，通常在瓶子瞬间停立后，可立即转变做其他动作。如图 7-35 所示。

7. **胯下抛**

胯下抛瓶。右手捏住瓶颈，右小腿弯曲并上抬，将瓶子绕右腿胯下向上方抛起，并迅速用左手接瓶。如用左手，则方向相反。胯下抛要注意不要斜抛，应尽量把瓶子往上直抛，以方便接瓶。如图 7-36 所示。

图 7-35　倒立

图 7-36　胯下抛

8. **滚动**

让瓶子在身体上滚动，即让瓶子在操作者的手臂、肩部、背部自然滚动。操作时，右手四个手指合拢并与大拇指分开，握住瓶身中部，抬高并伸直手臂，利用手指提拉、卷动，使瓶子沿着右手背、右手臂、右肩等方向滚动至背部，最后左手绕至背部后面接住瓶子。此法的各个动作一气呵成，自然流畅，如行云流水一般。如图 7-37 所示。

9. 轮转

轮转酒瓶。操作者右手握瓶颈，四个指头合拢，并与大拇指分开，利用手指和手腕转动之力，将瓶子紧贴着手指自然翻转两圈后，右手再握住瓶身下部，然后依此法不停地翻转。

回转时，右手握住瓶颈，并以右手虎口为支点向靠身体内侧转动一圈后，乃用右手握住瓶身。可正反来回轮转，反复不断操练，以提高手部的灵巧性。此法有如车轮滚滚，流畅自如。因此，操作时要连续不断，速度略快，节奏感要强烈。如图 7-38 所示。

图 7-37　滚动

图 7-38　轮转

10. 画圆圈

手持瓶画圆圈。左右手各持一个酒瓶，左手保持在胸部前面并握住瓶身中部，右手捏住瓶颈上端，并以左手为圆心，挥瓶画圆圈；每画一圈，左手必须松开瓶子，让瓶子腾空后再迅速握瓶。与此同时，操作者双脚以弓步向右侧移动两步。操作时，动作要有力，步伐与手臂的动作要协调一致。如图 7-39 所示。

11. 抛瓶入壶

抛瓶入壶，即让瓶子落入调酒壶内。操作者一手持摇酒壶，一手采用任何方法上抛瓶子，使瓶子翻转滚动，最后让瓶子底部朝下，准确落入摇酒壶内。此法要点在于，持摇酒壶一手要主动提前去接住瓶子，瓶子下落的时间要把握准确，并做到手脚协调，动作优美。如图 7-40 所示。

图 7-39　画圆圈

图 7-40　抛瓶入壶

12. 抛壶盖瓶

盖瓶，即抛动摇酒壶，使之倒盖在瓶颈上。操作者一手持摇酒壶，一手握住瓶身中部，然后上抛摇酒壶，使壶体翻转滚动落下，并准确倒扣住瓶颈。如图 7-41 所示。

13. 双指夹瓶

用食指和中指夹住瓶颈上端，掌心向上，然后利用两个手指扭转的力气，把瓶子向外侧上方转动绕一圈后，变成中指和无名指夹住瓶颈，掌心呈向下的姿势。之后再将瓶子向身体内侧方向勾起，180 度转动后，使食指和中指夹住瓶颈上端，掌心向上。按此法反复操作，使人感到瓶子好像粘在指头上似的。如图 7-42 所示。

图 7-41　抛壶盖瓶

图 7-42　双指夹瓶

14. 击旋酒瓶

左手握住瓶身中部，右手击打瓶身下部，使瓶子翻转一圈后，用右手握住瓶颈中部。如图 7-43 所示。

15. 双手轮转抛瓶

右手握住瓶颈，侧抛 180 度后，用左手轻按瓶身底部，使瓶子翻转一圈后，再用左手握住瓶颈。如图 7-44 所示。

图 7-43　击旋酒瓶

图 7-44　双手轮转抛瓶

问题三　如何学习花式调酒？

学习花式调酒技术是一项艰苦的工作。学习者必须打好扎实基础，掌握动作操作方法，刻苦训练，持之以恒，才能获得良好的学习效果。具体应注意以下四点：

1. 练好基本功

花式调酒技术的重点在双手的动作和双脚的步伐。因此，要练好双手和双脚的基本功夫。学习时，要遵循由易到难、由慢到快的原则；必须先领会动作操作方法，然后分解动作步骤，再连贯操作，并不断重复操练，达到熟练灵巧，准确无误。

2. 动作连贯流畅

花式调酒技术的难点在于动作的连贯流畅。要达到动作的连贯流畅，就必须分解练好各单项手法，并科学合理地串联各个动作，使之成为一种有层次、有节奏、有内涵的表演艺术。要避免动作之间衔接时出现的停顿、犹豫、掉瓶等不协调的现象。

3. 调酒与花式动作相辅相成

花式表演动作与实际调酒操作不能机械地分开，应边调酒边做动作，使花式动作表演融入实际调酒过程之中。要以调酒表演为主，花式动作为辅，不宜喧宾夺主。两者必须相辅相成，使之成为一个完整的调酒艺术过程。

4. 背景音乐与动作表演协调一致

花式调酒表演必须有音乐伴奏，这不仅可以渲染气氛，而且能激发调酒师的表演激情。伴奏乐曲的节奏要明快，旋律与动作要协调，乐曲风格与调酒表演内容要一致。音乐必须有前奏过渡，有主题展开，有高潮起伏，有收尾结束，使之与调酒动作表演形成一个完美的艺术整体。

场景回顾

应聘调酒师的学生如要面试成功，需要有较好的语言表达能力，如能详细讲述各种酒水的味道、鸡尾酒的特点，并掌握娴熟的调酒操作技术，特别是应掌握常见的鸡尾酒配方（酒谱）。实操时，应根据考官提供的原材料及工具确定可以调制的品种，如从表演性和观赏性的角度，可尝试调制红粉佳人、青草蜢、七色彩虹等。

项目小结

调酒是一项艺术性很强的工作，要求从业者必须具有全面系统的酒水知识和调制理论基础。本项目详细地介绍了鸡尾酒的相关背景知识、调酒常用的器具和设备、鸡尾酒的调制方法、鸡尾酒的创作艺术及花式调酒技法等，以使学习者能够全面系统地掌握相关知识和技能，并胜任将来在酒吧调制鸡尾酒的工作。

思考与练习题

一、填空题

1. 鸡尾酒的调制方法主要有__________、__________、__________、__________。

2. 鸡尾酒的基本结构是__________、__________、__________、__________。

3. 立式冷柜用于专门存放 ＿＿＿＿＿＿ 和 ＿＿＿＿＿＿。

4. 品尝鸡尾酒的三个步骤是 ＿＿＿＿＿＿、＿＿＿＿＿＿、＿＿＿＿＿＿。

5. 英制 1 盎司（oz）= ＿＿＿＿＿＿ 毫升（ml）。

二、单项选择题

1. 鸡尾酒起源于（　　）。

A. 美国　　B. 英国　　C. 法国　　D. 印度

2. 老式酒杯又名（　　）。

A. 古典杯　　B. 三角鸡尾杯　　C. 高杯　　D. 柯林斯杯

3. 下列物品中（　　）不属于酒吧常用设备。

A. 生啤机　　B. 制冰机　　C. 炉灶　　D. 搅拌机

4. 马天尼是以（　　）来命名的。

A. 颜色　　B. 人名　　C. 地名　　D. 时间、季节

三、简答题

1. 选一款鸡尾酒进行调制，在调制过程中说出鸡尾酒调制的基本原理、一般步骤及其规范要求。

2. 请说出调制鸡尾酒需要用到的各种设备、载杯和用具。

3. 鸡尾酒的创作步骤有哪些？

4. 以教师节或母亲节为主题自行设计一款鸡尾酒进行调制，并给予命名和说明其寓意。

任课老师指导学生以教师节为主题，自创一款或一系列鸡尾酒，说出调制原料及其名称、寓意。

附　录

附录一　中国部分少数民族饮茶风俗（选录）

“千里不同风，百里不同俗。”我国是一个多民族的国家，共有 56 个兄弟民族，由于所处地理环境和历史文化的不同，以及生活风俗的各异，使每个民族的饮茶风俗也各不相同。在生活中，即使是同一民族，在不同地域，饮茶习俗也各有千秋。不过把饮茶看作是健身的饮料、纯洁的化身、友谊的桥梁、团结的纽带，在这一点上又是共同的。现将部分兄弟民族中有代表性的饮茶习俗，分别介绍如下。

一、傣族的竹筒茶饮茶风俗

竹筒香茶是傣族别具风味的一种茶饮料。傣族世代生活在我国云南的南部和西南部地区，以西双版纳最为集中。傣族是一个能歌善舞而又热情好客的民族。

傣族喝的竹筒香茶，其制作和烤煮方法，甚为奇特，一般可分为五道程序，现分述如下：

（1）装茶：就是将采摘细嫩、再经初加工而成的毛茶，放在生长期为一年左右的嫩香竹筒中，分层陆续装实。

（2）烤茶：将装有茶叶的竹筒，放在火塘边烘烤。为使筒内茶叶受热均匀，通常每隔 4~5 分钟应翻滚竹筒一次。待竹筒色泽由绿转黄时，筒内茶叶也已达到烘烤适宜，即可停止烘烤。

（3）取茶：待茶叶烘烤完毕，用刀劈开竹筒，就成为清香扑鼻、形似长筒的竹筒香茶。

（4）泡茶：分取适量竹筒香茶，置于碗中，用刚沸腾的开水冲泡，经 3~5 分钟，即可饮用。

（5）喝茶：竹筒香茶喝起来，既有茶的醇厚高香，又有竹的浓郁清香。傣族同胞不分男女老少，人人都爱喝竹筒香茶。

二、藏族的酥油茶饮茶风俗

藏族主要分布在我国西藏，在云南、四川、青海、甘肃等省的部分地区也有分布。这里地势高，有“世界屋脊”之称，空气稀薄，气候高寒干旱。藏族以放牧或种旱地作物为生，当地蔬菜瓜果很少，常年以奶、肉、糌粑为主食。“其腥肉之食，非茶不消；青稞之热，非茶不解。”茶成了当地人补充营养的主要来源，喝酥油茶如同吃饭一样重要。

酥油茶是一种在茶汤中加入酥油等作料经特殊方法加工而成的茶汤。至于酥油，乃是把牛奶或羊奶煮沸，经搅拌冷却后凝结在溶液表面的一层脂肪。而茶叶一般选用的是紧压茶中的普洱茶或金尖。制作时，先将紧压茶打碎加水在壶中煎煮 20~30 分钟，再滤去茶渣，把茶汤注入长圆形的打茶筒内。同时，再加入适量酥油，还可根据需要加入事先已炒熟、捣碎的核桃仁、花生米、芝麻粉、松仁之类，最后还应放上少量的食盐等。接着，用木杵在圆筒内上下抽打。根据藏族的经验，当抽打时打茶筒内发出的声音由“咣当、咣当”转为“嚓、嚓”时，表明茶汤和作料已混为一体，酥油茶才算打好了，随即将酥油茶倒入茶瓶待喝。

由于酥油茶是一种以茶为主料，并加有多种食料经混合而成的液体饮料，所以，滋味多样，喝起来咸里透香，甘中有甜，它既可暖身御寒，又能补充营养。在青藏高原，人烟稀少，家中少有客人进门。偶尔，有客来访，可招待的东西很少，加上酥油茶的独特作用，因此，敬酥油茶便成了藏族人款待宾客的珍贵礼仪。

由于藏族同胞大多信奉喇嘛教，当举行宗教庆典活动时，虔诚的教徒要敬茶，有钱人要施茶。他们认为，这是“积德”“行善”，所以，在藏区的一些大喇嘛寺里，多备有一口特大的茶锅，通常可容茶数担，遇上节日，向信徒施茶，算是佛门的一种施舍，至今仍随处可见。

三、维吾尔族的香茶饮茶风俗

维吾尔族主要居住在新疆天山以南的地区，主要从事农业劳动，主食面粉。最常见的是用小麦面烤制的馕：色黄，又香又脆，形若圆饼。维吾尔族进食时，总喜与茶伴食，平日也爱喝香茶、奶茶。他们认为，茶有养胃提神的作用，是一种营养价值极高的饮料。

南疆维吾尔族煮香茶时，使用的是铜制的长颈茶壶，也有用陶质、搪瓷或铝制长颈壶的，而喝茶用的是小茶碗，这与北疆维吾尔族煮奶茶使用的茶具是不一样的。通常制作香茶时，应先将茯砖茶敲碎成小块状。同时，在长颈壶内加水七八分满加热。当水刚沸腾时，抓一把碎块砖茶放入壶中；当水再次沸腾约 5 分钟时，则将预先准备好的适量姜、桂皮、胡椒等细末香料，放进煮沸的茶水中，轻轻搅拌，经 3~5 分钟即成。为防止倒茶时茶渣、香料混入茶汤，在煮茶的长颈壶上往往套有一个过滤网，以免茶汤中带渣。

南疆维吾尔族老乡喝香茶，习惯于一日三次，与早、中、晚三餐同时进行。通常是一边吃馕，一边喝茶，这种饮茶方式，与其说把它看成是一种解渴的饮料，还不如把它说成是一种佐食的汤料，实是一种以茶代汤、用茶作菜之举。

四、回族的刮碗子茶饮茶风俗

回族主要分布在我国的西北地区，以宁夏、青海、甘肃三省（区）最为集中。回族居住处多在高原沙漠，气候干旱寒冷，蔬菜缺乏，以食牛羊肉、奶制品为主。而茶叶中存在的大量维生素和多酚类物质，不但可以补充蔬菜的不足，而且还有助于去油除腻，帮助消化。所以，自古以来，茶一直是回族同胞的主要生活必需品。

回族饮茶，方式多样，其中有代表性的是喝刮碗子茶。刮碗子茶用的茶具，俗称“三件套”。它由茶碗、碗盖和碗托或盘组成。茶碗盛茶，碗盖保香，碗托防烫。喝茶时，一手提托，一手握盖，并用盖顺碗口由里向外刮几下，这样一则可拨去浮在茶汤表面的泡沫，二则使茶味与添加食物相融，刮碗子茶的名称也由此而来。

刮碗子茶用的多为普通炒青绿茶。冲泡茶时，除茶碗中放茶外，还放有冰糖与多种干果，诸如苹果干、葡萄干、柿饼、桃干、红枣、桂圆干、枸杞子等，有的还要加上白菊花、芝麻之类，通常多达 8 种，故也有人美其名曰“八宝茶”。由于刮碗子茶中食品种类较多，加之各种配料在茶汤中的浸出速度不同，因此，每次续水后喝起来的滋味是不一样的。一般说来，刮碗子茶用沸水冲泡，随即加盖，经 5 分钟后开饮，一泡以茶的滋味为主，主要是清香甘醇；二泡因糖的作用，就有浓甜透香之感；三泡开始，茶的滋味开始变淡，各种干果的味道就应运而生，具体依所添的干果而定。大抵说来，一杯刮碗子茶，能冲泡 5~6 次，甚至更多。

回族同胞认为，刮碗子茶能去腻生津、滋补强身，是一种甜美的养生茶。

五、蒙古族的咸奶茶饮茶风俗

蒙古族主要居住在内蒙古及其周边的一些省区。喝咸奶茶是蒙古族的传统饮茶习俗。在牧区，他们习惯于“一日三餐茶”，却往往是“一日一顿饭”。每日清晨，主妇的第一件事就是先煮一锅咸奶茶，供全家整天享用。蒙古族喜欢喝热茶。早上，他们一边喝茶，一边吃炒米。将剩余的茶放在微火上暖着，供随时取饮。通常一家人只在晚上放牧回家才正式用餐一次，但早、中、晚三次喝咸奶茶一般是不可缺少的。

蒙古族喝的咸奶茶，用的多为青砖茶或黑砖茶，煮茶的器具是铁锅。制作时，应先把砖茶打碎，并将洗净的铁锅置于火上，盛水 2~3 千克，烧水至刚沸腾时，加入打碎的砖茶 25 克左右。当水再次沸腾 5 分钟后，掺入奶，用量为水的 1/5 左右。稍加搅动，再加入适量盐。等到整锅咸奶茶开始沸腾时，才算煮好了，即可盛在碗中待饮。煮咸奶茶的技术性很强，茶汤滋味的好坏，营养成分的多少，与用茶、加水、掺奶，以及加料次序的先后都有很大的关系。如茶叶放迟了，或者加茶和奶的次序颠倒了，茶味就会出不来。而煮茶时间过长，又会丧失茶香味。蒙古族同胞认为，只有器、茶、奶、盐、温五者互相协调，才能制成咸香可宜、美味可口的咸奶茶。为此，蒙古族妇女都练就了一手煮咸奶茶的好手艺。大凡姑娘从懂事起，做母亲的就会悉心向女儿传授煮茶技艺。当姑娘出嫁时，在新婚燕尔之际，也得当着亲朋好友的面，显露一下煮茶的本领。要不，就会有缺少家教之嫌。

六、白族的三道茶饮茶风俗

白族散居在我国西南地区，主要分布在风光秀丽的云南大理。白族是一个好客的民族，大凡在逢年过节、生辰寿诞、男婚女嫁、拜师学艺等喜庆日子里，或是在亲朋宾客来访之际，都会以“一苦、二甜、三回味”的三道茶款待。

制作三道茶时，每道茶的制作方法和所用原料都是不一样的。

一道茶，称之为“清苦之茶”。寓意做人的哲理：“要立业，就要先吃苦。”制作时，先将水烧开。再由司茶者将一只小砂罐置于文火上烘烤。待罐烤热后，随即取适量茶叶放入罐内，并不停地转动砂罐，使茶叶受热均匀。待罐内茶叶“啪啪”作响，叶色转黄，发出焦糖香时，立即注入已经烧沸的开水。少顷，主人将沸腾的茶水倾入茶盅，再用双手举盅献给客人。由于这种茶经烘烤、煮沸而成，因此，看上去色如琥珀，闻起来焦香扑鼻，喝下去滋味苦涩，故而谓之苦茶。通常只有半杯，一饮而尽。

二道茶，称之为“甜茶”。当客人喝完一道茶后，主人重新用小砂罐置茶、烤茶、煮茶，与此同时，还得在茶盅中放入少许红糖，待煮好的茶汤倾入盅内八分满为止。这样沏成的茶，甜中带香，甚是好喝，它寓意“人生在世，做什么事，只有吃得了苦，才会有甜香来”。

三道茶，称之为“回味茶”。煮茶方法虽然相同，只是茶盅中放的原料已换成适量蜂蜜，少许炒米花，若干粒花椒，一撮核桃仁。茶汤容量通常为六七分满。饮三道茶时，一般是一边晃动茶盅，使茶汤和作料均匀混合；一边口中“呼呼”作响，趁热饮下。这杯茶，喝起来甜、酸、苦、辣，各味俱全，回味无穷。它告诫人们，凡事要“回味”，切记“先苦后甜”的哲理。

七、纳西族的“龙虎斗”和盐茶饮茶风俗

纳西族主要居住在风景秀丽的云南省丽江地区，是一个喜爱喝茶的民族。纳西族平日爱喝一种具有独特风味的“龙虎斗”。此外，还喜欢喝盐茶。

纳西族喝的“龙虎斗”，制作方法也很奇特。首先用水壶将茶烧开。另选一只小陶罐，放上适量茶，连罐带茶烘烤。为免使茶叶烤焦，还要不断转动陶罐，使茶叶受热均匀。待茶叶发出焦香时，向罐内冲入开水，烧煮 3~5 分钟。同时，准备茶盅，再放上半盅白酒，然后将煮好的茶水冲进盛有白酒的茶盅内。这时，茶盅内会发出“啪啪”的响声，纳西族同胞将此看作是吉祥的征兆。声音愈响，在场者就愈高兴。纳西族认为“龙虎斗”还是治感冒的良药，因此，提倡趁热喝下。如此喝茶，香高味酽，提神解渴，甚是过瘾！

纳西族喝的盐茶原料为当地生产的紧茶或饼茶，茶具为小瓦罐和瓷杯。方法是先将紧压茶捣碎放入瓦罐，把罐移向火塘烤烘，至茶叶发出“噼啪”响声和焦香气味，缓缓冲入开水，再煮 5 分钟，然后把捆扎的盐巴投入茶汤中，抖动几下移去，使茶汤略有盐味，即可移出火塘，把茶汁分倒在瓷杯中，太浓时再加开水冲淡饮用。

八、哈萨克族的奶茶饮茶风俗

主要居住在新疆天山以北的哈萨克族，还有居住在这里的维吾尔族、回族等民族，把茶看成与吃饭一样重要，茶在他们生活中占有很重要的地位。

哈萨克族煮奶茶通常用的是铝锅或铜壶，喝茶用的是大茶碗。煮奶时，先将茯砖茶打

碎成小块状。同时，盛半锅或半壶水加热至沸腾时，抓一把碎砖茶入内，待煮沸 5 分钟左右，加入牛（羊）奶，用量约为茶汤的 1/5。轻轻搅动几下，使茶汤与奶混合，再投入适量盐巴，重新煮沸 5~6 分钟即成。讲究的人家，也有不加盐巴而加食糖和核桃仁的。这样才算把一锅（壶）热乎乎、香喷喷、油滋滋的奶茶煮好了，便可随时供饮。

北疆兄弟民族习惯于一日早、中、晚三次喝奶茶，中老年人还得上午和下午各增加一次。如果有客从远方来，那么，主人就会立即迎客入帐，席地围坐。好客的女主人当即在地上铺一块洁净的白布，献上烤羊肉、馕（一种用小麦面烤制而成的饼）、奶油、蜂蜜、苹果等，再奉上一碗奶茶。如此，一边谈事叙谊，一边喝茶进食，饶有风趣。

喝奶茶对初饮者来说，会感到滋味苦涩而不大习惯，但只要在高寒、缺蔬菜、食奶肉的北疆住上十天半月，就会感到奶茶实在是一种补充营养和去腻消食不可缺少的饮料。

九、苗族的虫茶及油茶汤饮茶风俗

虫茶是湖南城步苗族自治县长安乡长安村的著名土特产，已有 200 多年的历史。相传清代乾隆年间，当地横岭峒一带的少数民族起义，被清军镇压后逃往深山。因一时无食物可充饥，无奈即采灌木丛中的苦茶枝鲜叶为食，始食时感苦涩，食用后觉回味甘甜，遂大量采摘，并用箩筐和木桶等储存起来。不料几个月后，苦茶枝被一种浑身乌黑的虫子吃光了，箩筐中、桶中只剩下一些呈黑褐色、似油菜籽般细小的渣滓和虫屎。人们惋惜之余，被逼无奈，只得试探性地将残渣和虫屎都放进竹筒中，冲入沸水。只见顷刻间，泡浸出褐红色茶汁，竟清香甜美，欣喜之下饮之，觉分外舒适可口，且清香甜美。从此，当地的苗族同胞便刻意将苦茶枝叶喂虫，再用虫屎制成虫茶，成为苗寨的一大特色，至今风行。今日人们如到苗寨旅游，仍可品尝到风味独特的苗族虫茶。

居住在鄂西、湘西、黔东北一带的苗族，以及部分土家族人，有喝油茶汤的习惯。他们说：“一日不喝油茶汤，满桌酒菜都不香。”倘有宾客进门，他们更用香脆可口、滋味无穷的八宝油茶汤款待。八宝油茶汤的制作比较复杂。先将玉米（煮后晾干）、黄豆、花生米、团散（一种米面薄饼）、豆腐干丁、粉条等分别用茶油炸好，分装入碗待用。接着是炸茶，特别要把握好火候，这是制作的关键技术。具体做法是，放适量茶油在锅中，待锅内的油冒出青烟时，放入适量茶叶和花椒翻炒；待茶叶色转黄，发出焦糖香时，即可倾水入锅，再放上姜丝。一旦锅中水煮沸，再徐徐掺入少许冷水，等水再次煮沸时，加入适量食盐和少许大蒜、胡椒之类，用勺稍加拌动，随即将锅中茶汤连同作料，一一倾入盛有油炸食品的碗中，这样就算把八宝油茶汤制好了。

待客敬油茶汤时，主妇用双手托盘，盘中放上几碗八宝油茶汤，每碗放上一只调匙，彬彬有礼地敬奉客人。这种油茶汤，由于用料讲究，制作精细，一碗到手，清香扑鼻，沁人肺腑。喝在口中，鲜美无比，满嘴生香。油茶汤既解渴，又饱肚，还有特异风味，是我国饮茶技艺中的一朵奇葩。

十、瑶族、壮族的咸油茶饮茶风俗

瑶族、壮族主要分布在广西，毗邻的湖南、广东、贵州、云南等山区也有部分分布。瑶族的饮茶风俗很奇特，都喜欢喝一种类似菜肴的咸油茶，认为喝油茶可以充饥健身、祛邪去湿、开胃生津，还能预防感冒。对一个多居住在山区的民族而言，咸油茶实在是一种健身饮料。

做咸油茶时，很注重原料的选配。主料茶叶，首选茶树上生长的健嫩新梢，采回后，经沸水烫一下，再沥干待用。配料常见的有大豆、花生米、糯粑、米花之类，制作讲究的还配有炸鸡块、爆虾子、炒猪肝等。另外，还备有食油、盐、姜、葱或韭等作料。制咸油茶，先将配料或炸或炒或煮，制备完毕，分装入碗。而后起油锅，将茶叶放在油锅中翻炒，待茶色转黄，发出清香时，加入适量姜片和食盐，再翻动几下，随后加水煮沸 3~4 分钟；待茶叶汁水浸出后，捞出茶渣，再在茶汤中撒上少许葱花或韭段。稍时，即可将茶汤倾入已放有配料的茶碗中，并用调匙轻轻地搅动几下，这样才算将香中透鲜、咸里显爽的咸油茶做好了。

由于咸油茶加有许多配料，所以，与其说是一碗茶，还不如说它是一道菜。如此一来，有些深感自己制作手艺不佳的家庭，每当贵宾进门时，还得另请村里做咸油茶的高手操作。又由于咸油茶是一种高规格的礼仪，因此，按当地风俗，客人喝咸油茶，一般不少于 3 碗。

附录二　世界各国饮茶习俗

随着东西方文化的交流，世界各地出现了形形色色的饮茶习俗，逐渐形成了全球性的茶文化。全世界有 100 多个国家和地区的居民都喜爱品茗，有的地方把饮茶品茗作为一种艺术享受来推广。各国的饮茶方法并不相同，各有千秋，现将部分代表性的饮茶习俗分别介绍如下。

一、日本的饮茶风俗

日本人饮茶有悠久的历史，并逐渐形成了“茶道”，讲究一点的人家都设有茶室。人们每次聚会，客人都先到距茶室不远的一个小休息室敲击木钟以通报主人。主人得知客人已到的信息后，要跪坐在茶室门口，让客人一个个进去；客人经过门口时，要先用门口旁边的石臼中的清水洗手，然后脱鞋，进入茶室；主人则最后才进入茶室，和客人鞠躬行礼，寒暄几句之后，主人开始煮茶，这时客人要退出茶室，到后面花园或石子路走走，让主人自由、从容地准备茶具、煮茶、泡茶。主人泡好茶以后，敲钟让客人再回茶室，然后开始一起饮茶。饮完茶以后，主人还要跪坐在门外，向客人一一祝福道别。

二、印度的饮茶风俗

印度人喜欢饮用马萨拉茶。其制作方法是，在红茶中加入姜和小豆蔻。虽然马萨拉茶的制作非常简单，但是喝茶的方式却颇为奇特：茶汤调制好后，不是斟入茶碗或茶杯里，而是斟入盘子里，不是用嘴去喝，也不是用吸管吸饮，而是伸出又红又长的舌头去舔饮，故当地人称之为舔茶。

三、英国的饮茶风俗

茶是英国人普遍喜爱的饮料，80% 的英国人每天饮茶，茶叶消费量约占各种饮料总消费量的一半。英国本土不产茶，而茶的人均消费量占全球首位，因此，茶的进口量长期遥居世界第一。

英国人好饮红茶，特别崇尚汤浓味醇的牛奶红茶和柠檬红茶。英国人喝茶，多数在上午 10 时至下午 5 时进行。倘有客人进门通常也只有在这时间段内才有用茶敬客之举。他们特别注重午后饮茶，如今在英国的饮食场所、公共娱乐场所等都有供应午后茶的。在英国的火车上，还备有茶蓝，内放茶、面包、饼干、红糖、牛奶、柠檬等，供旅客饮午后茶用。午后茶实质上是一餐简化了的茶点，一般只供应一杯茶和一碟糕点，只有招待贵宾时，内容才会丰富。

四、德国的饮茶风俗

德国人也喜欢饮茶。德国人饮茶有些既可笑又可爱的地方。比如，德国也产花茶，但不是我国用茉莉花、玉兰花或米兰花等窨制过的茶叶，他们所谓的“花茶”，是用各种花瓣加上苹果、山楂等果干制成的，里面一片茶叶也没有，真正是“有花无茶”。中国花茶讲究花味之香远；德国花茶，追求花瓣之真实。德国花茶饮时需放糖，不然因花香太盛，有股涩酸味。德国人也买中国茶叶，但居家饮茶是用沸水将放在细密的金属筛子上的茶叶不断地冲，冲下的茶水通过安装于筛子下的漏斗流到茶壶内，之后再将茶叶倒掉。有中国人到德国人家做客，发觉其茶味淡颜色也浅，一问才知德国人独具特色的“冲茶”习惯。

五、法国的饮茶风俗

法国人最爱饮的是红茶、绿茶、花茶和沱茶。饮红茶时，习惯于采用冲泡或烹煮法，类似英国人饮红茶习俗。通常取一小撮红茶或一小包袋泡红茶放入杯内，冲上沸水，再配以糖或牛奶和糖；有的地方，也有在茶中拌以新鲜鸡蛋，再加糖冲饮的；还有流行饮用瓶装茶水时加柠檬汁或橘子汁的；更有的还会在茶水中掺入杜松子酒或威士忌酒，做成清凉的鸡尾酒饮用的。

法国人饮绿茶，一般要在茶汤中加入方糖和新鲜薄荷叶，做成甜蜜透香的清凉饮料饮用。

花茶主要在法国的中国餐馆中供应。饮花茶的方式，与中国北方人饮花茶的方式相同，习惯于用茶壶加沸水冲泡，通常不加作料，推崇清饮。爱茶和香味的法国人，也对花茶产生了浓厚的兴趣。近年来，一些法国青年人对带有花香、果香和叶香的加香红茶产生兴趣。

沱茶主产于中国西南地区，因它具有特殊的药理功能，所以也深受法国一些养生益寿者，特别是法国中老年消费者的青睐。法国每年从中国的进口量达 2000 吨，有袋泡沱茶和山沱茶等种类。

六、新加坡的饮茶风俗

肉骨头茶实际上是边吃猪排边饮茶。肉骨头是选用上等的包着厚厚瘦肉的新鲜排骨，然后加入各种作料，炖得烂烂的，有的还加进各种滋补身体的名贵药材。当你落座不久，店主就会端上一大碗热气腾腾的鲜汤，里边有四五块排骨和猪蹄，外加香喷喷的白米饭一碗和一盘切成一寸长的油条，顾客可根据不同的口味加入胡椒粉、酱油、盐、醋等；在吃肉骨茶的同时，必须饮茶，显得别具风味。茶必须是福建特产的铁观音、水仙等乌龙茶，茶具须是一套精巧的陶瓷茶壶和小盅。吃肉骨头茶的习俗，是从我国福建南部和广东潮汕地区传入的。肉骨头茶现在是新加坡人传统的饮料。

七、马来西亚的饮茶风俗

拉茶是马来西亚传自印度的饮品，用料与奶茶差不多。调制拉茶的师傅在配制好料后，即用两个杯子像玩魔术一般，将奶茶倒过来，倒过去。由于两个杯子的距离较远，看上去好像白色的奶茶被拉长了似的，成了一条白色的粗线，十分有趣，因此被称为“拉茶”。拉好的奶茶像啤酒一样充满了泡沫，喝下去十分舒服。拉茶据说有消滞之功能，所以马来西亚人在闲时都喜欢喝上一杯。

八、泰国的饮茶风俗

泰国人喜爱在茶水里加冰，一下子就冷却了，甚至冰冻了，这就是冰茶。在泰国，当地茶客不饮热茶，要饮热茶的通常是外来的客人。

泰国北部山区的人民有食腌茶的习俗。这一带气候温暖，雨量充沛，野生茶树多。由于交通不便，制茶技术落后，只能自制自销腌茶。腌茶是一种菜肴，嚼食，其制作方法与我国云南的腌茶一模一样。一般在雨季腌制。腌茶的吃法奇特，将香料与腌茶充分拌和以后，放进嘴里细嚼，又香又清凉。每年，这一带要制这种腌茶4000多吨，供本地人食用。

九、南美各国的饮茶风俗

南美许多国家的民众用当地的马黛树的叶子制成马黛茶。马黛茶既提神又助消化。一般是用吸管从茶杯中慢慢地品味着。

十、阿根廷的饮茶风俗

阿根廷人喜欢饮马蒂茶，其饮茶方式也别具一格。他们把马蒂茶叶放入一个非常精致的、上面刻有民族图案的葫芦形瓢中，然后冲入开水，片刻以后便开始饮用。他们的饮法也很独特，既不用嘴直接去喝，也不用舌头去舔，而是用一根银制的吸管插入葫芦瓢内，像中国的儿童吸饮料一样，慢慢地吸饮。

附录三　中国名茶原产地茶品选录

• 安徽省：红茶有祁门的祁红。绿茶有休宁、歙县的屯绿，黄山的黄山毛峰、黄山银钩，六安的瓜片，太平的太平猴魁，潜山的天柱剑毫，岳西的翠兰等。

• 浙江省：绿茶有杭州的西湖龙井、莲芯、雀舌、莫干黄芽，天台的华顶云雾，景宁的金奖惠明茶，乐清的雁荡毛峰，天目山的天目青顶，普陀的佛茶，淳安的大方、千岛玉叶，象山的珠山茶，余杭的径山茶，遂昌的银猴，盘安的云峰，江山的绿牡丹，松阳的银猴，仙居的碧绿，泰顺的香菇寮白毫，富阳的岩顶，浦江的春毫，宁海的望府银毫，诸暨的西施银芽等。

• 江西省：绿茶有庐山的庐山云雾，井冈山的井冈翠绿，上饶的仙台大白、白眉，修水的双井绿、眉峰云雾、凤凰舌茶，临川的竹叶青，南昌的梁渡银针、白虎银毫、前岭银毫，吉安的龙舞茶，永新的崖雾茶，高安的瑞州黄檗茶，永修的攒林茶等。红茶有修水的宁红。

• 四川省：绿茶有名山的蒙顶茶、蒙山甘露、蒙山春露、万春银叶、玉叶长春，雅安的峨眉毛峰、金尖茶、雨城银芽、雨城云雾、雨城露芽，灌县的青城雪芽，永川的秀芽，峨眉山的峨蕊、竹叶青，雷波的黄郎毛尖，达县的三清碧兰，乐山的沫若香茗等。红茶有宜宾的早白尖工夫红茶，南川的大叶红碎茶。

• 江苏省：绿茶有宜兴的阳羡雪芽、荆溪云片，南京的雨花茶，无锡的二泉银毫、无锡毫茶，苏州的碧螺春，金坛的雀舌、茅麓翠峰、茅山青峰，镇江的金山翠芽等。

• 湖北省：绿茶有恩施的玉露，宜昌的邓村绿茶，当阳的仙人掌茶，大梧的双桥毛尖，红安的天台翠峰，竹溪的毛峰，武昌的龙泉茶、剑毫，咸宁的剑春茶、莲台龙井、白云银毫、翠蕊，麻城的龟山岩绿，松滋的碧涧茶等。

• 湖南省：绿茶有长沙的高桥银峰、湘波绿、河西园茶、东湖银毫、岳麓毛尖，岳阳的洞庭春、君山毛尖，安化的安化松针，衡山的南岳云雾茶、岳北大白，韶山的韶峰，桃江的雪峰毛尖，华容的终南毛尖，新华的月牙茶等。

• 福建省：乌龙茶有崇安武夷山的武夷岩茶，包括武夷水仙、大红袍、肉桂等，安溪的铁观音、黄金桂、色种等。白茶有政和、福鼎的白毫银针、白牡丹，福安的雪芽等。花茶有福州的茉莉花茶，还有茉莉银毫、茉莉春风、茉莉雀舌毫等。红茶有福鼎的白琳工夫，福安的坦洋工夫，崇安的正山小种等。

• 云南省：红茶有凤庆、勐海的滇红工夫红茶、云南红碎茶。黑茶有西双版纳、思茅的普洱茶。紧压茶有下关的云南沱茶等。

• 广东省：乌龙茶有潮州的凤凰单丛、凤凰乌龙、凤凰水仙，还有岭头单丛、石古坪乌龙、大叶奇兰等。红茶有英德红茶、荔枝红茶、玫瑰红茶等。

• 海南省：南海、通什、岭头等的海南红茶。

• 广西壮族自治区：绿茶有桂平的西山茶，横县的南山白毛茶，凌云的凌云白毫，贺州的开山白毫，昭平的象棋云雾，桂林的毛尖，贵港的覃塘毛尖等。花茶有桂北的桂花茶。红茶有广西红碎茶。

• 河南省：绿茶有信阳的信阳毛尖，固始的仰天雪绿，桐柏的太白银毫等。

• 山东省：绿茶有日照的雪青、冰绿等。

• 贵州省：绿茶有贵定的贵定云雾，都匀的都匀毛尖，遵义毛峰，贵阳的羊艾毛峰等。

• 陕西省：绿茶有西乡的午子仙毫，南郑的汉水银梭，镇巴的秦巴雾毫，紫阳的紫阳毛尖、紫阳翠峰，平利的八仙云雾等。

• 台湾省：乌龙茶有南投的冻顶乌龙，台北、花莲的包种茶等。

附录四　IBA 国际标准鸡尾酒配方（选录）

1. **蜜月**（Honeymoon）

原料：苹果白兰地　1.5 盎司

　　　香橙利口酒　0.5 盎司

　　　本尼迪克特酒　3/4 盎司

　　　柠檬汁　0.5 盎司

调法：将原料放入调酒壶中摇混后滤入冰镇过的鸡尾酒杯中。

载杯：鸡尾酒杯

装饰物：红樱桃

2. **白兰地宾治**（Brandy Punch）

原料：白兰地　1 盎司

　　　柠檬汁　1 茶匙

　　　菠萝汁　1 茶匙

　　　酸橙汁（柠檬汁）　10 滴

　　　砂糖　1 茶匙

　　　朗姆酒　10 滴

　　　苏打水　适量

　　　菠萝片　1 块

调法：将碎冰加入载杯至半满，量入酒、果汁、糖后搅匀，将苏打水加至杯满即可。

载杯：古典杯或海波杯

装饰物：菠萝片

3. **玛格丽特**（Margarita）

原料：特基拉　2 盎司

　　　君度橙皮利口酒　0.5 盎司

　　　柠檬汁　1 茶匙

　　　细盐　少许

　　　香橙　1 片

调法：用香橙片擦拭杯口后上盐霜，将其余原料摇匀后过滤到鸡尾酒杯中。

载杯：鸡尾酒杯

装饰物：香橙片

4. **冰冻日出**（Ice Sunrise）

原料：特基拉　1.5 盎司

　　　酸橙汁　0.5 盎司

石榴糖浆　0.5 盎司
碎冰　　　0.5 盎司
香橙　　　1 片

调法：将以上原料除香橙片外放入果汁机中搅碎后倒入古典杯中，然后加冰块至杯满。

载杯：古典杯

装饰物：香橙片

5. 红粉佳人（Pink Lady）

原料：金酒　1.5 盎司
石榴汁　1 茶匙
蛋清　1 个
柠檬汁　1 盎司

调法：摇混后倒入鸡尾酒杯即可。

载杯：4.5 盎司的鸡尾酒杯

装饰物：柠檬片

说明：

A：红粉佳人是色泽艳丽、美味芬芳、中度酒精并有甜味的餐前鸡尾酒，深受女士的欢迎，为传统标准鸡尾酒。

B：传统红粉佳人的基酒中有苹果白兰地，而现代饮品中可去掉柠檬汁、白兰地后加浓乳。

6. 旁车（Side Car）

原料：白兰地　1.5 盎司
香橙利口酒　0.5 盎司
柠檬汁　1 盎司

调法：将原料放入调酒壶中摇匀后过滤到鸡尾酒杯，它是酒吧中常见的鸡尾酒之一。

载杯：鸡尾酒杯

7. 金汤力（Gin Tonic）

原料：金酒　1 量杯
汤力水　加至八成满

调法：在放有半杯方冰的海波杯中先倒入金酒，然后倒入汤力水至八成满。

载杯：8 盎司海波杯

装饰：柠檬片，放入吸管或搅棒

特点：低酒精度的餐前鸡尾酒，为传统标准鸡尾酒。

8. 马颈（Horse Neck）

原料：威士忌　1.5 量杯
干姜水加至八成满

调法：先在柯林斯杯中倒入干姜水至八成满。

载杯：10~12 盎司柯林斯杯

装饰：柠檬片

特点：中酒精度的长饮鸡尾酒，为传统标准鸡尾酒。此酒的装饰物创造了该饮品的意境。

9. **教父**（Godfather）

原料：方冰块　3~4 块

苏格兰威士忌或波本威士忌　1 量杯

杏仁利口酒　半量杯

调法：摇混后倒入古典杯即可

载杯：古典杯

装饰物：柠檬扭条

说明：中酒精度的餐后甜味饮品，为传统标准鸡尾酒。

10. **青草蜢**（Grasshopper）

原料：绿薄荷　3/4 盎司

白色可可酒　3/4 盎司

浓乳　1 盎司

调法：摇混后倒入香槟杯或鸡尾酒杯中即可。

载杯：香槟杯或鸡尾酒杯

装饰：草莓

11. **天使之吻**（Angle's Kiss）

原料：浓乳　1/4 盎司

白兰地　1/4 盎司

紫色利口酒　1/4 盎司

白色可可酒　1/4 盎司

调法：将含糖量高低不同的酒用吧匙顺次倒入高脚酒杯中，要求慢而稳，最后将浓乳漂在酒液上。

载杯：直筒形高脚酒杯

12. **六色彩虹**（Rainbow）

原料：石榴糖浆　0.5 盎司

白色樱桃酒　0.5 盎司

绿色薄荷酒　0.5 盎司

绿色利口酒　0.5 盎司

黄色修道院酒　0.5 盎司

白兰地　0.5 盎司

调法：将含糖量高低不同的酒顺次倒入高脚酒杯中。

载杯：直筒形高脚酒杯

装饰物：香橙片

13. **香槟鸡尾酒**（Champagne Cocktail）

原料：苦精　　1/3 或 1/6 茶匙

　　　方糖　　1 块

　　　冷香槟　4 盎司

调法：将苦精和糖放在香槟酒杯内溶化，再倒入香槟酒；摇混后，倒入鸡尾酒杯即可。

载杯：香槟酒杯

装饰物：柠檬皮

14. **螺丝刀**（Screwdriver）

原料：方冰　　半杯

　　　伏特加　1 量杯

　　　鲜橘汁　加至八分满

调法：在放有半杯方冰的杯中，倒入伏特加酒，然后再倒入鲜橘汁至八成满。

载杯：8 盎司海波杯或古典杯

装饰物：红樱桃

15. **曼哈顿**（Manhattan）

原料：6 分威士忌

　　　1 分甜味味美思

调法：在玻璃调酒杯中搅拌后，过滤到鸡尾酒杯中即可。

载杯：4 盎司的鸡尾酒杯

装饰物：樱桃

16. **马天尼**（Martini）

原料：金酒　　　2 盎司

　　　干味美思　1/2 盎司

调法：在玻璃调酒杯中搅拌后，过滤到鸡尾酒杯中即可。

载杯：鸡尾酒杯

装饰物：橄榄或柠檬条

17. **飓风**（Hurricane）

原料：淡质朗姆酒　1 盎司

　　　金黄朗姆酒　1 盎司

　　　番莲果糖浆　0.5 盎司

　　　酸橙汁　　　2 茶匙

调法：将以上原料放入调酒壶中摇匀后，过滤到鸡尾酒杯中即可。

载杯：鸡尾酒杯

18. **伊丽莎白女王**（Queen Elizabeth）

原料：金酒　1.5 盎司

　　　当酒　0.5 盎司

干味美思　0.5 盎司

调法：将以上原料放入调酒壶中摇匀后，过滤到鸡尾酒杯中即可。

载杯：鸡尾酒杯

装饰物：柠檬片或香橙片

19. **红妆**（Red Adornment）

原料：竹叶青酒　1.5 盎司

王朝干白葡萄酒　2 盎司

柠檬汁　0.5 盎司

石榴汁　0.5 盎司

苏打水　适量

调法：将除苏打水以外的原料放入调酒壶中，再加适量的冰块，摇匀后倒入加有冰块的柯林斯杯中，再加苏打水至八成满。

载杯：柯林斯杯

20. **红莓**（Red Strawberry）

原料：五加皮酒　2 盎司

草莓汁　2 盎司

柠檬汁　1 茶匙

鲜草莓　1 个

鲜柠檬　1 片

调法：将酒与草莓汁、柠檬汁放入加冰块的古典杯中摇匀，以草莓和柠檬片作装饰。

载杯：古典杯

21. **环游世界**（Around the World）

原料：金酒　1 盎司

绿薄荷　0.5 盎司

菠萝汁　2.5 盎司

调法：摇和法

载杯：鸡尾酒杯

装饰：绿樱桃卡杯口

22. **生锈钉**（Rusty Nail）

原料：苏格兰威士忌　1 盎司

杜林标甜酒　1 盎司

调法：兑和法

载杯：古典杯

装饰：柠檬角埋杯底加半杯碎冰

23. **血玛丽**（Bloody Mary）

原料：伏特加　1.5 盎司

番茄汁　3 盎司

柠檬汁　　　　1/3 盎司
辣椒油　　　　3 滴
李派林甜酱油　4 滴
盐、胡椒少许
调法：兑和法
载杯：古典杯
装饰：芹菜秆立于杯内

24. **白兰地亚历山大**（Brandy Alexander）
原料：白兰地　1 盎司
牛奶　　3/4 盎司
棕可可　1 盎司
调法：摇和法
载杯：古典杯鸡尾酒杯
装饰：豆蔻粉少许撒在酒面

25. **清凉夏日**（Cooler Summer）
原料：绿薄荷　1.5 盎司
柠檬汁　1/2 盎司
七喜八分满
调法：兑和法
载杯：柯林斯杯
装饰：半杯冰柠檬片卡杯口吸管

26. **新加坡司令**（Singapore Sling）
原料：金酒　　　　1.5 盎司
樱桃白兰地　1/2 盎司
柠檬汁　　　1/2 盎司
糖水　　　　1/3 盎司
红石榴　　　1/3 盎司
苏打水八分满
调法：兑和法
载杯：柯林斯杯
装饰：先用苦精洗杯，吸管串红樱桃搅棒，半杯冰柠檬片卡杯口

主要参考资料

参考图书：

[1] 吴玲 . 调酒与酒吧服务 [M] . 北京：中国商业出版社，2007.
[2] 徐维恭 . 饮酒识酒趣谈 [M] . 北京：金盾出版社，1999.
[3] 吴克祥 . 吧台酒水操作实务 [M] . 沈阳：辽宁科学技术出版社，1997.
[4] 吴克祥 . 酒水管理与酒吧经营 [M] . 大连：东北财经大学出版社，2003.
[5] 刘雨沧 . 调酒技术 [M] . 北京：高等教育出版社，2004.
[6] 国家旅游局人事教育司 . 酒水知识与服务 [M] . 北京：旅游教育出版社，2006.
[7] 李晓东 . 酒水知识与酒吧管理 [M] . 北京：高等教育出版社，2005.
[8] 蒋雁峰 . 中国酒文化研究 [M] . 长沙：湖南师范大学出版社，2004.
[9] 严英怀，林杰 . 茶文化与品茶艺术 [M] . 成都：四川科学技术出版社，2003.
[10] 郑春英 . 茶艺概论 [M] . 北京：高等教育出版社，2001.
[11] 李丹 . 茶文化 [M] . 呼和浩特：内蒙古出版社，2005.
[12] 陆羽 . 茶经 [M] . 哈尔滨：黑龙江美术出版社，2004.
[13] 李伟，李学昌 . 学茶艺 [M] . 郑州：中原农民出版社，2003.
[14] 徐明 . 茶与茶文化 [M] . 北京：中国物资出版社，2009.
[15] 徐明 . 新编酒水知识 [M] . 广州：广东旅游出版社，2010.
[16] 单铭磊 . 酒水与酒文化 [M] . 北京：中国物资出版社，2011.

参考网站：

[1] 茶网 _ 中茶文化网（http：//www.teaw.com/）
[2] 中国茶文化网（http：//www.bartea.com/）
[3] 中华茶文化（http：//www.gdsmart.net/）
[4] 北京茶文化网（http：//www.beijingtea.com.cn/）
[5] 茶网-中茶轩（http：//www.teaw.org/）